Karl Bosch

Elementare Einführung
in die Wahrscheinlichkeitsrechnung

Elementare Einführung in die angewandte Statistik
von Karl Bosch

Stochastik einmal anders
von Gerd Fischer

Wahrscheinlichkeitstheorie
von Christian Hesse

Übungsbuch zur angewandten Wahrscheinlichkeitstheorie
von Christian Hesse und Alexander Meister

Stochastik für Einsteiger
von Norbert Henze

Statistische Datenanalyse
von Werner A. Stahel

Statistik – wie und warum sie funktioniert
von Jörg Bewersdorff

Grundlegende Statistik mit R
von Jürgen Groß

www.viewegteubner.de

Karl Bosch

Elementare Einführung in die Wahrscheinlichkeitsrechnung

Mit 82 Beispielen und 73 Übungsaufgaben
mit vollständigem Lösungsweg

11., aktualisierte Auflage

STUDIUM

**VIEWEG+
TEUBNER**

Bibliografische Information der Deutschen Nationalbibliothek
Die Deutsche Nationalbibliothek verzeichnet diese Publikation in der
Deutschen Nationalbibliografie; detaillierte bibliografische Daten sind im Internet über
<http://dnb.d-nb.de> abrufbar.

Prof. Dr. Karl Bosch
Universität Hohenheim
Institut für
Angewandte Mathematik und Statistik
Schloss Hohenheim
70599 Stuttgart

Prof.Karl.Bosch@uni-hohenheim.de

1.   Auflage 1976
2., durchgesehene Auflage 1979
3., durchgesehene Auflage 1982
4., durchgesehene Auflage 1984
5., durchgesehene Auflage 1986
6., durchgesehene Auflage 1995
7., durchgesehene Auflage 1999
8., korrigierte Auflage 2003
9., durchgesehene Auflage 2006
     Nachdruck 2008
10., durchgesehene Auflage 2010
11., aktualisierte Auflage 2011

Lektorat: Ulrike Schmickler-Hirzebruch | Barbara Gerlach

Vieweg+Teubner Verlag ist eine Marke von Springer Fachmedien.
Springer Fachmedien ist Teil der Fachverlagsgruppe Springer Science+Business Media.
www.viewegteubner.de

Umschlaggestaltung: KünkelLopka Medienentwicklung, Heidelberg
Druck und buchbinderische Verarbeitung: AZ Druck und Datentechnik, Berlin
Gedruckt auf säurefreiem und chlorfrei gebleichtem Papier
Printed in Germany

ISBN 978-3-8348-1861-4

Vorwort zur ersten Auflage 1976

Dieser Band ist aus dem ersten Teil einer zweisemestrigen Vorlesung entstanden, die der Autor wiederholt für Studenten der Fachrichtungen Biologie, Pädagogik, Psychologie und Betriebs- und Wirtschaftswissenschaften an der Technischen Universität Braunschweig gehalten hat. In ihm sollen möglichst anschaulich die wichtigsten Grundbegriffe der Wahrscheinlichkeitsrechnung eingeführt werden, die für ein sinnvolles Studium der Statistik unentbehrlich sind.

Da die Statistik bei immer mehr Wissenschaftszweigen benötigt wird, ist der Aufbau und die Darstellung so gewählt, daß ein möglichst breiter Leserkreis angesprochen werden kann. So wird bei den Zufallsvariablen zunächst der „diskrete" Fall behandelt, weil zu deren Verständnis nur wenig mathematische Vorkenntnisse benötigt werden. Erst anschließend werden „stetige" Zufallsvariable betrachtet. Häufig werden neue Begriffe über ein Beispiel anschaulich eingeführt, bevor sie allgemein definiert werden. Zahlreiche Beispiele und Übungsaufgaben, deren Lösungswege im Anhang vollständig angegeben werden, sollen zum besseren Verständnis beitragen.

Die mit * versehenen Stellen erfordern einige mathematische Vorkenntnisse. Sie können jedoch überlesen werden, ohne daß dadurch eine Lücke entsteht. Entsprechend sind etwas schwierige Übungsaufgaben mit einem * gekennzeichnet. Das Ende eines Beweises wird mit dem Zeichen ■, das Ende eines Beispiels mit ♦ gekennzeichnet.

Auf Mengensysteme und auf den Begriff der Meßbarkeit soll in diesem Rahmen nicht eingegangen werden. Dazu sei auf die weiterführende Literatur verwiesen.

Als Fortsetzung dieses Bandes ist die Angewandte Mathematische Statistik gedacht. Das Manuskript wurde von Herrn Prof. Dr. E. Henze und Herrn Akad. Direktor Dr. H. Wolff durchgesehen. Beiden bin ich für wertvolle Hinweise und Ratschläge sowie für das Überlassen zahlreicher Übungsaufgaben zu großem Dank verpflichtet. Den Herren Kruse, Möller, Scholz und Stegen danke ich für die Mithilfe beim Korrekturenlesen.

Schließlich sei dem Verlag für die vorbildliche Zusammenarbeit gedankt. In einer sehr kurzen Zeit wurde dieser Band in einer ansprechenden Form von ihm herausgebracht. Jedem Leser bin ich für Verbesserungsvorschläge dankbar.

Braunschweig, im Januar 1976   *Karl Bosch*

Vorwort zur zweiten bis elften Auflage

Wegen des erfolgreichen Einsatzes des Buches in zahlreichen Lehrveranstaltungen wurde bei den Neuauflagen die Grundkonzeption des Buches nicht verändert. Neben der Beseitigung von Fehlern im Text und in den Aufgaben wurde das Literaturverzeichnis aktualisiert. Für die Lösung der Aufgabe 3 aus Abschnitt 2.3.6 wurde von einem Leser ein für die Praxis geeigneteres Modell vorgeschlagen. Die geänderte Lösung wurde nach diesem Modell berechnet. In der 11. Auflage wurde in den Anhang eine Liste „Wichtige Bezeichnungen und Formeln" integriert.

Stuttgart-Hohenheim, im Juli 2011   *Karl Bosch*

Inhalt

1. Der Wahrscheinlichkeitsbegriff

Bevor wir den Begriff „Wahrscheinlichkeit" einführen, beschäftigen wir uns mit den Grundbausteinen der Wahrscheinlichkeitsrechnung, den sogenannten zufälligen Ereignissen.

1.1. Zufällige Ereignisse

Bei der Durchführung vieler Experimente kann eines von mehreren möglichen Ergebnissen eintreten. Dabei sind zwar die verschiedenen Ergebnisse, die eintreten können, bekannt, vor der Durchführung des Experiments weiß man jedoch nicht, welches Ergebnis tatsächlich eintreten wird. In einem solchen Fall sagt man, das Ergebnis hängt vom Zufall ab. Experimente dieser Art nennen wir *Zufallsexperimente*.

Beispiele von Zufallsexperimenten sind: das Werfen einer Münze oder eines Würfels, das Verteilen der 32 Skatkarten, die Lotto-Ausspielung, das Messen der Körpergröße, des Blutdrucks und des Gewichts einer zufällig ausgewählten Person oder die Feststellung des Intelligenzquotienten eines Kindes.

Unter einem *zufälligen Ereignis* (oder kurz *Ereignis*) verstehen wir einen Versuchsausgang, der bei der Durchführung eines Zufallsexperiments eintreten kann, aber nicht unbedingt eintreten muß. Dabei muß von einem Ereignis nach jeder Versuchsdurchführung feststellbar sein, ob es eingetreten ist oder nicht. Ereignisse, die stets gemeinsam eintreten oder nicht eintreten, werden als gleich angesehen. Wir bezeichnen Ereignisse mit großen lateinischen Buchstaben $A, B, C, D, E, \ldots; A_1, A_2, \ldots$ Das Ereignis, das bei jeder Durchführung des Zufallsexperiments eintritt, nennen wir das *sichere Ereignis* und bezeichnen es mit Ω. Das sichere Ereignis Ω besteht somit aus allen möglichen Versuchsergebnissen. Ein Ereignis, das nie eintreten kann, heißt *unmögliches Ereignis* und wird mit $\emptyset$ bezeichnet.

Beispiel 1.1. Beim Werfen eines Würfels können als mögliche Versuchsergebnisse die Augenzahlen 1, 2, 3, 4, 5, 6 eintreten. Es gilt also $\Omega = \{1, 2, 3, 4, 5, 6\}$. Ist G das Ereignis „eine gerade Augenzahl wird geworfen", so tritt G genau dann ein, wenn eine der Augenzahlen 2, 4, 6 geworfen wird, es gilt also $G = \{2, 4, 6\}$. Das Ereignis U „eine ungerade Augenzahl wird geworfen" besitzt die Darstellung $U = \{1, 3, 5\}$ und für das Ereignis A „die geworfene Augenzahl ist mindestens gleich vier" erhält man $A = \{4, 5, 6\}$. Jede Zusammenfassung von Versuchsergebnissen stellt ein Ereignis dar. Unmögliche Ereignisse sind hier z.B. $\{x | x = 7\} = \emptyset$; $\{x | x = 0\} = \emptyset$; $\{x | x = 15 \text{ oder } x = 16\} = \emptyset$. ♦

Beispiel 1.2. Ein Ball werde auf eine rechteckige Wand geworfen. Dabei sei die Wand und der Standort des Werfers so gewählt, daß dieser bei jedem Wurf sicher

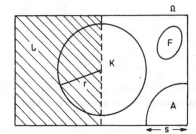

Bild 1.1. Ereignisse

trifft. Versuchsergebnisse sind dann die Berührungspunkte des Balles mit der Wand, die wir (Bild 1.1) symbolisch als Punkte eines Rechtecks darstellen können.
Ω besteht somit aus allen Punkten des eingezeichneten Rechtecks. Beträgt der Abstand des Berührungspunktes vom Mittelpunkt der Wand höchstens r Einheiten, so tritt das Ereignis K ein. Das Ereignis L tritt ein, wenn die linke Hälfte der Wand getroffen wird, und das Ereignis A, wenn der Abstand des Berührungspunktes vom rechten unteren Eckpunkt der Wand höchstens s Einheiten beträgt. Jeder Figur (z.B. F) kann ein Ereignis zugeordnet werden.   ♦

Aus den Ereignissen A, B gewinnen wir neue Ereignisse durch folgende Vorschriften:

1. Das Ereignis $A \cap B = AB$ (sprich „A und B") tritt genau dann ein, wenn sowohl A als auch B, wenn also beide eintreten. Man nennt $A \cap B$ den *Durchschnitt* oder das *Produkt* von A und B.

2. Das Ereignis $A \cup B$ (sprich „A oder B") tritt genau dann ein, wenn A oder B oder beide eintreten, wenn also mindestens eines der Ereignisse A, B eintritt. $A \cup B$ heißt die *Vereinigung* von A und B.

3. Das Ereignis $\overline{A}$ (sprich „A nicht") tritt genau dann ein, wenn das Ereignis A nicht eintritt. Man nennt $\overline{A}$ das zu A *entgegengesetzte* Ereignis oder das *Komplementärereignis* von A.

4. Das Ereignis $A \setminus B = A\overline{B}$ tritt genau dann ein, wenn A eintritt und B nicht. $A \setminus B$ heißt die *Differenz* von A und B.

Spätere wahrscheinlichkeitstheoretische Betrachtungen werden durch folgende Verabredungen wesentlich erleichtert:

5. Man sagt: A *zieht* B *nach sich* oder *aus* A *folgt* B, im Zeichen $A \subset B$, wenn aus dem Eintreten des Ereignisses A auch das von B folgt. Gilt $A \subset B$ und $B \subset A$, so sind die Ereignisse A und B *gleich*, d.h. $A = B$.

6. Zwei Ereignisse A und B heißen *unvereinbar* (oder *unverträglich* oder *disjunkt*), wenn sie nicht beide gleichzeitig eintreten können, wenn also gilt $A \cap B = \emptyset$.

Für unvereinbare Ereignisse A, B schreibt man anstelle von $A \cup B$ auch $A + B$ und nennt $A + B$ die *Summe* von A und B.

Die Schreibweise $C = A + B$ bedeutet also folgendes: die beiden Ereignisse A und B sind unvereinbar und C ist die Vereinigung von A und B.

Ein Ereignis, das nicht als Summe zweier disjunkter, von $\emptyset$ verschiedener Ereignisse darstellbar ist, heißt *Elementarereignis*. Elementarereignisse lassen sich also nicht mehr zerlegen.

Beispiel 1.3 (vgl. Beispiel 1.1). Beim Werfen eines Würfels seien folgende Ereignisse betrachtet

$$\Omega = \{1, 2, 3, 4, 5, 6\}, \quad G = \{2, 4, 6\}, \quad U = \{1, 3, 5\}, \quad M = \{4, 5, 6\},$$
$$A = \{2, 3, 4\}, \quad B = \{2, 4, 5\}, \quad C = \{2, 4\}.$$

Das Ereignis AB tritt ein, wenn entweder eine 2 oder eine 4 geworfen wird. Der Durchschnitt AB besteht also aus allen Augenzahlen, die sowohl in A als auch in B enthalten sind; damit gilt $AB = \{2, 4\}$. Ferner erhalten wir $G \cap U = \emptyset$ und $U \cap M = \{5\}$. Die Vereinigung $A \cup B$ besteht aus allen Zahlen, die in A oder B oder in beiden enthalten sind, es ist also $A \cup B = \{2, 3, 4, 5\}$.

Weiter gilt

$$\overline{A} = \{1, 5, 6\}, \quad \overline{G} = \{1, 3, 5\} = U, \quad \overline{U} = \{2, 4, 6\} = G,$$
$$\overline{M} = \{1, 2, 3\}, \quad \Omega = G + U,$$
$$A \setminus B = A\overline{B} = \{2, 3, 4\} \cap \{1, 3, 6\} = \{3\},$$
$$C \subset G.$$

Die Beziehung $B \subset G$ gilt nicht, wir schreiben dafür $B \not\subset G$.
Die sechs Elementarereignisse lauten: $\{1\}, \{2\}, \{3\}, \{4\}, \{5\}, \{6\}$. $\quad\cdot\blacklozenge$

Beispiel 1.4. Das Zufallsexperiment bestehe im Messen der Körpergröße einer zufällig ausgewählten Person. Als Versuchsergebnis tritt eine Zahl x auf, welche die Körpergröße der gemessenen Person angibt. Ist A das Ereignis „die Körpergröße beträgt mindestens 165 und höchstens 175 cm", so besteht A aus allen reellen Zahlen x mit $165 \leq x \leq 175$. Das Ereignis A können wir somit darstellen als $A = \{x \mid 165 \leq x \leq 175\}$. Ferner betrachten wir die Ereignisse $B = \{x \mid 170 \leq x \leq 180\}$ und $C = \{x \mid 150 \leq x \leq 160\}$.

Damit erhalten wir

$$A \cap B = \{x \mid 170 \leq x \leq 175\},$$
$$A \cup B = \{x \mid 165 \leq x \leq 180\},$$
$$A \cap C = \emptyset.$$

Das Ereignis $\overline{A}$ tritt ein, wenn die Körpergröße kleiner als 165 oder größer als 175 ist. $\overline{A}$ besteht also aus allen Werten x mit $x < 165$ oder $x > 175$, es gilt also $\overline{A} = \{x \mid x < 165\} \cup \{x \mid x > 175\}$. $\quad\blacklozenge$

Beispiel 1.5 (vgl. Beispiel 1.2 und Bild 1.2)

A = „Kreisfläche";
B = „Rechtecksfläche";
C = „Dreiecksfläche";
AB = „schraffierte Fläche";
AC = BC = $\emptyset$;

A ∪ B = „stark umrandete Fläche";
A \ B = „nichtschraffierte Teilfläche des Kreises";
B \ A = „nichtschraffierte Teilfläche des Rechtecks".

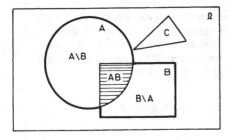

Bild 1.2. Ereignisse

Aus dem Bild 1.2 erkennt man die Identität

$$A \cup B = AB + A\bar{B} + \bar{A}B .$$ ◆

Die Operationen ∩ und ∪ können unmittelbar auf mehrere Ereignisse
$A_1, A_2, \ldots, A_n$ übertragen werden.

7. Das Ereignis $A_1 \cap A_2 \cap A_3 \cap \ldots \cap A_n = \bigcap_{i=1}^{n} A_i$ tritt genau dann ein, wenn alle
Ereignisse $A_1, A_2, \ldots, A_n$ eintreten. Das Ereignis $A_1 \cup A_2 \cup \ldots \cup A_n = \bigcup_{i=1}^{n} A_i$
tritt genau dann ein, wenn mindestens eines der Ereignisse $A_1, A_2, \ldots, A_n$ ein-
tritt.

In den bisher betrachteten Beispielen haben wir Ereignisse stets durch Teilmengen
A, B, ... einer Grundmenge Ω dargestellt. Ferner benutzten wir bei der Definition
der Ereignisoperationen die Symbole der Mengenoperationen. Man wird daher vermuten, daß zwischen zufälligen Ereignissen dieselben Beziehungen bestehen wie
zwischen Mengen. Tatsächlich kann man sämtliche Eigenschaften, die für Mengen
gelten, direkt auf zufällige Ereignisse übertragen, wenn man die Grundmenge durch
das sichere Ereignis Ω und die leere Menge durch das unmögliche Ereignis $\emptyset$ ersetzt.
Dabei können sämtliche Gesetze direkt in der Sprache der Ereignisse bewiesen
werden, wobei viele Eigenschaften unmittelbar einleuchtend sind.
Als Beispiel zeigen wir die sog. *De Morganschen Regeln*.

Es gilt

$$\overline{A \cup B} = \overline{A} \cap \overline{B},$$
$$\overline{A \cap B} = \overline{A} \cup \overline{B} \qquad \text{für alle Ereignisse } A, B. \qquad (1.1)$$

Das Ereignis $\overline{A \cup B}$ tritt nach Definition genau dann ein, wenn das Ereignis $A \cup B$ nicht eintritt, wenn also weder A noch B, d.h. wenn $\overline{A}$ und $\overline{B}$ eintreten.

Das Ereignis $\overline{A \cap B}$ tritt genau dann ein, wenn das Ereignis $A \cap B$ nicht eintritt, wenn also von den Ereignissen A und B nicht beide eintreten. Diese Bedingung ist genau dann erfüllt, wenn mindestens eines der Ereignisse A, B nicht eintritt, wenn also $\overline{A} \cup \overline{B}$ eintritt, womit (1.1) bewiesen ist.

Als nächstes zeigen wir für beliebige Ereignisse A und B die Identität

$$A \cup B = AB + \overline{A}B + A\overline{B}, \qquad (1.2)$$

die wir in Beispiel 1.5 für zwei spezielle Ereignisse A, B aus Bild 1.2 direkt abgelesen haben. Das Ereignis $A \cup B$ tritt genau dann ein, wenn mindestens eines der Ereignisse A, B eintritt. Dies ist genau dann der Fall, wenn entweder beide Ereignisse (d.h. das Ereignis AB), oder nur B (also $\overline{A}B$) oder nur A (d.h. $A\overline{B}$) eintritt. Ferner sind die drei Ereignisse AB, $\overline{A}B$, $A\overline{B}$ paarweise unvereinbar, d.h. je zwei von ihnen können zusammen nicht eintreten, woraus (1.2) folgt.

Abschließend geben wir einige Rechengesetze an, die sich in der Sprache der Ereignisse sehr einfach beweisen lassen.

$$\begin{aligned}
&A \cap B = B \cap A, \\
&A \cup B = B \cup A, \quad \text{(Kommutativgesetze)}
\end{aligned}$$

$$\begin{aligned}
&A \cap (B \cap C) = (A \cap B) \cap C, \\
&A \cup (B \cup C) = (A \cup B) \cup C, \quad \text{(Assoziativgesetze)}
\end{aligned}$$

$$A \cap (B \cup C) = AB \cup AC, \quad \text{(Distributivgesetz)}$$

$$A\Omega = A,$$
$$A \cap A = A,$$
$$\overline{\overline{A}} = A,$$
$$\overline{\Omega} = \emptyset, \quad \overline{\emptyset} = \Omega,$$
$$A(B \setminus C) = AB \setminus AC,$$
$$A \cup \overline{A} = \Omega.$$

1.2. Die relative Häufigkeit

Beispiel 1.6. Wir wählen zufällig 10 Personen aus und bestimmen deren Körpergrößen. Wir führen also das in Beispiel 1.4 beschriebene Zufallsexperiment 10-mal durch. Dabei ergeben sich folgende auf cm gerundete Meßwerte:

172, 169, 178, 183, 175, 159, 170, 187, 174, 173 .

Bei jedem Versuch können wir dann feststellen, ob die in Beispiel 1.4 angegebenen
Ereignisse A = {x | 165 ≤ x ≤ 175}, B = {x | 170 ≤ x ≤ 180}, C = {x | 150 ≤ x ≤ 160}
eingetreten sind. Beim ersten Versuch sind z.B. A und B eingetreten, C dagegen
nicht; somit ist $\overline{C}$ eingetreten. Insgesamt erhalten wir folgende Serien

A = {x	165 ≤ x ≤ 175}	A A $\overline{A}$ $\overline{A}$ A $\overline{A}$ A $\overline{A}$ A A
B = {x	170 ≤ x ≤ 180}	B $\overline{B}$ B $\overline{B}$ B $\overline{B}$ B $\overline{B}$ B B
C = {x	150 ≤ x ≤ 160}	$\overline{C}$ $\overline{C}$ $\overline{C}$ $\overline{C}$ $\overline{C}$ C $\overline{C}$ $\overline{C}$ $\overline{C}$

Allgemein werde ein Zufallsexperiment n-mal unter denselben Bedingungen durchgeführt, wobei n eine bestimmte natürliche Zahl ist. Ist A ein beliebiges zufälliges
Ereignis, so tritt bei jeder Versuchsdurchführung entweder A oder das komplementäre Ereignis $\overline{A}$ ein. Die Anzahl der Versuche, bei denen A eintritt, heißt *absolute
Häufigkeit* des Ereignisses A; wir bezeichnen sie mit $h_n(A)$. Der Quotient

$r_n(A) = \dfrac{h_n(A)}{n}$ heißt *relative Häufigkeit* von A.

Die relative Häufigkeit hängt als Ergebnis eines Zufallsexperiments selbst vom Zufall ab. Verschiedene Versuchsserien vom gleichen Umfang n werden daher im allgemeinen verschiedene relative Häufigkeiten liefern. Trotzdem wird man erwarten,
daß die Werte $r_n(A)$ in der unmittelbaren Nähe eines festen Wertes liegen, falls n
nur hinreichend groß gewählt wird. Betrachten wir dazu folgendes

Beispiel 1.7. W sei das Ereignis, daß beim Werfen einer Münze Wappen auftritt.
Eine Münze werde 1000-mal geworfen. Berechnet man nach jedem Versuchsschritt
die durch die bisherige Versuchsserie bestimmte relative Häufigkeit des Ereignisses W,
so erhält man 1000 Zahlenwerte $r_n(W)$, n = 1, 2, ..., 1000, die für n ≥ 100 auf
dem Graphen der in Bild 1.3 eingezeichneten Kurve liegen.

Für große n liegt $r_n(W)$ sehr nahe bei $\frac{1}{2}$.   ◆

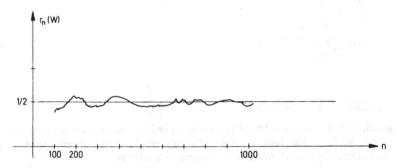

Bild 1.3. Relative Häufigkeiten

Eine solche Stabilität zeigen i. A. die relativen Häufigkeiten eines beliebigen Ereignisses A. Daher hat *Richard von Mises* (1931) versucht, die Wahrscheinlichkeit $P(A)$ eines Ereignisses zu definieren durch einen Zahlenwert, dem sich die relativen Häufigkeiten $r_n(A)$ beliebig nähern, wenn nur n genügend groß ist. Dieser Zahlenwert heißt der *Grenzwert* der Folge $r_n(A)$. Man bezeichnet ihn mit

$$P(A) = \lim_{n \to \infty} r_n(A).$$

Gegen diese Definition, die man übrigens noch in einigen in letzter Zeit erschienenen Büchern finden kann, ist folgendes einzuwenden:

Wird das Zufallsexperiment sehr oft wiederholt, so können sich im Laufe der Zeit die Versuchsbedingungen ändern. Bei einem Würfel könnten z. B. Abnutzungserscheinungen auftreten.

Auch wenn man die Versuchsbedingungen konstant halten könnte, so würde die Existenz des Grenzwertes doch bedeuten, daß zu jeder noch so kleinen Zahl $\epsilon > 0$ ein Index $n_0(\epsilon)$ existiert, so daß sich für alle $n \geq n_0(\epsilon)$ die relativen Häufigkeiten $r_n(A)$ vom Grenzwert $P(A)$ um höchstens ϵ unterscheiden. Daher müßte die Ungleichung

$$P(A) - \epsilon \leq r_n(A) \leq P(A) + \epsilon \qquad \text{für alle } n \geq n_0(\epsilon) \qquad (1.3)$$

gelten. Es können jedoch Versuchsreihen entstehen, für die (1.3) nicht gilt, auch wenn n_0 noch so groß gewählt wird. So kann mit der in Beispiel 1.7 benutzten Münze durchaus einmal eine Serie auftreten, in der die relativen Häufigkeiten nicht in der Nähe von $\frac{1}{2}$ liegen, auch wenn n noch so groß ist, z. B. eine Serie, bei der es immer wieder ein n mit $r_n(W) \geq 0,55$ gibt. Allerdings werden solche Serien bei großen n höchst selten vorkommen. Der Grenzwert $\lim_{n \to \infty} r_n(A)$ muß also nicht existieren.

Wir müssen daher versuchen, die Wahrscheinlichkeiten auf eine andere Art einzuführen. Da die relativen Häufigkeiten $r_n(A)$ mit den Wahrscheinlichkeiten $P(A)$ doch in einer gewissen Beziehung stehen müssen, leiten wir einige Eigenschaften für die relativen Häufigkeiten ab. Diese Eigenschaften benutzen wir dann zur axiomatischen Definition der Wahrscheinlichkeit. Mit diesen Axiomen entwickeln wir dann eine Theorie, mit der wir schließlich im sog. Bernoullischen Gesetz der großen Zahlen (s. Abschnitt 1.9) zeigen werden, daß unter gewissen Voraussetzungen für jedes $\epsilon > 0$ Versuchsserien mit $|r_n(A) - P(A)| > \epsilon$ bei wachsendem n immer seltener auftreten, daß also (1.3) mit wachsendem n_0 immer häufiger erfüllt ist.

Eigenschaften der relativen Häufigkeit:

Aus $0 \leq h_n(A) \leq n$ folgt nach Division durch n

$$0 \leq r_n(A) \leq 1 \qquad \text{für jedes } A. \qquad (1.4)$$

Da das sichere Ereignis Ω immer eintritt, gilt

$$r_n(\Omega) = 1. \qquad (1.5)$$

Sind A und B zwei unverträgliche Ereignisse, so können bei einer speziellen Versuchsdurchführung nicht beide Ereignisse zugleich, sondern jeweils höchstens eines davon eintreten. Damit gilt für die absoluten Häufigkeiten

$$h_n(A + B) = h_n(A) + h_n(B).$$

Division durch n liefert hieraus die Gleichung

$$r_n(A + B) = r_n(A) + r_n(B). \tag{1.6}$$

Sind die Ereignisse A, B nicht unverträglich, so können bei einer Versuchsdurchführung die Ereignisse A und B gleichzeitig eintreten. Dann sind in der Summe $h_n(A) + h_n(B)$ diejenigen Versuche, bei denen der Durchschnitt $A \cap B$ eintritt, doppelt gezählt, während diese Versuche in $h_n(A \cup B)$ nur einfach mitgezählt werden.

Daraus folgt

$$h_n(A \cup B) = h_n(A) + h_n(B) - h_n(AB).$$

Division durch n liefert die Gleichung

$$r_n(A \cup B) = r_n(A) + r_n(B) - r_n(AB). \tag{1.7}$$

1.3. Axiomatische Definition der Wahrscheinlichkeit nach Kolmogoroff

Fragt man jemanden, der sich nicht intensiv mit Wahrscheinlichkeitsrechnung beschäftigt hat, was Wahrscheinlichkeit wirklich bedeutet, so bekommt man Antworten folgender Art: „Ereignisse, die eine große Wahrscheinlichkeit besitzen, treten häufig ein, Ereignisse mit einer kleinen Wahrscheinlichkeit dagegen selten.". Oder „Besitzt das Ereignis A eine größere Wahrscheinlichkeit als B, so hat A eine größere Chance, einzutreten als B". Die Wahrscheinlichkeit P(A) eines Ereignisses A wird meistens als Maß für das Eintreten des Ereignisses A betrachtet, wobei dieses Maß durch einige Eigenschaften erklärt wird, die es offensichtlich erfüllt.

Ähnliche Antworten erhält man auf die Frage nach den Grundbegriffen der Geometrie: Punkt, Gerade und Ebene. Dort ist es nicht möglich, die entsprechenden Begriffe direkt zu definieren. Zu ihrer Definition benutzt man daher wesentliche Beziehungen zwischen diesen Elementen, sogenannte Axiome. Als Beispiel sei das Axiom „durch zwei verschiedene Punkte geht genau eine Gerade" genannt. *Kolmogoroff* führte 1933 den Wahrscheinlichkeitsbegriff axiomatisch ein. Es genügt bereits, die in (1.4), (1.5) und (1.6) für die relativen Häufigkeiten abgeleiteten Eigenschaften als Axiome zu postulieren. Aus diesen Axiomen können dann viele weitere Eigenschaften direkt gefolgert werden.

Definition 1.1 (Kolmogoroff). Eine auf einem System von Ereignissen definierte Funktion P heißt *Wahrscheinlichkeit*, wenn sie folgende Axiome erfüllt:

Axiom I: Die Wahrscheinlichkeit P(A) eines Ereignisses A ist eine eindeutig bestimmte, nichtnegative reelle Zahl, die höchstens gleich Eins sein kann, d.h. es gilt

$$0 \leq P(A) \leq 1 \,.$$

Axiom II: Das sichere Ereignis besitzt die Wahrscheinlichkeit Eins,

$$P(\Omega) = 1 \,.$$

Axiom III: Für zwei unverträgliche Ereignisse A, B (also mit $A \cap B = \emptyset$) gilt

$$P(A + B) = P(A) + P(B) \,.$$

Aus diesen Axiomen lassen sich eine Reihe wichtiger Eigenschaften ableiten, die uns später bei der Berechnung von Wahrscheinlichkeiten sehr nützlich sein werden.

Folgerungen aus den Axiomen:

Satz 1.1
Für jedes Ereignis A gilt $P(\overline{A}) = 1 - P(A)$.

Beweis: Wegen $\Omega = A + \overline{A}$ folgen aus den Axiomen die Gleichungen
$1 = P(\Omega) = P(A + \overline{A}) = P(A) + P(\overline{A})$ und hieraus die Behauptung $P(\overline{A}) = 1 - P(A)$. ∎

Setzt man A gleich Ω, so folgt aus Satz 1.1 unmittelbar der

Satz 1.2
Das unmögliche Ereignis $\emptyset$ besitzt die Wahrscheinlichkeit Null, es gilt $P(\emptyset) = 0$.

Satz 1.3
Aus $A \subset B$ folgt $P(A) \leq P(B)$.

Beweis: Wegen $A \subset B$ gilt $AB = A$. Damit erhalten wir
$B = \Omega B = (A + \overline{A}) B = AB + \overline{A}B = A + \overline{A}B$ und $P(B) = P(A) + P(\overline{A}B)$.
Wegen $P(\overline{A}B) \geq 0$ folgt hieraus schließlich $P(B) \geq P(A)$. ∎

Satz 1.4
Für beliebige Ereignisse A und B gilt $P(B \setminus A) = P(B\overline{A}) = P(B) - P(BA)$.

Beweis: Aus $B = BA + B\overline{A} = BA + B \setminus A$ folgt $P(B) = P(BA) + P(B \setminus A)$ und hieraus die Behauptung $P(B \setminus A) = P(B) - P(BA)$. ∎

Satz 1.5
Für beliebige Ereignisse A und B gilt $P(A \cup B) = P(A) + P(B) - P(AB)$.

Beweis: Aus $A \cup B = AB + A\overline{B} + \overline{A}B$ (s. (1.2)) folgt

$$\begin{aligned}
P(A \cup B) &= P(AB) + P(A\overline{B}) + P(\overline{A}B) = P(A(\overline{B} + B)) + P(\overline{A}B) = \\
&= P(A\Omega) + P(\overline{A}B) = P(A) + P(\overline{A}B) \,.
\end{aligned} \tag{1.8}$$

Aus $B = AB + \overline{A}B$ erhält man $P(B) = P(AB) + P(\overline{A}B)$ oder $P(\overline{A}B) = P(B) - P(AB)$.

Mit dieser Identität folgt aus (1.8) unmittelbar die Behauptung. ∎

Definition 1.2. Die Ereignisse $A_1, A_2, \ldots, A_n$ ($n \geq 2$) heißen *paarweise unvereinbar*, wenn jeweils zwei von ihnen nicht zugleich eintreten können, wenn also gilt $A_i A_k = \emptyset$ für alle $i \neq k$. Die Ereignisse $A_1, A_2, \ldots, A_n$ heißen *(vollständig) unvereinbar*, wenn alle Ereignisse nicht zugleich eintreten können, d.h. wenn $A_1 \cap A_2 \cap \ldots \cap A_n = \emptyset$ gilt.

Sind die Ereignisse $A_1, A_2, \ldots, A_n$ paarweise unvereinbar, so sind sie auch (vollständig) unvereinbar. Die Umkehrung braucht nicht zu gelten, wie man aus Bild 1.4 sieht. Die Ereignisse A_1, A_2, A_3 können nicht zusammen eintreten. Wegen $A_1 \cap A_2 \cap A_3 = \emptyset$ sind die Ereignisse A_1, A_2, A_3 (vollständig) unvereinbar.

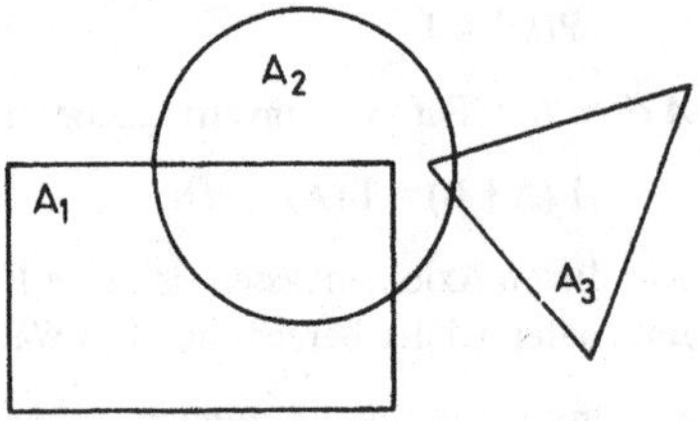

Wegen $A_1 A_2 \neq \emptyset$ sind die Ereignisse A_1, A_2, A_3 dagegen nicht paarweise unvereinbar.

Bild 1.4. Ereignisse

Sind die Ereignisse $A_1, A_2, \ldots, A_n$ paarweise unvereinbar, so schreiben wir anstelle der Vereinigung wieder die Summe:

$$\sum_{i=1}^{n} A_i = A_1 + A_2 + \ldots + A_n = A_1 \cup A_2 \cup \ldots \cup A_n.$$

Mit Hilfe des Prinzips der vollständigen Induktion läßt sich Axiom III auf die Vereinigung endlich vieler paarweise disjunkter Ereignisse übertragen. Es gilt also der

Satz 1.6
Sind die Ereignisse $A_1, A_2, \ldots, A_n$ paarweise unvereinbar, so gilt
$P(A_1 + A_2 + \ldots + A_n) = P(A_1) + P(A_2) + \ldots + P(A_n)$.

*Bemerkung: Die Vereinigungsbildung kann unmittelbar auf abzählbar unendlich viele Ereignisse $A_1, A_2, A_3, \ldots$ übertragen werden.

Das Ereignis $\bigcup_{i=1}^{\infty} A_i$ tritt genau dann ein, wenn mindestens eines der Ereignisse $A_1, A_2, \ldots$ eintritt.

Bei Systemen, die abzählbar unendlich viele Ereignisse enthalten, muß Axiom III ersetzt werden durch das

Axiom III': Sind $A_1, A_2, \ldots$ abzählbar unendlich viele, paarweise unvereinbare Ereignisse, so gilt

$$P\left(\sum_{i=1}^{\infty} A_i\right) = P(A_1 + A_2 + \ldots) = P(A_1) + P(A_2) + \ldots = \sum_{i=1}^{\infty} P(A_i).$$

Bei vielen Zufallsexperimenten sind nur endlich viele verschiedene Versuchsergebnisse möglich. Bezeichnen wir die einzelnen Versuchsergebnisse mit $\omega_1, \omega_2, \ldots, \omega_m$, so läßt sich das sichere Ereignis, das ja aus allen möglichen Versuchsergebnissen besteht, darstellen durch

$$\Omega = \{\omega_1, \omega_2, \ldots, \omega_m\}. \tag{1.9}$$

Die Elementarereignisse $\{\omega_1\}, \{\omega_2\}, \ldots, \{\omega_m\}$ – dafür schreiben wir auch $\{\omega_i\}$, $i = 1, 2, \ldots, m$ – sollen die Wahrscheinlichkeiten $P(\{\omega_1\}) = p_1$, $P(\{\omega_2\}) = p_2, \ldots, P(\{\omega_m\}) = p_m$ besitzen. Wegen Axiom I erfüllen die Wahrscheinlichkeiten p_i die Bedingung

$$0 \leq p_i \leq 1 \qquad \text{für } i = 1, 2, \ldots, m. \tag{1.10}$$

Aus $\Omega = \{\omega_1\} + \{\omega_2\} + \ldots + \{\omega_m\}$ folgt wegen Axiom II und Satz 1.6

$$1 = p_1 + p_2 + \ldots + p_m = \sum_{i=1}^{m} p_i. \tag{1.11}$$

Da Ω nur endlich viele Elemente besitzt, nennen wir Ω selbst *endlich*. Jedes zufällige Ereignis A läßt sich als Zusammenfassung von bestimmten Versuchsergebnissen darstellen, z.B. $A = \{\omega_{i_1}, \omega_{i_2}, \ldots, \omega_{i_r}\}$. A ist also eine sogenannte Teilmenge von Ω. Aus $A = \{\omega_{i_1}\} + \{\omega_{i_2}\} + \ldots + \{\omega_{i_r}\}$ folgt

$$P(A) = P(\{\omega_{i_1}\}) + \ldots + P(\{\omega_{i_r}\}) = p_{i_1} + p_{i_2} + \ldots + p_{i_r}. \tag{1.12}$$

Die Wahrscheinlichkeit von A ist also gleich der Summe der Wahrscheinlichkeiten derjenigen Elementarereignisse, deren Vereinigung A ist. Bei endlichem Ω ist wegen (1.12) die Wahrscheinlichkeit für jedes Ereignis A durch die Wahrscheinlichkeiten p_i der Elementarereignisse $\{\omega_i\}$ eindeutig bestimmt.

Beispiel 1.8. Durch $\Omega = \{1, 2, 3, 4, 5, 6\}$, $p_1 = P(\{1\}) = 0, 1$; $p_2 = p_3 = p_4 = p_5 = 0,15$; $p_6 = P(\{6\}) = 0,3$ könnte in einem mathematischen Modell z.B. das Zufallsexperiment beschrieben werden, das im Werfen eines „verfälschten" Würfels besteht. Der entsprechende verfälschte Würfel kann so konstruiert sein, daß in einen Holzwürfel (s. Bild 1.5) an der Seite, auf welcher die Augenzahl 1 steht, eine Stahlplatte eingearbeitet ist. Dabei sei die Stahlplatte gerade so dick, daß die Wahrscheinlichkeiten für das Auftreten der einzelnen Augenzahlen gleich den oben angegebenen Zahlenwerten sind. Die einzelnen Wahrscheinlichkeiten p_i, $i = 1, 2, \ldots, 6$ hängen natürlich von der Dicke der eingearbeiteten Stahlplatte ab. Aussagen über die unbekannten Wahrscheinlichkeiten p_i bei einem verfälschten Würfel zu machen, ist z.B. ein Problem der Statistik. Mit Hilfe einer auf den Axiomen von *Kolmogoroff* aufgebauten Theorie werden dort die entsprechenden Aussagen über die (zunächst unbekannten) Wahrscheinlichkeiten abgeleitet.   ◆

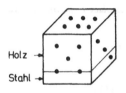

Bild 1.5
Verfälschter Würfel

*Bemerkung: Die für endliche Ω abgeleiteten Eigenschaften können unmittelbar auf Zufallsexperimente übertragen werden, bei denen unendlich viele verschiedene Versuchsergebnisse möglich sind, die aber, wie die natürlichen Zahlen, durchnumeriert werden können. In diesem Fall sagt man, Ω besitze *abzählbar unendlich* viele Elemente und stellt Ω dar durch

$$\Omega = \{\omega_1, \omega_2, \omega_3, \ldots, \omega_n, \ldots\}. \tag{1.13}$$

Dabei muß Axiom III durch das Axiom III′ ersetzt werden. Bedingung (1.11) geht über in

$$p_1 + p_2 + \ldots + p_n + \ldots = \sum_{i=1}^{\infty} p_i = 1. \tag{1.14}$$

Setzt sich A aus abzählbar unendlich vielen Versuchsergebnissen zusammen, d.h. ist $A = \{\omega_{i_1}, \omega_{i_2}, \ldots, \omega_{i_n}, \ldots\}$, so gilt

$$P(A) = p_{i_1} + p_{i_2} + \ldots + p_{i_n} + \ldots = \sum_{k=1}^{\infty} p_{i_k}. \tag{1.15}$$

1.4. Der Begriff der Wahrscheinlichkeit nach Laplace und kombinatorische Methoden zur Berechnung von Wahrscheinlichkeiten

Bei einem aus homogenem Material gefertigten Würfel kann man wegen der Symmetrie davon ausgehen, daß keine der Augenzahlen 1, 2, 3, 4, 5, 6 bevorzugt auftritt. Das bedeutet aber, daß alle Augenzahlen mit gleicher Wahrscheinlichkeit auftreten. Alle sechs Elementarereignisse besitzen somit dieselbe Wahrscheinlichkeit $p = \frac{1}{6}$. Wir betrachten allgemein ein Zufallsexperiment, bei dem Ω aus m verschiedenen Versuchsergebnissen besteht, bei dem sich also das sichere Ereignis darstellen läßt als

$$\Omega = \{\omega_1, \omega_2, \ldots, \omega_m\} \qquad \text{(m endlich).} \tag{1.16}$$

Ferner sollen alle m Elementarereignisse $\{\omega_1\}, \{\omega_2\}, \ldots, \{\omega_m\}$ dieselbe Wahrscheinlichkeit p besitzen; es gelte also

$$P(\{\omega_1\}) = P(\{\omega_2\}) = \ldots = P(\{\omega_m\}) = p. \tag{1.17}$$

Zufallsexperimente, welche die Bedingungen (1.16) und (1.17) erfüllen, nennen wir *Laplace-Experimente*. Aus

$$\Omega = \{\omega_1\} + \{\omega_2\} + \{\omega_3\} + \ldots + \{\omega_m\}$$

folgt

$$1 = P(\Omega) = P(\{\omega_1\}) + \ldots + P(\{\omega_m\}) = p + p + \ldots + p = m \cdot p$$

und hieraus

$$p = \frac{1}{m}. \tag{1.18}$$

Ein Ereignis A, das aus r verschiedenen Versuchsergebnissen besteht, besitzt die Darstellung $A = \{\omega_{i_1}, \omega_{i_2}, \ldots, \omega_{i_r}\}$. Daraus folgt

$$P(A) = P(\{\omega_{i_1}\}) + \ldots + P(\{\omega_{i_r}\}) = r \cdot p = \frac{r}{m}.$$

Für die Wahrscheinlichkeit P(A) erhalten wir somit

$$P(A) = \frac{r}{m} = \frac{\text{Anzahl der für A günstigen Fälle}}{\text{Anzahl der insgesamt möglichen Fälle}} = \frac{|A|}{|\Omega|} \qquad (1.19)$$

Dabei stellt $|A|$ die Anzahl der in A enthaltenen Versuchsergebnisse dar. Die Gleichung (1.19), die wir für Laplace-Experimente direkt aus den Axiomen von Kolmogoroff abgeleitet haben, benutzte *Laplace* (1749–1827) zur Definition der sogenannten *klassischen Wahrscheinlichkeit*. Voraussetzung für die Anwendbarkeit dieser Regel – das sei nochmals besonders betont – sind die beiden Bedingungen:

1. daß nur endlich viele verschiedene Versuchsergebnisse möglich sind und
2. daß alle Elementarereignisse dieselbe Wahrscheinlichkeit besitzen.

Die erste Bedingung allein genügt nicht, wie wir noch in Beispiel 1.10 sehen werden.

Beispiel 1.9 *(idealer Würfel)*. Bei einem aus homogenem Material angefertigten Würfel kann – sofern beim Werfen nicht „manipuliert" wird – davon ausgegangen werden, daß alle sechs Elementarereignisse $\{i\}$, $i = 1, 2, \ldots, 6$, dieselbe Wahrscheinlichkeit und damit nach (1.18) die Wahrscheinlichkeit $\frac{1}{6}$ besitzen. Man spricht hier von einem idealen Würfel.

Ist G das Ereignis „die geworfene Augenzahl ist gerade", so folgt aus (1.19) $P(G) = \frac{3}{6} = \frac{1}{2}$. Für das Ereignis M „die geworfene Augenzahl beträgt mindestens 3" erhalten wir $P(M) = \frac{4}{6} = \frac{2}{3}$. ◆

Beispiel 1.10. Beim Werfen zweier idealer Würfel berechne man die Wahrscheinlichkeiten, mit denen die einzelnen Augensummen geworfen werden.

Zur Berechnung der einzelnen Wahrscheinlichkeiten betrachten wir folgendes Modell: die beiden Würfel werden unterscheidbar gemacht. Ein Würfel sei z.B. weiß, der andere rot. Die einzelnen Versuchsergebnisse können dann dargestellt werden als Paare (i, k), wobei i die Augenzahl des weißen und k die Augenzahl des roten Würfels ist. Die möglichen Paare stellen wir in folgendem Schema übersichtlich dar:

(1,1)	(1,2)	(1,3)	(1,4)	(1,5)	(1,6)
(2,1)	(2,2)	(2,3)	(2,4)	(2,5)	(2,6)
(3,1)	(3,2)	(3,3)	(3,4)	(3,5)	(3,6)
(4,1)	(4,2)	(4,3)	(4,4)	(4,5)	(4,6)
(5,1)	(5,2)	(5,3)	(5,4)	(5,5)	(5,6)
(6,1)	(6,2)	(6,3)	(6,4)	(6,5)	(6,6) .

Wir nehmen an, daß es sich beim Werfen der beiden Würfel um ein Laplace-Experiment handelt, daß also alle 36 Zahlenpaare mit derselben Wahrscheinlichkeit auftreten. Für die einzelnen Augensummen stellen wir die günstigen Fälle und die entsprechenden Wahrscheinlichkeiten in Tabelle 1.1 dar.

Tabelle 1.1: Augensumme zweier idealer Würfel

Augensumme	günstige Fälle	Anzahl der günstigen Fälle	Wahrscheinlichkeiten für die Augensummen
2	(1,1)	1	$\frac{1}{36}$
3	(2,1); (1,2)	2	$\frac{2}{36}$
4	(3,1); (2,2); (1,3)	3	$\frac{3}{36}$
5	(4,1); (3,2); (2,3); (1,4)	4	$\frac{4}{36}$
6	(5,1); (4,2); (3,3); (2,4); (1,5)	5	$\frac{5}{36}$
7	(6,1); (5,2); (4,3); (3,4); (2,5); (1,6)	6	$\frac{6}{36}$
8	(6,2); (5,3); (4,4); (3,5); (2,6)	5	$\frac{5}{36}$
9	(6,3); (5,4); (4,5); (3,6)	4	$\frac{4}{36}$
10	(6,4); (5,5); (4,6)	3	$\frac{3}{36}$
11	(6,5); (5,6)	2	$\frac{2}{36}$
12	(6,6)	1	$\frac{1}{36}$

Für das Ereignis A „die Augensumme beträgt mindestens 6 und höchstens 8" gibt es 16 günstige Fälle. Daher besitzt es die Wahrscheinlichkeit $P(A) = \frac{16}{36} = \frac{4}{9}$. Zur Berechnung solcher Wahrscheinlichkeiten genügt bereits die Kenntnis der Wahrscheinlichkeiten, mit der die einzelnen Augensummen auftreten. Betrachtet man nur die Augensummen als Versuchsergebnisse, so besteht das sichere Ereignis Ω aus den elf Zahlen 2, 3, ..., 12; es gilt also die Darstellung

$$\Omega = \{2, 3, 4, 5, 6, 7, 8, 9, 10, 11, 12\}. \qquad (1.20)$$

Die Wahrscheinlichkeiten der Elementarereignisse erhält man aus der letzten Spalte der Tabelle 1.1.

Die einzelnen Elementarereignisse besitzen also nicht mehr alle dieselbe Wahrscheinlichkeit.

Wir stellen uns folgendes Experiment vor: in der Klasse 9a werden wiederholt zwei Würfel geworfen. Die Augensummen werden der Klasse 9b mitgeteilt, wobei die Klasse 9b aber nicht erfahren soll, durch welches Zufallsexperiment diese Zahlen entstanden sind. Nach einer gewissen Zeit wird die Klasse 9b auf Grund des ihr gelieferten Zahlenmaterials sicherlich feststellen, daß Ω die in (1.20) angegebene Darstellung besitzt. Der Schluß, daß alle Elementarereignisse dieselbe Wahrscheinlichkeit besitzen, wäre hier falsch. Vermutlich wird die Klasse dies bald selbst merken, da ihr z.B. die Zahl 7 wohl wesentlich häufiger geliefert wird als die Zahlen 2 oder 12. ♦

Bei vielen Zufallsexperimenten kann davon ausgegangen werden, daß es sich um ein Laplace-Experiment handelt, wobei allerdings m als die Anzahl der insgesamt möglichen Fälle nicht sehr einfach anzugeben ist. Zur Berechnung der Zahl m und der Anzahl der für ein Ereignis A günstigen Fälle benutzt man Methoden aus der Kombinatorik. Wir werden daher einige grundlegende Sätze aus der Kombinatorik behandeln.

Kombinatorik

a) Anordnungsmöglichkeiten von n Elementen.
Wir betrachten zunächst folgendes

Beispiel 1.11. Ein Studienanfänger kauft sich zunächst zwei verschiedene Fachbücher. Diese kann er in einem Bücherregal auf zwei verschiedene Arten anordnen. Kauft er sich ein drittes Buch dazu, so gibt es drei Möglichkeiten, dies im Regal zu den anderen beiden Büchern hinzustellen: rechts, links oder in die Mitte. Da er bei jeder der beiden Anordnungsmöglichkeiten der beiden zuerst gekauften Bücher so vorgehen kann, gibt es für drei Bücher insgesamt $2 \cdot 3$ verschiedene Anordnungsmöglichkeiten. Ein viertes Buch kann er auf vier (s. Bild 1.6), ein fünftes auf fünf Arten hinzustellen, usw. Daher gibt es für vier Bücher $1 \cdot 2 \cdot 3 \cdot 4 = 24$ und für fünf Bücher $1 \cdot 2 \cdot 3 \cdot 4 \cdot 5 = 120$ verschiedene Anordnungsmöglichkeiten. Ist n eine beliebige natürliche Zahl, so erhält man allgemein die Anzahl der verschiedenen Anordnungsmöglichkeiten für n Bücher aus derjenigen für $n-1$ Bücher durch Multiplikation mit n. Nach dem sogenannten Prinzip der vollständigen Induktion folgt daraus, daß man n Bücher auf $1 \cdot 2 \cdot 3 \cdot \ldots \cdot (n-1) \cdot n$ verschiedene Arten anordnen kann.   ♦

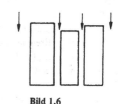

Bild 1.6

Das Produkt $1 \cdot 2 \cdot 3 \cdot \ldots \cdot (n-1) \cdot n$ bezeichnen wir mit n! (sprich „n *Fakultät*"). Anstelle der Bücher in Beispiel 1.11 kann man beliebige andere unterscheidbare Dinge betrachten. Somit gilt der

Satz 1.7
n verschiedene Dinge lassen sich unter Berücksichtigung der Reihenfolge auf $n! = 1 \cdot 2 \cdot \ldots \cdot (n-1) \cdot n$ verschiedene Arten anordnen.

Jede Anordnung von n verschiedenen Dingen nennt man eine *Permutation*. Damit besagt Satz 1.7, daß es für n verschiedene Dinge genau n! Permutationen gibt.

Beispiel 1.12. Bei einer Geburtstagsfeier sollen zehn Personen an einem runden Tisch Platz nehmen. Die Tischordnung wird zufällig ausgelost. Herr Meyer möchte gerne neben Frl. Schultze sitzen. Man berechne die Wahrscheinlichkeit p, mit der dieses Ereignis eintritt.

Wir numerieren die Plätze von 1 bis 10 durch und wählen als Versuchsergebnisse die 10! möglichen Verteilungen der Personen, von denen wir annehmen, daß sie alle gleichwahrscheinlich sind. Das betrachtete Ereignis tritt z.B. ein, wenn Herr Meyer den Platz 1 und Frl. Schultze entweder Platz 2 oder Platz 10 erhält. Die übrigen Personen dürfen dabei auf den restlichen Stühlen in beliebiger Reihenfolge sitzen, wofür es 8! verschiedene Anordnungen gibt. Falls Herr Meyer den Platz 1 erhält, gibt es somit $2 \cdot 8!$ günstige Fälle. Dieselbe Anzahl erhält man, wenn Herr Meyer einen anderen Platz einnimmt. Da insgesamt 10 Plätze vorhanden sind, gibt es für das betrachtete Ereignis $10 \cdot 2 \cdot 8!$ günstige Fälle. Daraus folgt für die gesuchte Wahrscheinlichkeit

$$p = \frac{2 \cdot 10 \cdot 8!}{10!} = \frac{2 \cdot 10 \cdot 8!}{8! \cdot 9 \cdot 10} = \frac{2}{9}.$$

Das sichere Ereignis Ω besteht hier aus den 10! Permutationen. Durch eine andere Wahl von Ω läßt sich p wesentlich einfacher berechnen und zwar durch folgende Modellvorstellung: Zunächst werde der Platz für Herrn Meyer, danach der für Frl. Schultze ausgelost. Für Frl. Schultze bleiben 9 mögliche Plätze übrig, von denen 2 für das betrachtete Ereignis günstig sind. Daraus folgt unmittelbar $p = \frac{2}{9}$. ♦

Beispiel 1.13. Bei einem Gesellschaftsspiel werden 10 Personen in zufälliger Reihenfolge aufgestellt. Mit welcher Wahrscheinlichkeit steht Herr Müller neben seiner Gattin?

Als Versuchsergebnisse betrachten wir wieder die 10! möglichen Permutationen. Das betrachtete Ereignis tritt genau dann ein, wenn das Ehepaar Müller eines der 9 Platzpaare $(1, 2), (2, 3), (3, 4), \ldots, (8, 9), (9, 10)$ einnimmt, während die übrigen Personen jeweils auf den restlichen 8 Plätzen in beliebiger Reihenfolge stehen dürfen. Da es wegen der Berücksichtigung der Reihenfolge für jedes der 9 Platzpaare 2 Möglichkeiten gibt, erhält man insgesamt $2 \cdot 9 \cdot 8!$ günstige Fälle. Damit ergibt sich für die gesuchte Wahrscheinlichkeit p der Wert

$$p = \frac{2 \cdot 9 \cdot 8!}{10!} = \frac{2 \cdot 9 \cdot 8!}{8! \cdot 9 \cdot 10} = \frac{2}{10}. \qquad\qquad ♦$$

Häufig sollen in einer beliebigen Reihenfolge Dinge angeordnet werden, von denen manche gleich sind. Dazu betrachten wir das

Beispiel 1.14. Auf einem Schiff seien 3 blaue, 2 rote und 4 gelbe Flaggen vorhanden, wobei die gleichfarbigen Flaggen nicht unterscheidbar sind. Alle 9 Flaggen sollen in einer Reihe aufgehängt werden. Auf wieviele verschiedene Arten ist die Bildung unterscheidbarer Anordnungen der Flaggen möglich?

Eine dieser Anordnungen ist z.B.

B, B, B, R, R, G, G, G, G,   (1.21)

wobei die Symbole B, R, G jeweils für blau, rot bzw. gelb stehen. Werden in einer bestimmten Anordnung jeweils nur gleichfarbige Flaggen untereinander vertauscht, so ist diese neue Anordnung von der ursprünglichen nicht zu unterscheiden. Daher betrachten wir folgendes Hilfsmittel: die Flaggen mit der gleichen Farbe werden durchnumeriert und somit unterscheidbar gemacht. Dadurch erhalten wir 9 verschiedene Flaggen, für die es insgesamt 9! verschiedene Permutationen gibt. Durch diese Numerierung gehe z.B. (1.21) über in

$$B_1, \ B_2, \ B_3, \ R_1, \ R_2, \ G_1, \ G_2, \ G_3, \ G_4 \ . \tag{1.22}$$

Die Permutation

$$B_1, \ B_2, \ B_3, \ R_1, \ R_2, \ G_2, \ G_1, \ G_4, \ G_3 \tag{1.23}$$

unterscheidet sich in unserem Hilfsmodell von der in (1.22) dargestellten, im Ausgangsmodell dagegen nicht. Läßt man im Hilfsmittel in einer bestimmten Reihenfolge alle blauen und roten Flaggen fest, während die gelben permutiert werden, so ergeben sich dafür 4! verschiedene Permutationen. Durch Vertauschen der roten erhält man den Faktor 2! und Permutation der blauen Flaggen liefert schließlich den Faktor 3! Damit erhält man aus jeder festen Reihenfolge aus dem Ausgangsmodell 3! 2! 4! verschiedene Permutationen im Hilfsmodell, in dem es insgesamt 9! verschiedene Anordnungen gibt. Für die gesuchte Zahl x gilt somit die Gleichung $x \cdot 3! \cdot 2! \cdot 4! = 9!$ oder

$$x = \frac{9!}{3! \ 2! \ 4!} = \frac{(3+2+4)!}{3! \cdot 2! \cdot 4!} = 1260 \ . \tag{1.24} \ \blacklozenge$$

Wendet man die in dem Beispiel benutzte Methode an auf die Anordnungen endlich vieler Dinge, von denen manche gleich sein dürfen, so erhält man unmittelbar den

Satz 1.8
n Dinge, von denen jeweils $n_1, n_2, \ldots, n_r$ gleich sind, lassen sich auf

$$\frac{n!}{n_1! \cdot n_2! \ldots n_r!}$$

verschiedene Arten anordnen. Dabei gilt $n_1 + n_2 + \ldots + n_r = n$.

Bemerkung: Zerfallen die n Dinge in nur zwei Gruppen von jeweils gleichen Dingen, von denen die eine k und die andere somit $(n - k)$ Dinge enthält, so ergibt sich für die Anzahl der verschiedenen Anordnungsmöglichkeiten

$$\frac{n!}{k! \ (n-k)!} = \frac{n \cdot (n-1) \ldots (n-k+1) \cdot (n-k)!}{k! \cdot (n-k)!} =$$

$$= \frac{n(n-1)(n-2) \ldots (n-k+1)}{1 \cdot 2 \cdot 3 \ldots (k-1) \cdot k} \ . \tag{1.25}$$

Für $\frac{n!}{k! \ (n-k)!}$ schreiben wir auch $\binom{n}{k}$ (sprich: ,,n über k'').

Die Zahlen $\binom{n}{k}$ heißen *Binomialkoeffizienten*. Damit diese Zahlen auch für k = 0 erklärt sind, setzt man 0! = 1, woraus $\binom{n}{0} = 1$ folgt.

Beispiel 1.15. Herr Meyer hat seinen Schlüssel für das Bahnhof-Schließfach verloren. Die Schließfach-Nummer hat er leider vergessen. Er erinnert sich allerdings daran, daß es sich um eine vierstellige Zahl handelt, bei der zwei Ziffern gleich sind und daß als Ziffern die 3, 5 und 7 vorkommen. Wieviele Schließfächer müssen gesperrt werden?

Falls die Ziffer 3 in der Schließfach-Nummer zweimal vorkommt, gibt es nach Satz 1.8

$$\frac{4!}{2!\,1!\,1!} = \frac{4\cdot 3\cdot 2}{2} = 12$$

Nummern, die in Frage kommen. Dieselbe Zahl erhält man, falls die 5 bzw. die 7 doppelt vorkommt. Daher müssen $3\cdot 12 = 36$ Schließfächer gesperrt werden.   ◆

b) Auswahlmöglichkeiten aus n Elementen

Bei den bisher betrachteten Fällen haben wir alle n Elemente in einer Reihenfolge angeordnet. Häufig nimmt man jedoch nicht alle Elemente, sondern wählt nur eine Teilmenge davon aus. Für eine solche Auswahl zeigen wir folgende 2 Sätze.

> **Satz 1.9**
>
> Aus n verschiedenen Elementen kann man unter Berücksichtigung der Reihenfolge k Stück $(1 \leq k \leq n)$ auf
>
> $$n(n-1)(n-2)\ldots(n-k+1) \tag{1.26}$$
>
> verschiedene Arten auswählen.

Beweis: Wir beweisen die Behauptung durch vollständige Induktion über k.

1. Für $k = 1$ ist die Behauptung richtig, da aus n verschiedenen Elementen eines auf n Arten ausgewählt werden kann.

2. Wir nehmen an, die Behauptung sei für ein k_0 mit $1 \leq k_0 \leq n-1$ richtig, d.h. k_0 Elemente können unter Berücksichtigung der Reihenfolge auf $n(n-1)\cdot\ldots\cdot(n-k_0+1)$ verschiedene Arten ausgewählt werden. Für die Auswahl des (k_0+1)-ten Elements stehen dann noch $n-k_0$ Elemente zur Verfügung. Damit entstehen aus jeder einzelnen der $n(n-1)\cdot\ldots\cdot(n-k_0+1)$ Auswahlmöglichkeiten für k_0 Elemente $(n-k_0)$ Auswahlmöglichkeiten für k_0+1 Elemente. Somit können k_0+1 Elemente auf $n(n-1)\cdot\ldots\cdot(n-k_0+1)(n-k_0) = n(n-1)\ldots(n-k_0+1)[n-(k_0+1)+1]$ verschiedene Arten ausgewählt werden. Die Behauptung (1.26) gilt somit auch für k_0+1.

3. Für $k_0 = 1$ ist die Behauptung richtig. Nach 2. gilt sie dann aber auch für $k_0 = 2$, daraus folgt sie für $k_0 = 3$, usw., bis sie schließlich aus $k_0 = n-1$ auch für n folgt, womit der Satz bewiesen ist.   ■

Bemerkung: Für $k = n$ werden alle Elemente ausgewählt, was unter Berücksichtigung der Reihenfolge auf $n(n-1)\ldots 2\cdot 1 = n!$ verschiedene Arten möglich ist. Die verschiedenen Auswahlmöglichkeiten ergeben aber die verschiedenen Permutationen. Satz 1.7 folgt somit für $k = n$ unmittelbar aus Satz 1.9.

Beispiel 1.16. Man bestimme die Anzahl derjenigen vierziffrigen Zahlen, deren Ziffern alle verschieden sind.

Die erste Ziffer muß von 0 verschieden sein. Daher kommen für die erste Ziffer 9 in Frage. Für die zweite Ziffer gibt es 9 Möglichkeiten, für die dritte noch 8 und für die vierte noch 7. Damit erhält man für die gesuchte Anzahl aus Satz 1.9

$$x = 9 \cdot 9 \cdot 8 \cdot 7 = 4536.$$ ♦

Beispiel 1.17 (*erste Ausspielung der Glücksspirale 1971*). Die erste Ausspielung der Glücksspirale wurde durch das folgende Zufallsexperiment durchgeführt: in einer einzigen Trommel befanden sich 70 gleichartige Kugeln, von denen jeweils 7 mit den Ziffern $0, 1, 2, \ldots, 9$ beschriftet waren. Aus der Trommel wurden nach gründlichem Mischen gleichzeitig 7 Kugeln gezogen, aus denen die 7-stellige Gewinnzahl ermittelt wurde.

Man berechne die Wahrscheinlichkeiten, mit denen bei der Durchführung des beschriebenen Zufallsexperiment die Zahlen a) 6666666; b) 1234567; c) 7778841 gezogen werden?

Zur Berechnung der Wahrscheinlichkeiten nehmen wir an, alle Kugeln seien unterscheidbar, was man durch Durchnumerieren der jeweiligen 7 gleichen Kugeln erreichen kann. Aus den 70 verschiedenen Kugeln können unter Berücksichtigung der Reihenfolge 7 Kugeln auf $70 \cdot 69 \cdot 68 \cdot 67 \cdot 66 \cdot 65 \cdot 64$ verschiedenen Arten ausgewählt werden. Da insgesamt nur 7 Kugeln mit der Ziffer 6 vorhanden sind, kann die Zahl 6666666 auf $7 \cdot 6 \cdot 5 \cdot 4 \cdot 3 \cdot 2 \cdot 1 = 7!$ verschiedene Arten ausgewählt werden. Daraus folgt

a) $P(\{6666666\}) = \dfrac{7 \cdot 6 \cdot 5 \cdot 4 \cdot 3 \cdot 2 \cdot 1}{70 \cdot 69 \cdot 68 \cdot 67 \cdot 66 \cdot 65 \cdot 64} = 0{,}83 \cdot 10^{-9}.$

b) Da die Zahl 1234567 aus lauter verschiedenen Ziffern besteht, kann jede einzelne Ziffer aus 7 möglichen ausgewählt werden. Es gibt also $7 \cdot 7 \cdot 7 \cdot 7 \cdot 7 \cdot 7 \cdot 7 = 7^7$ günstige Fälle. Damit erhalten wir

$$P(\{1234567\}) = \frac{7^7}{70 \cdot 69 \cdot 68 \cdot 67 \cdot 66 \cdot 65 \cdot 64} = 0{,}136 \cdot 10^{-6}.$$

c) Für die Auswahl der Zahl 7778841 gibt es schließlich $7 \cdot 6 \cdot 5 \cdot 7 \cdot 6 \cdot 7 \cdot 7$ mögliche Fälle, woraus

$$P(\{7778841\}) = \frac{7^4 \cdot 6^2 \cdot 5}{70 \cdot 69 \cdot 68 \cdot 67 \cdot 66 \cdot 65 \cdot 64} = 0{,}715 \cdot 10^{-7}$$

folgt.

Die Zahlen mit lauter verschiedenen Ziffern besitzen bei dieser Ausspielung die höchste, die mit lauter gleichen Ziffern die niedrigste Wahrscheinlichkeit, gezogen zu werden. Aus a) und b) folgt

$$\frac{P(\{1234567\})}{P(\{6666666\})} = \frac{7 \cdot 7 \cdot 7 \cdot 7 \cdot 7 \cdot 7 \cdot 7}{7 \cdot 6 \cdot 5 \cdot 4 \cdot 3 \cdot 2 \cdot 1} = 163{,}40.$$

Bemerkung: Bei späteren Ausspielungen wurde die Trommel in sieben Fächer unter-
teilt, wobei in jedem Fach 10 Kugeln mit den Ziffern 0, 1, 2, ..., 9 waren. Bei der
Ausspielung wurde aus jedem Fach eine Ziffer der 7-stelligen Zahl gezogen. Bei diesem Zufallsexperiment gibt es 10^7 mögliche Versuchsergebnisse, nämlich die Zahlen
0 = 0000000 bis 9999999. Jede bestimmte 7-stellige Zahl kann nur auf eine Art
gewonnen werden. Daher besitzen bei dieser Ausspielung alle Zahlen dieselbe Wahrscheinlichkeit $p = \frac{1}{10^7}$.

Die Gewinnzahl könnte genauso gut durch das folgende Zufallsexperiment gewonnen werden: In einer Trommel befinden sich 10 Kugeln mit den Ziffern 0, 1, ..., 9.
Daraus wird eine Kugel zufällig gezogen, wodurch die erste Ziffer der Gewinnzahl
ermittelt wird. Die gezogene Kugel wird wieder zurückgelegt und nach gründlichem
Mischen wird aus der Trommel zum zweitenmal eine Kugel gezogen, welche die
zweite Ziffer der Gewinnzahl ergibt, usw. Der gleiche Vorgang wird also 7-mal
durchgeführt.   ♦

Beispiel 1.18 (*Geburtstagsproblem*). n Personen werden zufällig ausgewählt. Wie
groß ist die Wahrscheinlichkeit dafür, daß mindestens 2 von den ausgewählten
Personen an demselben Tag Geburtstag haben? Dabei nehme man an, daß das Jahr
365 Tage hat, die als Geburtstage für jede der n Personen gleich wahrscheinlich sind.

Das entsprechende Ereignis bezeichnen wir mit A_n. Im Falle $n \geq 366$ müssen mindestens 2 Personen am gleichen Tag Geburtstag haben. Damit gilt

$$P(A_n) = 1 \qquad \text{für } n \geq 366.$$

Für $n \leq 365$ läßt sich die Anzahl der für A_n günstigen Fälle direkt sehr schwer berechnen. Daher betrachten wir das komplementäre Ereignis $\overline{A}_n$, welches eintritt,
wenn alle n Personen an verschiedenen Tagen Geburtstag haben. Numerieren wir
die n Personen durch, so kommen für die 1. Person 365, für die zweite 364, für die
dritte 363, ..., für die n-te $365 - n + 1$ Tage in Frage. Für das Ereignis $\overline{A}_n$ gibt es
somit $365 \cdot 364 \cdot ... \cdot (365 - n + 1)$ günstige Fälle. Insgesamt gibt es 365^n mögliche
Fälle. Daraus folgt

$$P(\overline{A}_n) = \frac{365 \cdot 364 \cdot ... \cdot (365 - n + 1)}{365^n}.$$

Nach Satz 1.1 erhalten wir hieraus

$$P(A_n) = 1 - \frac{365 \cdot 364 \cdot 363 \cdot ... \cdot (365 - n + 1)}{365^n} \qquad \text{für } n \leq 365.$$

Wir haben die Werte (gerundet) für verschiedene n in der Tabelle 1.2 zusammengestellt. Für $n = 23$ erhält man den (etwas überraschenden) Wert
$P(A_{23}) \approx 0,507 > \frac{1}{2}$.   ♦

Tabelle 1.2: Wahrscheinlichkeiten beim Geburtstagproblem

n	$P(A_n)$	n	$P(A_n)$	n	$P(A_n)$
1	0.00000000	41	0.90315161	81	0.99993311
2	0.00273973	42	0.91403047	82	0.99994795
3	0.00820417	43	0.92392286	83	0.99995965
4	0.01635591	44	0.93288537	84	0.99996882
5	0.02713557	45	0.94097590	85	0.99997600
6	0.04046248	46	0.94825284	86	0.99998159
7	0.05623570	47	0.95477440	87	0.99998593
8	0.07433529	48	0.96059797	88	0.99998928
9	0.09462383	49	0.96577961	89	0.99999186
10	0.11694818	50	0.97037358	90	0.99999385
11	0.14114138	51	0.97443199	91	0.99999537
12	0.16702479	52	0.97800451	92	0.99999652
13	0.19441028	53	0.98113811	93	0.99999740
14	0.22310251	54	0.98387696	94	0.99999806
15	0.25290132	55	0.98626229	95	0.99999856
16	0.28360401	56	0.98833235	96	0.99999893
17	0.31500767	57	0.99012246	97	0.99999922
18	0.34691142	58	0.99166498	98	0.99999942
19	0.37911853	59	0.99298945	99	0.99999958
20	0.41143838	60	0.99412266	100	0.99999969
21	0.44368834	61	0.99508880	101	0.99999978
22	0.47569531	62	0.99590957	102	0.99999984
23	0.50729723	63	0.99660439	103	0.99999988
24	0.53834426	64	0.99719048	104	0.99999992
25	0.56869970	65	0.99768311	105	0.99999994
26	0.59824082	66	0.99809570	106	0.99999996
27	0.62685928	67	0.99844004	107	0.99999997
28	0.65446147	68	0.99872639	108	0.99999998
29	0.68096854	69	0.99896367	109	0.99999998
30	0.70631624	70	0.99915958	110	0.99999999
31	0.73045463	71	0.99932075	111	0.99999999
32	0.75334753	72	0.99945288	112	0.99999999
33	0.77497185	73	0.99956081	113	1.00000000
34	0.79531686	74	0.99964864		
35	0.81438324	75	0.99971988		
36	0.83218211	76	0.99977744		
37	0.84873401	77	0.99982378		
38	0.86406782	78	0.99986095		
39	0.87821966	79	0.99989067		
40	0.89123181	80	0.99991433		

Satz 1.10

Aus n verschiedenen Elementen können ohne Berücksichtigung der Reihenfolge k Stück $(1 \leq k \leq n)$ auf

$$\binom{n}{k} = \frac{n!}{k!\,(n-k)!} = \frac{n\,(n-1)\,\ldots\,(n-k+2)\,(n-k+1)}{1\cdot 2\cdot 3\cdot\ldots\cdot(k-1)\cdot k}$$

verschiedene Arten ausgewählt werden. Dabei gilt $0! = 1$.

Beweis: Die Behauptung des Satzes leiten wir aus Satz 1.9 mit einer Methode ab, die der in Beispiel 1.14 (für r = 2) benutzten sehr ähnlich ist.

Die Anzahl der verschiedenen Auswahlmöglichkeiten ohne Berücksichtigung der Reihenfolge bezeichnen wir mit x. Aus jeder bestimmten Auswahlmöglichkeit ohne Berücksichtigung der Reihenfolge erhalten wir durch Permutationen k! verschiedene Auswahlmöglichkeiten unter Berücksichtigung der Reihenfolge. Aus Satz 1.9 folgt daher für x die Gleichung $x \cdot k! = n\,(n-1)\,\ldots\,(n-k+1)$ und hieraus

$$x = \frac{n\cdot (n-1)\,\ldots\,(n-k+1)}{k!}\,. \tag{1.27}$$

Erweitert man den Bruch auf der rechten Seite der Gleichung (1.27) mit $(n-k)! = (n-k)\,(n-k-1)\,\ldots\,2\cdot 1$, so erhält man die Behauptung

$$x = \frac{n!}{k!\,(n-k)!} = \binom{n}{k}\,. \qquad\blacksquare$$

Beispiel 1.19. Bei einer Feier stößt jeder der 8 Teilnehmer mit dem Weinglas mit jedem Teilnehmer an. Wie oft klingen dabei die Gläser?

Aus 8 Personen können 2 (ohne Berücksichtigung der Reihenfolge) auf $\binom{8}{2}$ Arten ausgewählt werden. Damit erhält man für die gesuchte Anzahl den Wert $x = \binom{8}{2} = \frac{8\cdot 7}{1\cdot 2} = 4\cdot 7 = 28$. $\qquad\blacklozenge$

c) Das Urnenmodell I

Satz 1.11

Eine Urne enthalte N Kugeln, von denen M schwarz und die restlichen N−M weiß sind. Dabei gelte $1 \leq M < N$. Aus der Urne werden $n\,(n \leq N)$ Kugeln zufällig herausgegriffen, wobei die einzelnen Kugeln nach dem entsprechenden Zug nicht zurückgelegt werden. Sofern es sich bei dem Ziehen der Kugeln um ein Laplace-Experiment handelt, gilt für die Wahrscheinlichkeit p_k, unter den n gezogenen Kugeln genau k schwarze zu finden, die Gleichung

$$p_k = \frac{\binom{M}{k}\,\binom{N-M}{n-k}}{\binom{N}{n}} \qquad \text{für } 0 \leq k \leq \min(M, n)\,.$$

Beweis: Ein Versuchsergebnis besteht aus n Kugeln, die aus der Menge der N Kugeln ausgewählt werden, wobei es auf die Reihenfolge nicht ankommt. Daher gibt es insgesamt $\binom{N}{n}$ mögliche Fälle. Aus den M schwarzen Kugeln lassen sich k auf $\binom{M}{k}$ verschiedene Arten auswählen. Zu jeder bestimmten Auswahl der k schwarzen Kugeln gibt es $\binom{N-M}{n-k}$ verschiedene Möglichkeiten, die restlichen $n-k$ weißen Kugeln aus der Menge der weißen Kugeln auszuwählen. Für das Ereignis A_k „unter den n gezogenen Kugeln befinden sich genau k schwarze" gibt es somit $\binom{M}{k}\binom{N-M}{n-k}$ günstige Fälle. Daraus folgt die Behauptung

$$p_k = P(A_k) = \frac{\binom{M}{k}\binom{N-M}{n-k}}{\binom{N}{n}}.$$ ∎

Beispiel 1.20. In einer Kiste befinden sich 10 Werkstücke, von denen 4 fehlerhaft sind. Dabei lassen sich die Fehler nur durch genaue Überprüfung des Werkstücks feststellen. Aus der Kiste werden 2 Werkstücke zufällig entnommen. Unter der Annahme, daß es sich dabei um ein Laplace-Experiment handelt, berechne man die Wahrscheinlichkeit dafür, daß sich unter den 2 ausgewählten Werkstücken genau k fehlerhafte befinden, für k = 0, 1, 2.

Durch die Zuordnung: fehlerhaftes Werkstück $\longleftrightarrow$ schwarze Kugel
                        brauchbares Werkstück $\longleftrightarrow$ weiße Kugel

können wir mit M = 4, N − M = 6, N = 10, n = 2 die in Satz 1.11 abgeleitete Formel benutzen und erhalten wegen $\binom{10}{2} = 45$ für die gesuchten Wahrscheinlichkeiten der Reihe nach die Werte

$$p_0 = \frac{\binom{4}{0}\binom{6}{2}}{45} = \frac{1\cdot 15}{45} = \frac{5}{15} = \frac{1}{3},$$

$$p_1 = \frac{\binom{4}{1}\binom{6}{1}}{45} = \frac{4\cdot 6}{45} = \frac{8}{15},$$

$$p_2 = \frac{\binom{4}{2}\binom{6}{0}}{45} = \frac{6\cdot 1}{45} = \frac{2}{15}.$$ ♦

Beispiel 1.21 (*Zahlenlotto „6 aus 49"*).

a) Wieviele Möglichkeiten gibt es, von 49 Zahlen 6 anzukreuzen?

b) Unter der Voraussetzung, daß es sich bei der Lotto-Ausspielung um ein Laplace-Experiment handelt, berechne man die Wahrscheinlichkeiten, mit denen man in einer Reihe 6 richtige, 5 richtige und Zusatzzahl, 4 richtige bzw. 3 richtige Zahlen angekreuzt hat.

Für die Anzahl der möglichen Fälle erhalten wir

$$\binom{49}{6} = \frac{49\cdot 48\cdot 47\cdot 46\cdot 45\cdot 44}{1\cdot 2\cdot 3\cdot 4\cdot 5\cdot 6} = 13\,983\,816.$$

Bei der Ausspielung werden von den 49 Zahlen 6 „richtige" sowie eine Zusatzzahl gezogen. Für das Ereignis „6 richtige Zahlen sind getippt" gibt es somit nur einen günstigen Fall. Daher gilt

$$P(6 \text{ „richtige"}) = \frac{1}{13\,983\,816} = 0,715 \cdot 10^{-7}.$$

Um „5 richtige" mit Zusatzzahl getippt zu haben, müssen die Zusatzzahl sowie von den 6 „richtigen" 5 Zahlen angekreuzt sein, wofür es $\binom{6}{5}$ verschiedene Möglichkeiten gibt. Daraus folgt $P(5 \text{ „richtige" und Zusatzzahl}) = \frac{\binom{6}{5}}{13\,983\,816} = \frac{6}{13\,983\,816} =$
$= 0,429 \cdot 10^{-6}$. Bei 5 „richtigen" ohne Zusatzzahl muß anstelle der Zusatzzahl eine der 42 nichtgezogenen Zahlen angekreuzt sein. Damit gilt

$$P(5 \text{ „richtige" ohne Zusatzzahl}) = \frac{\binom{6}{5} \cdot 42}{13\,983\,816} = \frac{252}{13\,983\,816} = 0,180 \cdot 10^{-4}.$$

Da bei weniger als 5 „richtigen" die Zusatzzahl keine Rolle mehr spielt, erhalten wir

$$P(4 \text{ „richtige"}) = \frac{\binom{6}{4}\binom{43}{2}}{13\,983\,816} = \frac{13545}{13\,983\,816} = 0,969 \cdot 10^{-3},$$

$$P(3 \text{ „richtige"}) = \frac{\binom{6}{3}\binom{43}{3}}{13\,983\,816} = \frac{246\,820}{13\,983\,816} = 0,01765. \qquad \blacklozenge$$

d) Das Urnenmodell II:

> **Satz 1.12**
> Aus der in Satz 1.11 beschriebenen Urne werden n Kugeln einzeln gezogen, wobei jede gezogene Kugel vor dem nächsten Zug wieder in die Urne zurückgelegt wird. Handelt es sich dabei um ein Laplace-Experiment, so gilt für die Wahrscheinlichkeit, unter den n gezogenen Kugeln genau k schwarze zu finden
>
> $$p_k = \binom{n}{k} \left(\frac{M}{N}\right)^k \left(1 - \frac{M}{N}\right)^{n-k} \qquad \text{für } k = 0, 1, \ldots, n.$$

Beweis: Wir numerieren die schwarzen und die weißen Kugeln durch und machen sie somit unterscheidbar. Dann besteht jedes Versuchsergebnis aus einem n-Tupel, wobei an der Stelle i das Symbol der beim i-ten Zug gezogenen Kugel steht. Die Reihenfolge spielt dabei eine Rolle. Ein Elementarereignis ist z.B. $\{(S_1, S_2, \ldots S_k; W_1, W_2, \ldots, W_{n-k})\}$. Da bei jedem der n Züge N Kugeln zur Auswahl stehen, gibt es insgesamt N^n verschiedene Elementarereignisse. Mit A_k bezeichnen wir das Ereignis „unter den n gezogenen Kugeln befinden sich k schwarze". Von den n Komponenten des n-Tupels wählen wir k aus, was auf $\binom{n}{k}$ verschiedene Arten möglich ist. Für das Ereignis, daß bei den entsprechenden k Zügen jeweils eine schwarze und bei den restlichen $n-k$ Zügen jeweils eine weiße Kugel gezogen wird, gibt es $M^k(N-M)^{n-k}$ günstige Fälle. Somit gibt es für das Ereignis A_k insgesamt $\binom{n}{k} M^k (N-M)^{n-k}$ günstige Fälle.

Daraus folgt

$$p_k = P(A_k) = \frac{\binom{n}{k} M^k (N-M)^{n-k}}{N^n} = \binom{n}{k} \frac{M^k}{N^k} \frac{(N-M)^{n-k}}{N^{n-k}} =$$

$$= \binom{n}{k} \left(\frac{M}{N}\right)^k \left(\frac{N-M}{N}\right)^{n-k} = \binom{n}{k} \left(\frac{M}{N}\right)^k \left(1 - \frac{M}{N}\right)^{n-k}. \qquad \blacksquare$$

Bemerkung: Beim Urnenmodell I können entweder alle Kugeln zugleich oder einzeln gezogen werden, wobei bei der „Einzelziehung" die gezogene Kugel vor dem nächsten Zug nicht wieder zurückgelegt werden darf. Daher ändert sich nach jedem Zug der Urneninhalt, und somit auch die Wahrscheinlichkeit, eine schwarze Kugel zu ziehen. Beim Urnenmodell II dagegen liegt bei jedem Zug dieselbe Konstellation vor. Bei jedem Zug ist daher die Wahrscheinlichkeit, eine schwarze Kugel zu ziehen, gleich $\frac{M}{N}$. Das entsprechende Zufallsexperiment setzt sich also hier aus n gleichen Einzelexperimenten zusammen.

1.5. Geometrische Wahrscheinlichkeiten

Bevor wir allgemein erklären, was wir unter einer geometrischen Wahrscheinlichkeit verstehen, betrachten wir zwei einführende Beispiele.

Beispiel 1.22. Mit welcher Wahrscheinlichkeit steht der große Zeiger einer stehengebliebenen Uhr zwischen 0 und 4?

Nach Bild 1.7 können die Versuchsergebnisse entweder durch den Winkel φ beschrieben werden, den der stehengebliebene Zeiger mit der Geraden M0 einschließt, oder durch die Länge l des Kreisbogens auf der Peripherie des Ziffernblattes zwischen der Zahl 0 und der Zahl, zu welcher die Spitze des Zeigers zeigt. Beträgt der Kreisradius r, so ist das sichere Ereignis Ω im zweiten Modell gleich dem Intervall $[0, 2r\pi]$. Wir nehmen an, daß kein Punkt bevorzugt auftritt. Dann verhält sich die Wahrscheinlichkeit dafür, daß l in einem bestimmten Intervall liegt, zur Wahrscheinlichkeit des sicheren Ereignisses Ω wie die Länge des entsprechenden Intervalls zur Länge $2r\pi$ des Gesamtintervalls $[0, 2r\pi]$. Für die gesuchte Wahrscheinlichkeit erhalten wir daher den Wert $p = \frac{l}{3}$. $\qquad \blacklozenge$

Bild 1.7

Beispiel 1.23. An einem Stab der Länge a werden zufällig und unabhängig voneinander zwei Stellen markiert. An diesen Stellen wird der Stab durchgesägt. Mit welcher Wahrscheinlichkeit läßt sich aus den so gewonnenen Stücken ein Dreieck bilden?

Die zuerst markierte Stelle bezeichnen wir mit x, die andere mit y. Die Versuchsergebnisse können somit durch die Zahlenpaare (x, y) mit $0 \leq x, y \leq a$ dargestellt
werden. Ω ist also ein Quadrat mit der Seitenlänge a (s. Bild 1.8). Damit aus den
Teilstücken ein Dreieck gebildet werden kann, muß der Stab in drei Teile zerlegt
werden, wobei wegen der sogenannten Dreiecksungleichung jedes der drei Teilstücke
kürzer sein muß als die beiden anderen zusammen. Um alle günstigen Fälle zu erhalten, machen wir folgende Fallunterscheidungen.

1. Fall: $x < y$.

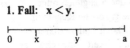

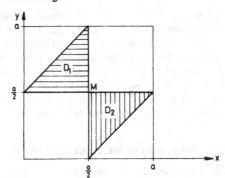

Bild 1.8. Geometrische Wahrscheinlichkeiten

Damit aus den Teilstücken ein Dreieck gebildet werden kann, müssen wegen der
obigen Bemerkung folgende Bedingungen erfüllt sein

1. $x < a - x$.   2. $y - x < x + a - y$.   3. $a - y < y$.

Daraus folgen die Bedingungen

$$x < \frac{a}{2}; \quad y < x + \frac{a}{2}; \quad y > \frac{a}{2}. \tag{1.28}$$

Sämtliche Punkte (x, y), deren Koordinaten die Bedingung (1.28) erfüllen, liegen
im Innern des in Bild 1.8 eingezeichneten Dreiecks D_1.

2. Fall: $y < x$. Durch Vertauschung der Zahlen x und y erhalten wir aus (1.28)
unmittelbar die Bedingung

$$y < \frac{a}{2}; \quad x < y + \frac{a}{2}; \quad x > \frac{a}{2}. \tag{1.29}$$

Alle Punkte, deren Koordinaten die Bedingungen (1.29) erfüllen, liegen im Innern
des Dreiecks D_2.

Wir nehmen an, daß die Wahrscheinlichkeit dafür, daß die Versuchsergebnisse im
Innern eines Dreiecks liegen, proportional zur Dreiecksfläche ist. Dann erhalten
wir für die gesuchte Wahrscheinlichkeit p den Zahlenwert

$$p = \frac{\frac{1}{2} \cdot \frac{a}{2} \cdot \frac{a}{2} + \frac{1}{2} \cdot \frac{a}{2} \cdot \frac{a}{2}}{a^2} = \frac{1}{4}. \qquad \blacklozenge$$

Anstelle des Intervalls $[0, 2r\pi]$ aus Beispiel 1.22 betrachten wir ein beliebiges Intervall I mit der Länge $L(I)$. Ist A ein Teilintervall von I mit der Länge $L(A)$, so betrachten wir die durch

$$P(A) = \frac{L(A)}{L(I)} \qquad (1.30)$$

erklärte Funktion P. Sind A, B zwei disjunkte Intervalle, so folgt aus der Additivität der Länge von Intervallen die Gleichung

$$P(A \cup B) = \frac{L(A \cup B)}{L(I)} = \frac{L(A)}{L(I)} + \frac{L(B)}{L(I)} = P(A) + P(B) \quad \text{für} \quad AB = \emptyset. \qquad (1.31)$$

Durch das Prinzip der vollständigen Induktion kann diese Gleichung unmittelbar auf die Vereinigung endlich vieler paarweise disjunkter Teilintervalle übertragen werden. Es gilt also

$$P(A_1 \cup A_2 \cup \ldots \cup A_n) = P(A_1) + P(A_2) + \ldots + P(A_n) \qquad (1.32)$$

für $A_i A_k = \emptyset$, $i \neq k$.

Die durch (1.30) erklärte Funktion erfüllt somit die Axiome von Kolmogoroff, wenn Ω das Intervall I und das unmögliche Ereignis $\emptyset$ gleich der leeren Menge ist. Aus der Definitionsgleichung (1.30) folgt unmittelbar, daß jedes Elementarereignis $\{x\}$ die Wahrscheinlichkeit 0 besitzt. Die Definitionsgleichung (1.30) wird man vor allem dann zur Berechnung von Wahrscheinlichkeiten benutzen, wenn man davon ausgehen kann, daß kein Punkt des Intervalls I bevorzugt auftritt. Besitzen alle Elementarereignisse $\{x\}$ mit $x \in I$ dieselbe Wahrscheinlichkeit p, so muß $p = 0$ sein, da sonst aus $P(\{x\}) = p > 0$ die Identität $P(I) = \infty \cdot p = \infty$ folgen würde. Da einpunktige Ereignisse die Wahrscheinlichkeit 0 besitzen, ist es gleichgültig, ob man offene, halboffene oder abgeschlossene Intervalle betrachtet.

Anstelle des Quadrates aus Beispiel 1.23 betrachten wir allgemein ein Gebiet G der Zahlenebene mit dem Flächeninhalt $F(G)$. Ist A ein beliebiges Teilgebiet von G mit existierendem Flächeninhalt $F(A)$, so wird wegen der Additivität des Flächeninhalts durch

$$P(A) = \frac{F(A)}{F(G)} \qquad (1.33)$$

auf gewissen Teilgebieten von G eine Wahrscheinlichkeit erklärt. Dabei besitzt jeder Kurvenzug (z.B. ein Geradenstück) die Wahrscheinlichkeit Null. Daraus folgt jedoch nicht, daß kein Punkt auf diesem Kurvenzug eintreten kann. So kann in Beispiel 1.23 durchaus der Fall eintreten, daß das Versuchsergebnis (x, y) auf dem Rand des Dreiecks D_1 liegt. Die Menge der Punkte auf den Dreiecksseiten ist im Vergleich zur Gesamtmenge G vernachlässigbar. Daher wird das Versuchsergebnis höchst selten (d.h. fast nie) auf dem Rand des Dreiecks D_1 bzw. D_2 liegen.

Definition 1.3. Die durch (1.30) auf Intervallen der Zahlengeraden bzw. durch (1.33) auf Teilgebieten der Zahlenebene definierten Wahrscheinlichkeiten, heißen *geometrische Wahrscheinlichkeiten.*

Bemerkung: Durch Volumenberechnung lassen sich entsprechend geometrische Wahrscheinlichkeiten im dreidimensionalen Raum erklären.

Beispiel 1.24 (*das Nadelproblem von Buffon*). In der Ebene seien parallele Geraden gezogen, die voneinander den Abstand d haben. Auf diese Ebene werde zufällig eine Nadel der Länge l geworfen, wobei $l < d$ sei. Mit welcher Wahrscheinlichkeit schneidet die Nadel eine der eingezeichneten Geraden?

x sei der Abstand des Mittelpunktes der Nadel von derjenigen Geraden, die ihm am nächsten liegt, und φ der Winkel, den die Nadel mit dieser Geraden einschließt (s. Bild 1.9).

Für jedes Versuchsergebnis (x, φ) gilt damit $0 \leq x \leq \frac{d}{2}$ und $0 \leq \varphi \leq \pi$. Alle möglichen Punkte (x, φ) liegen daher in dem in Bild 1.10 eingezeichneten Rechteck.

Die geworfene Nadel schneidet eine der gezeichneten Geraden, wenn die Bedingung $x \leq \frac{l}{2} \sin \varphi$ erfüllt ist, wenn also der Punkt (x, φ) in dem schraffierten Bereich des Bildes 1.10 liegt.

Die schraffierte Fläche besitzt den Inhalt $F(A) = \int\limits_{0}^{\pi} \frac{l}{2} \sin \varphi \, d\varphi = \frac{l}{2} (- \cos \varphi) \Big|_{0}^{\pi} = l.$

Wird das Experiment so durchgeführt, daß kein Punkt (x, φ) des Rechtecks bevorzugt auftritt, so erhalten wir nach (1.33) für die gesuchte Wahrscheinlichkeit den Wert

$$p = \frac{F(A)}{F(G)} = \frac{l}{\pi \cdot \frac{d}{2}} = \frac{2l}{\pi d}.$$

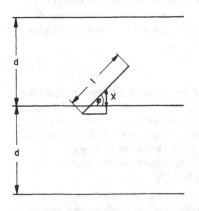

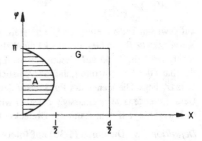

Bild 1.9   **Bild 1.10**

Führt man dieses Experiment n-mal durch (n groß), so gilt für die relative Häufigkeit $r_n(A)$ der Versuche, bei denen die Nadel eine Gerade schneidet,

$$r_n(A) \approx \frac{2l}{\pi d}.$$

Damit kann die Zahl π näherungsweise bestimmt werden. ♦

Bemerkung: Geometrische Wahrscheinlichkeiten dürfen nur dann benutzt werden, wenn aus den Durchführungsbestimmungen des Zufallsexperiments folgt, daß die Wahrscheinlichkeit für ein bestimmtes Teilgebiet proportional zum Flächeninhalt ist. Es darf also nicht zwei verschiedene Gebiete mit gleichem Flächeninhalt geben, so daß eines davon gegenüber dem anderen bevorzugt auftritt. Wird z.B. ein Stab der Länge a zufällig durchgebrochen und wird danach eines der Teilstücke zufällig ausgewählt und wiederum durchgebrochen, so unterscheidet sich das Zufallsexperiment von dem in Beispiel 1.23 beschriebenen völlig. Die Wahrscheinlichkeit dafür, daß man aus den Teilstücken ein Dreieck bilden kann, lautet hier (vgl. Praxis der Mathematik 1974 (3), Problem P533) $p \approx 0{,}193$.

1.6. Bedingte Wahrscheinlichkeiten und unabhängige Ereignisse

Wir betrachten zunächst das

Beispiel 1.25. Für einen Betriebsrat soll eine Person nachgewählt werden. Dabei kandidieren 5 Frauen und 8 Männer. Von den Kandidaten stehen 3 Frauen und 3 Männer im Angestelltenverhältnis, während die restlichen Kandidaten Arbeiterinnen bzw. Arbeiter sind. Durch diese Angaben kann die Menge der Kandidaten nach zwei Merkmalen (weiblich – männlich; angestellt – Arbeiter) in folgendem Schema eingeteilt werden:

	angestellt	Arbeiter	Zeilensummen
weiblich	3	2	5
männlich	3	5	8
Spaltensummen	6	7	13

Wir betrachten folgende Ereignisse:
A „die gewählte Person ist angestellt"
M „die gewählte Person ist männlich".

Unter der Annahme, daß es sich bei der Wahl um ein Laplace-Experiment handelt, erhalten wir die Wahrscheinlichkeiten

$$P(A) = \frac{6}{13}; \quad P(M) = \frac{8}{13}; \quad P(A \cap M) = \frac{3}{13}.$$

Nach der Wahl und vor Veröffentlichung des Wahlergebnisses ist bekannt geworden, daß ein Mann gewählt wurde. Damit kommt als gewählter Vertreter nur einer der

8 männlichen Kandidaten in Frage. Die Wahrscheinlichkeit, daß davon ein Angestellter gewählt wurde, beträgt somit $\frac{3}{8}$. Dies ist die Wahrscheinlichkeit für das Ereignis „A tritt ein, unter der Bedingung, daß M eingetreten ist." Bezeichnen wir dieses Ereignis mit A/M, so erhalten wir für die sogenannte bedingte Wahrscheinlichkeit den Wert $P(A/M) = \frac{3}{8}$. Dieser Wert ist von $P(A)$ verschieden. Für $P(A/M)$ gilt in diesem speziellen Beispiel die Gleichung

$$P(A/M) = \frac{3}{8} = \frac{\frac{3}{13}}{\frac{8}{13}} = \frac{P(A \cap M)}{P(M)}. \tag{1.34}$$

♦

Wir betrachten nun zwei beliebige Ereignisse A und B mit $P(B) > 0$. Mit A/B bezeichnen wir das Ereignis „A tritt ein unter der Bedingung, daß B eingetreten ist." Um dem Ereignis A/B eine Wahrscheinlichkeit sinnvoll zuzuordnen, leiten wir zunächst eine wesentliche Eigenschaft für die relative Häufigkeit des Ereignisses A/B ab, die wir dann wie bei den Axiomen von Kolmogoroff zur Definition von $P(A/B)$ benutzen werden.

In einer Versuchsserie vom Umfang n seien die Ereignisse A, B, AB $h_n(A)$-, $h_n(B)$- bzw. $h_n(AB)$-mal eingetreten. Dabei gelte $h_n(B) > 0$. Wir betrachten jetzt nur noch diejenigen Versuche aus der Gesamtserie, bei denen B eingetreten ist. In dieser Teilserie vom Umfang $h_n(B)$ ist das Ereignis A jeweils eingetreten, wenn der Durchschnitt AB eingetreten ist. Somit besitzt das Ereignis A/B in der Teilserie die relative Häufigkeit $r_n(A/B) = \frac{h_n(AB)}{h_n(B)}$.

Division des Zählers und Nenners durch n liefert die Identität

$$r_n(A/B) = \frac{\frac{h_n(AB)}{n}}{\frac{h_n(B)}{n}} = \frac{r_n(AB)}{r_n(B)}. \tag{1.35}$$

Diese Eigenschaft gibt Anlaß zur

Definition 1.4: A und B seien zwei beliebige Ereignisse mit $P(B) > 0$. Dann heißt die durch

$$P(A/B) = \frac{P(AB)}{P(B)} \tag{1.36}$$

definierte Zahl $P(A/B)$ die *bedingte Wahrscheinlichkeit von* A *unter der Bedingung* B.

Beispiel 1.26. Das in Beispiel 1.20 beschriebene Zufallsexperiment werde folgendermaßen durchgeführt: ohne zwischenzeitliches Zurücklegen werde zweimal hintereinander je ein Werkstück zufällig herausgegriffen. Dann läßt sich die Wahrscheinlichkeit p_0, daß beide Werkstücke brauchbar sind, mit bedingten Wahrscheinlichkeiten berechnen.

B sei das Ereignis „das zuerst gezogene Werkstück ist brauchbar" und A das Ereignis „das im zweiten Zug erhaltene Werkstück ist brauchbar". Damit gilt $p_0 = P(AB)$.

Aus (1.36) folgt durch Multiplikation mit P(B) die Gleichung

$$P(AB) = P(A/B) \cdot P(B). \tag{1.37}$$

Ist das Ereignis B eingetreten, so sind für den zweiten Zug noch 5 brauchbare und 4 fehlerhafte Stücke vorhanden. Damit erhalten wir für das Ereignis A/B die Wahrscheinlichkeit $P(A/B) = \frac{5}{9}$. Mit $P(B) = \frac{6}{10}$ folgt aus (1.37) für die gesuchte Wahrscheinlichkeit $p_0 = P(AB) = \frac{5}{9} \cdot \frac{6}{10} = \frac{1}{3}$. ◆

Wie in diesem Beispiel sind häufig die beiden Wahrscheinlichkeiten $P(A/B)$ und $P(B)$ bekannt, während die Wahrscheinlichkeit $P(AB)$ berechnet werden soll. Zur Berechnung eignet sich die sogenannte Multiplikationsgleichung (1.37). Diese Gleichung folgt für $P(B) > 0$ unmittelbar aus der Definition der bedingten Wahrscheinlichkeit. Sie gilt jedoch auch für $P(B) = 0$.

> **Satz 1.13** (Multiplikationssatz)
> Für zwei beliebige Ereignisse A und B gilt
>
> $$P(AB) = P(A/B) \cdot P(B). \tag{1.38}$$

Beweis:
1. Fall: $P(B) = 0$. Wegen $AB \subset B$ gilt nach Satz 1.3 die Ungleichung $0 \le P(AB) \le P(B) = 0$, d. h. $P(AB) = 0$. Damit verschwinden beide Seiten von (1.38).

2. Fall: $P(B) > 0$. Hier folgt die Behauptung unmittelbar aus der Definitionsgleichung (1.36), womit der Satz bewiesen ist. ∎

Mit $A = A_3$, $B = A_2 A_1$ erhalten wir aus (1.38) die Identität

$$P(A_3 A_2 A_1) = P(A_3/A_2 A_1) P(A_2 A_1)$$

und hieraus mit $A = A_2$, $B = A_1$ die Gleichung

$$P(A_3 A_2 A_1) = P(A_3/A_2 A_1) P(A_2/A_1) P(A_1). \tag{1.39}$$

Durch das Prinzip der vollständigen Induktion kann (1.39) auf den Durchschnitt von n Ereignissen übertragen werden. Es gilt also

$$P(A_n A_{n-1}...A_1) = P(A_n/A_{n-1}...A_1) P(A_{n-1}/A_{n-2}...A_1)...P(A_3/A_2 A_1) P(A_2/A_1) P(A_1)$$

$$\tag{1.40}$$

Für ein festes B erfüllt $P(A/B)$ folgende Eigenschaften

$$0 \le P(A/B) \le 1 \quad \text{für alle A} \quad (\text{wegen } P(AB) \le P(B)). \tag{1.41}$$

$$P(B/B) = \frac{P(BB)}{P(B)} = \frac{P(B)}{P(B)} = 1. \tag{1.42}$$

$$P((A_1 + A_2)/B) = \frac{P((A_1 + A_2)B)}{P(B)} = \frac{P(A_1 B + A_2 B)}{P(B)} = \frac{P(A_1 B)}{P(B)} + \frac{P(A_2 B)}{P(B)} =$$
$$= P(A_1/B) + P(A_2/B) \quad \text{für } A_1 A_2 = \emptyset, \tag{1.43}$$

wobei (1.43) nach Axiom III' auch für Vereinigungen abzählbar vieler paarweise unvereinbarer Ereignisse gilt. Hält man B fest und läßt A variieren, so entsprechen die Gleichungen (1.41)−(1.43) den drei Axiomen von Kolmogoroff, wobei anstelle des sicheren Ereignisses Ω hier das Ereignis B steht. Das ist nicht verwunderlich, da bei dem Ereignis A/B ja vorausgesetzt wurde, daß B eingetreten ist. Wegen

$$P(\overline{B}/B) = \frac{P(\overline{B}B)}{P(B)} = \frac{P(\emptyset)}{P(B)} = 0 \quad \text{kann in diesem Modell B als das sichere Ereignis und } \overline{B}$$

(und somit alle Teilereignisse von $\overline{B}$) als unmögliches Ereignis interpretiert werden. Damit gilt der

Satz 1.14
Für ein fest gewähltes Ereignis B mit $P(B) > 0$ stellt die durch $P_B(A) = P(A/B)$ erklärte Funktion P_B eine Wahrscheinlichkeit dar, welche die Bedingung $P_B(\overline{B}) = 0$ erfüllt.

Bevor wir den Begriff der Unabhängigkeit von Ereignissen einführen, betrachten wir das

Beispiel 1.27. A sei das Ereignis „ein Mensch bekommt Lungenkrebs" und B das Ereignis „ein Mensch ist Raucher". Hat das Rauchen keinen Einfluß auf Lungenkrebs, so müßte in der Gruppe der Raucher und der Nichtraucher der prozentuale Anteil derjenigen Personen, die Lungenkrebs bekommen, ungefähr gleich sein. Für große n müßte also die Näherung gelten

$$r_n(A/B) \approx r_n(A/\overline{B}). \tag{1.44}$$

Diese Eigenschaft benutzen wir zur

Definition 1.5: Für das Ereignis B gelte $0 < P(B) < 1$. Dann heißt das Ereignis A *(stochastisch) unabhängig* von B, wenn gilt

$$P(A/B) = P(A/\overline{B}). \tag{1.45}$$

Durch diese Definition wird der Begriff der Unabhängigkeit, der im täglichen Sprachgebrauch benutzt wird, auf eine natürliche Art auf das wahrscheinlichkeitstheoretische (stochastische) Modell übertragen. Gleichzeitig folgt aus der Definition, daß mit A von B auch A von $\overline{B}$ (stoch.) unabhängig ist.

Wählt man aus einer Versuchsreihe vom Umfang n diejenigen Versuche aus, bei denen das Ereignis B eingetreten ist, so wird dadurch die Gesamtreihe in zwei Teilreihen eingeteilt. Sind in beiden Teilreihen die relativen Häufigkeiten $r_n(A/B)$ und $r_n(A/\overline{B})$ ungefähr gleich, so ist die relative Häufigkeit des Ereignisses A in der Gesamtserie nach den Rechengesetzen der Prozentrechnung ebenfalls ungefähr gleich diesen Werten. Aus (1.44) folgt somit

$$r_n(A) \approx r_n(A/B) \approx r_n(A/\overline{B}). \tag{1.46}$$

Daher wird man vermuten, daß aus (1.45) die Identität

$$P(A) = P(A/B) = P(A/\overline{B}) \tag{1.47}$$

folgt und umgekehrt. Daß diese Vermutung richtig ist, zeigen wir im folgenden

Satz 1.15
Das Ereignis A ist von B mit $0 < P(B) < 1$ genau dann (stochastisch) unabhängig, wenn gilt

$$P(A/B) = P(A). \tag{1.48}$$

Beweis: Wir müssen zeigen, daß aus (1.45) die Gleichung (1.48) folgt und umgekehrt.

a) Wir nehmen an, es gelte $P(A/B) = P(A/\overline{B})$. Dann folgt aus $A = AB + A\overline{B}$ die Gleichung $P(A) = P(AB) + P(A\overline{B})$.

Auf die beiden Summanden wenden wir jeweils den Multiplikationssatz an und erhalten wegen $P(A/\overline{B}) = P(A/B)$ die Gleichungen

$$P(A) = P(A/B) P(B) + P(A/\overline{B}) P(\overline{B}) = P(A/B) [P(B) + P(\overline{B})] = P(A/B).$$

Aus (1.45) folgt also (1.48).

b) Umgekehrt gelte $P(A/B) = P(A)$. Dann erhalten wir aus (1.36) und Satz 1.4

$$P(A/\overline{B}) = \frac{P(A\overline{B})}{P(\overline{B})} = \frac{P(A \setminus B)}{P(\overline{B})} = \frac{P(A) - P(AB)}{P(\overline{B})} =$$

$$= \frac{P(A) - P(A/B) P(B)}{P(\overline{B})} = \frac{P(A) - P(A) P(B)}{P(\overline{B})} =$$

$$= \frac{P(A)(1 - P(B))}{P(\overline{B})} = \frac{P(A) P(\overline{B})}{P(\overline{B})} = P(A).$$

Damit gilt $P(A/\overline{B}) = P(A) = P(A/B)$, also die Definitionsgleichung (1.45), womit der Satz bewiesen ist. ∎

Satz 1.16
a) Das Ereignis A ist vom Ereignis B mit $0 < P(B) < 1$ genau dann (stoch.) unabhängig, wenn gilt

$$P(AB) = P(A) \cdot P(B). \tag{1.49}$$

b) Ist A mit $0 < P(A) < 1$ (stoch.) unabhängig von B mit $0 < P(B) < 1$, dann ist auch B (stoch.) unabhängig von A.

Beweis:

a) Nach Satz 1.15 ist das Ereignis A von B genau dann (stoch.) unabhängig, wenn gilt $P(A) = P(A/B)$. Aus der Definitionsgleichung (1.36) der bedingten Wahrscheinlichkeit folgt damit

$$P(A) = P(A/B) = \frac{P(AB)}{P(B)} \quad \text{und hieraus}$$

$$P(AB) = P(A) P(B).$$

Die Gleichungen (1.48) und (1.49) sind daher äquivalent.

b) Diese Behauptung folgt wegen AB = BA unmittelbar aus Teil 1.   ∎

Die drei Gleichungen (1.45), (1.48) und (1.49) sind somit völlig gleichwertig. Aus einer von ihnen folgt die Gültigkeit der beiden anderen. Daher könnte jede von ihnen als Definitionsgleichung für die (stochastische) Unabhängigkeit benutzt werden. In Beispiel 1.25 sind die Ereignisse A und M nicht (stoch.) unabhängig, da wegen $P(A) = \frac{6}{13}$, $P(A/M) = \frac{3}{8}$ die Gleichung (1.48) nicht erfüllt ist. Ereignisse, die nicht (stoch.) unabhängig sind, nennt man *(stoch.) abhängig*.

Beispiel 1.28 (vgl. Bsp. 1.10). Beim Werfen eines weißen und eines roten Würfels werde ein Laplace-Experiment durchgeführt. Dabei betrachten wir folgende Ereignisse:

W_i „der weiße Würfel zeigt die Augenzahl i", i = 1, 2, ..., 6;

R_k „der rote Würfel zeigt die Augenzahl k", k = 1, 2, ..., 6;

A „die Augenzahl des weißen Würfels ist gerade";

B „die Augenzahl des roten Würfels ist ungerade";

C „die Augensumme ist gerade";

D „die Augensumme ist ungerade".

Durch Abzählen der günstigen Fälle erhalten wir aus der in Beispiel 1.10 angegebenen Tabelle 1.1 unmittelbar die Wahrscheinlichkeiten

$$P(W_i) = P(R_k) = \frac{6}{36} = \frac{1}{6}, \quad P(W_i R_k) = \frac{1}{36} \quad 1 \leq i, k \leq 6;$$

$$P(A) = P(B) = P(C) = P(D) = \frac{1}{2};$$

$$P(AB) = P(AC) = P(BC) = \frac{9}{36} = \frac{1}{4};$$

$$P(CD) = 0.$$

Für jedes Paar (i, k) sind wegen $P(W_i R_k) = P(W_i) P(R_k)$ die beiden Ereignisse W_i und R_k (stoch.) unabhängig. Dasselbe gilt jeweils für die Ereignisse A, B; A, C und B, C. Die Ereignisse C und D sind wegen $P(CD) = 0 \neq P(C) P(D)$ nicht stochastisch unabhängig.

Die drei Ereignisse A, B, C können zusammen nicht eintreten. Es gilt also $P(ABC) = P(\emptyset) = 0$, während das Produkt der einzelnen Wahrscheinlichkeiten $P(A) P(B) P(C)$ von Null verschieden ist. Gleichung (1.49) gilt zwar für jedes aus den Ereignissen A, B, C ausgewählte Paar, für alle drei Ereignisse gilt die entsprechende Gleichung jedoch nicht. Da je zwei der Ereignisse A, B, C (stoch.) unabhängig sind, nennen wir die drei Ereignisse A, B, C *paarweise unabhängig*. ◆

Durch Erweiterung der Gleichung (1.49) auf mehrere Ereignisse erhalten wir eine sinnvolle Definition der (stoch.) Unabhängigkeit mehrerer Ereignisse.

Definition 1.6: Die Ereignisse A_1, A_2, ..., A_n heißen *(vollständig stoch.) unabhängig*, wenn für jede Auswahl von mindestens zwei Ereignissen A_{i_1}, A_{i_2}, ..., A_{i_k} mit verschiedenen Indizes gilt

$$P(A_{i_1} \cap A_{i_2} \cap ... \cap A_{i_k}) = P(A_{i_1}) P(A_{i_2}) ... P(A_{i_k}) \quad \text{für } 2 \leq k \leq n. \quad (1.50)$$

Die Ereignisse A_1, A_2, ..., A_n heißen *paarweise (stoch.) unabhängig*, wenn für alle Paare A_i, A_k mit $i \neq k$ gilt $P(A_i A_k) = P(A_i) P(A_k)$.

Bemerkungen

1. (Vollständig) unabhängige Ereignisse sind auch paarweise unabhängig. Die Umkehrung muß nicht gelten, denn in Beispiel 1.28 sind die drei Ereignisse A, B, C zwar paarweise, aber nicht vollständig unabhängig.

2. Bei den Urnenmodellen seien A_i Ereignisse, die nur von der beim i-ten Zug gezogenen Kugel abhängen (i = 1, 2, ..., n). Dann sind die Ereignisse A_1, A_2, ..., A_n beim Urnenmodell I (ohne „Zurücklegen") nicht paarweise unabhängig, während sie beim Urnenmodell II (mit „Zurücklegen") vollständig unabhängig sind. Die Ursache liegt darin, daß beim Urnenmodell I die Grundgesamtheit beim i-ten Zug von den bereits gezogenen Kugeln abhängt, während beim Urnenmodell II bei jedem Zug dieselbe Grundgesamtheit vorliegt.

In der Reihe der (vollständig) unabhängigen Ereignisse A_1, A_2, ..., A_n ersetzen wir das Ereignis A_1 durch dessen Komplement $\overline{A}_1$, während wir die übrigen Ereignisse unverändert lassen.

Sind A_{i_2}, A_{i_3}, ..., A_{i_k} ($k \geq 2$) Ereignisse aus der Menge $\{A_2, A_3, ..., A_n\}$ mit verschiedenen Indizes, so erhalten wir mit $\overline{A} = \overline{A}_1$, $B = A_{i_2} \cap A_{i_3} \cap ... \cap A_{i_n}$ aus Satz 1.4 und wegen der (vollständigen) Unabhängigkeit der Ereignisse A_2, A_3, ..., A_n die Gleichungen

$$P(\overline{A}_1 \cap A_{i_2} \cap A_{i_3} \cap ... \cap A_{i_k}) = P(A_{i_2} \cap A_{i_3} \cap ... \cap A_{i_k}) - P(A_1 \cap A_{i_2} \cap ... \cap A_{i_k}) =$$
$$= P(A_{i_2}) P(A_{i_3}) ... P(A_{i_k}) - P(A_1) P(A_{i_2}) ... P(A_{i_k}) =$$
$$= [1 - P(A_1)] P(A_{i_2}) P(A_{i_3}) ... P(A_{i_k}) =$$
$$= P(\overline{A}_1) P(A_{i_2}) P(A_{i_3}) ... P(A_{i_k}).$$

Die Gleichungen (1.50) gelten somit auch dann noch, wenn dort das Ereignis A_1 jeweils durch dessen Komplement $\overline{A}_1$ ersetzt wird. Daher sind auch die Ereignisse $\overline{A}_1$, A_2, A_3, ..., A_n (vollständig) unabhängig. Anstelle der Ereignisse A_1 können wir auch ein anderes Ereignis A_j durch dessen Komplement ersetzen und erhalten genauso die (vollständige) Unabhängigkeit der Ereignisse A_1, A_2, ..., A_{j-1}, $\overline{A}_j$, A_{j+1}, ..., A_n. Danach können wir dasselbe Verfahren auf ein Ereignis A_k mit $k \neq j$ anwenden, wobei wir wieder (vollständig) unabhängige Ereignisse erhalten. Mehrfache Wiederholung des Verfahrens liefert unmittelbar den

Satz 1.17
Die Ereignisse A_1, A_2, ..., A_n seien (vollständig) unabhängig. Ersetzt man in A_1, ..., A_n eine beliebige Anzahl von Ereignissen durch deren Komplemente, so erhält man wiederum n (vollständig) unabhängige Ereignisse.

1.7. Bernoulli-Experimente und klassische Wahrscheinlichkeits-
verteilungen

Beispiel 1.29. Mit A bezeichnen wir das Ereignis, daß ein aus der Produktion eines
Betriebes zufällig ausgewähltes Werkstück Ausschuß ist. Der Produktion sollen
nacheinander drei Werkstücke entnommen werden. Die drei Einzelexperimente
fassen wir zu einem Gesamtexperiment zusammen. Interessiert man sich bei jedem
einzelnen Versuchsschritt nur für das Eintreten des Ereignisses A, so ist jedes Versuchsergebnis des Gesamtexperiments darstellbar durch drei Ereignisse B_1, B_2, B_3
mit

$$B_i = \begin{cases} A, \text{ wenn beim i-ten Versuch A eintritt,} \\ \overline{A}, \text{ sonst.} \end{cases}$$

Insgesamt gibt es acht Elementarereignisse, nämlich

$$(A, A, A), (\overline{A}, A, A), (A, \overline{A}, A), (A, A, \overline{A}), (A, \overline{A}, \overline{A}), (\overline{A}, A, \overline{A}), (\overline{A}, \overline{A}, A), (\overline{A}, \overline{A}, \overline{A}).$$
$$(1.51)$$

Dabei bedeutet z.B. $(A, \overline{A}, A)$, daß beim ersten und dritten Versuch jeweils das
Ereignis A und beim zweiten Versuch $\overline{A}$ eintritt. Wir machen folgende Annahmen:

1. Die Wahrscheinlichkeit, daß ein ausgewähltes Werkstück fehlerhaft ist, ist bei
   allen drei Einzelversuchen gleich einem festen Wert p = P(A).
2. Die Versuchsergebnisse der Einzelversuche sind voneinander vollständig unabhängig.

Aus diesen beiden Annahmen folgen wegen $P(\overline{A}) = 1 - p$ die Gleichungen

$$\begin{aligned}
&P(A, A, A) = P(A)\, P(A)\, P(A) = p^3, \\
&P(\overline{A}, A, A) = P(A, \overline{A}, A) = P(A, A, \overline{A}) = P(A)\, P(A)\, P(\overline{A}) = p^2(1 - p), \\
&P(A, \overline{A}, \overline{A}) = P(\overline{A}, A, \overline{A}) = P(\overline{A}, \overline{A}, A) = P(A)\, P(\overline{A})\, P(\overline{A}) = p(1 - p)^2, \\
&P(\overline{A}, \overline{A}, \overline{A}) = P(\overline{A})\, P(\overline{A})\, P(\overline{A}) = (1 - p)^3.
\end{aligned} \quad (1.52)$$

Dabei folgen nach Satz 1.17 bereits aus $P(A, A, A) = P(A)^3$ alle anderen Gleichungen.

Definition 1.7: Ein Zufallsexperiment, bei dem das Ereignis A eintreten kann,
werde n-mal wiederholt. A_i sei das Ereignis, daß in der Versuchsreihe beim i-ten
Schritt das Ereignis A eintritt. Dann heißt die Versuchsreihe vom Umfang n ein
Bernoulli-Experiment für das Ereignis A, wenn folgende Bedingungen erfüllt sind:

1. $P(A_i) = p$ für alle i.
2. Die Ereignisse $A_1, A_2, \ldots, A_n$ sind vollständig unabhängig.

Der Begriff Bernoulli-Experiment wurde zu Ehren des Mathematikers *Jakob Bernoulli*
(1654−1705) eingeführt.

Wird ein Zufallsexperiment mit zwei möglichen Ausgängen n-mal unter denselben
Bedingungen durchgeführt, wobei die einzelnen Versuchsergebnisse sich gegenseitig
nicht beeinflussen sollen, so kann man davon ausgehen, daß es sich um ein
Bernoulli-Experiment handelt.

Beispiel 1.30. Beim Tennisspiel gewinne Spieler I gegen Spieler II einen einzelnen Satz mit Wahrscheinlichkeit p. Bei einem Turnier siegt derjenige Spieler, der zuerst drei Sätze gewonnen hat. Unter der Voraussetzung, daß es sich um ein Bernoulli-Experiment handelt, berechne man die Wahrscheinlichkeit P, mit der Spieler I siegt.

Mit G bezeichnen wir das Ereignis „Spieler I gewinnt einen Satz". Spieler I siegt dann, wenn folgendes Ereignis eintritt:

$$S = (G, G, G) + (\overline{G}, G, G, G) + (G, \overline{G}, G, G) + (G, G, \overline{G}, G) +$$
$$+ (\overline{G}, \overline{G}, G, G, G) + (\overline{G}, G, \overline{G}, G, G) + (\overline{G}, G, G, \overline{G}, G) +$$
$$+ (G, \overline{G}, \overline{G}, G, G) + (G, \overline{G}, G, \overline{G}, G) + (G, G, \overline{G}, \overline{G}, G).$$

Wegen $P(G) = p$, $P(\overline{G}) = 1 - p$ folgt hieraus

$$P = P(S) = p^3 + 3 \cdot p^3 (1 - p) + 6 p^3 (1 - p)^2 =$$
$$= p^3 [1 + 3 - 3p + 6(1 - 2p + p^2)] =$$
$$= p^3 (10 - 15 p + 6 p^2).$$

Für $p = \frac{1}{2}$ ergibt sich

$$P = \frac{1}{8} \left[10 - \frac{15}{2} + \frac{6}{4} \right] = \frac{1}{8} \frac{20 - 15 + 3}{2} = \frac{1}{2}$$

und für $p = \frac{3}{4}$ lautet die Siegeswahrscheinlichkeit $P = 0{,}896$.

Allgemein gilt für $p > 0{,}5$ die Ungleichung $P > p$. Der bessere Spieler siegt also bei drei Sieg-Sätzen mit größerer Wahrscheinlichkeit als nur bei einem Satz. ♦

1.7.1. Die Binomialverteilung

Beispiel 1.31 (Fortsetzung von Beispiel 1.29). In Beispiel 1.29 sei S_k das Ereignis „in der Versuchsserie vom Umfang 3 tritt das Ereignis A genau k-mal ein" für $k = 0, 1, 2, 3$. Dabei gilt

$$S_0 = (\overline{A}, \overline{A}, \overline{A}),$$
$$S_1 = (A, \overline{A}, \overline{A}) + (\overline{A}, A, \overline{A}) + (\overline{A}, \overline{A}, A),$$
$$S_2 = (A, A, \overline{A}) + (A, \overline{A}, A) + (\overline{A}, A, A),$$
$$S_3 = (A, A, A).$$

Die Ereignisse S_k besitzen wegen (1.52) folgende Wahrscheinlichkeiten

$$P(S_0) = (1 - p)^3 \, ; \; P(S_1) = 3 p (1 - p)^2 \, ; \; P(S_2) = 3 p^2 (1 - p); \; P(S_3) = p^3 . \quad ♦$$

Allgemein zeigen wir den

> **Satz 1.18**
> Das Ereignis A besitze die Wahrscheinlichkeit $p = P(A)$. Dann gilt für die Wahrscheinlichkeit p_k, daß in einem Bernoulli-Experiment vom Umfang n das Ereignis A genau k-mal eintritt,
>
> $$p_k = \binom{n}{k} p^k (1 - p)^{n-k} \quad \text{für } k = 0, 1, \ldots, n.$$

Beweis: Wir bezeichnen mit S_k das Ereignis, daß in der Versuchsreihe vom Umfang n A genau k-mal eintritt. Dann tritt S_k z.B. ein, wenn bei den ersten k Versuchen jeweils A und bei den restlichen $n-k$ Versuchen jeweils $\overline{A}$ eintritt. Es gilt also

$$C = (\underbrace{A, A, ..., A}_{k\text{-mal}}, \underbrace{\overline{A}, \overline{A}, ..., \overline{A}}_{(n-k)\text{-mal}}) \subset S_k.$$

Da es sich um ein Bernoulli-Experiment handelt, folgt aus Satz 1.17 $P(C) = p^k(1-p)^{n-k}$. Jede andere Realisierung von S_k erhält man durch Permutation der Komponenten aus C, wobei jede Permutation dieselbe Wahrscheinlichkeit besitzt. Nach der Bemerkung im Anschluß an Satz 1.8 gibt es $\binom{n}{k}$ verschiedene solche Permutationen, woraus die Behauptung

$$p_k = P(S_k) = \binom{n}{k} p^k(1-p)^{n-k} \quad \text{für } k = 0, 1, 2, ..., n \text{ folgt.} \qquad \blacksquare$$

Bemerkung: $(k; \binom{n}{k} p^k(1-p)^{n-k})$, $k = 0, 1, ..., n$ heißt *Binomialverteilung*. Wendet man auf $1 = [p + (1-p)]^n$ den binomischen Lehrsatz an, so erhält man

$$1 = \sum_{k=0}^{n} \binom{n}{k} p^k(1-p)^{n-k} = \sum_{k=0}^{n} p_k.$$ Die Wahrscheinlichkeiten p_k stellen also die

Glieder in der Binomialentwicklung von $[p + (1-p)]^n$ dar. Daher der Name Binomialverteilung.

Beispiel 1.32. Die Wahrscheinlichkeit, daß eine an einer bestimmten Krankheit leidende Person durch ein bestimmtes Medikament geheilt werde, sei 0,8. Das Medikament werde 10 Patienten verabreicht. Mit welcher Wahrscheinlichkeit werden mindestens 8 der 10 Patienten geheilt? Dabei sei vorausgesetzt, daß die Heilerfolge für die einzelnen Patienten voneinander unabhängig sind und die Heilwahrscheinlichkeit bei allen Personen gleich 0,8 ist.

Wegen der Voraussetzung ist das durchgeführte Zufallsexperiment ein Bernoulli-Experiment, wobei A das Ereignis „der Patient wird geheilt" ist mit $P(A) = p = 0,8$. Mindestens 8 Patienten werden geheilt, wenn genau 8 oder genau 9 oder alle 10 geheilt werden. Damit erhalten wir nach Satz 1.18 für die gesuchte Wahrscheinlichkeit P den Wert

$$P = p_8 + p_9 + p_{10} = \binom{10}{8} 0,8^8 \cdot 0,2^2 + \binom{10}{9} 0,8^9 \cdot 0,2 + \binom{10}{10} 0,8^{10} =$$

$$= \frac{10 \cdot 9}{2} 0,8^8 \cdot 0,2^2 + 10 \cdot 0,8^9 \cdot 0,2 + 0,8^{10} = 0,678. \qquad \blacklozenge$$

Beispiel 1.33. Mit welcher Wahrscheinlichkeit erscheint beim gleichzeitigen Werfen 6 idealer Würfel mindestens eine Sechs?

Das Ereignis „unter den 6 geworfenen Zahlen ist mindestens eine Sechs" bezeichnen wir mit S. Dann tritt $\overline{S}$ genau dann ein, wenn keine Sechs geworfen wird. Aus $P(\overline{S}) = (\frac{5}{6})^6$ erhalten wir für die gesuchte Wahrscheinlichkeit den Wert

$$P(S) = 1 - P(\overline{S}) = 1 - (\tfrac{5}{6})^6 = 0,665. \qquad \blacklozenge$$

1.7.2. Die Polynomialverteilung

Bei einem Bernoulli-Experiment vom Umfang n wird bei jedem Einzelversuch nur nachgeprüft, ob das Ereignis A oder das Komplementärereignis $\overline{A}$ eintritt. Man betrachtet also jedesmal die beiden Ereignisse A, $\overline{A}$ mit $A + \overline{A} = \Omega$. Häufig interessiert man sich jedoch für mehrere paarweise unvereinbare Ereignisse, von denen bei jedem Versuchsschritt genau eines eintreten muß, also für die Ereignisse $A_1, A_2, \ldots, A_r$ mit

$$A_1 + A_2 + \ldots + A_r = \Omega, \quad (A_i A_k = \emptyset \text{ für } i \neq k). \tag{1.53}$$

Für die Wahrscheinlichkeiten $p_i = P(A_i)$ erhalten wir aus (1.53)

$$p_1 + p_2 + \ldots + p_r = 1. \tag{1.54}$$

Wie beim Bernoulli-Experiment wiederholen wir das Einzelexperiment n-mal unabhängig, wobei sich bei jeder einzelnen Wiederholung die Wahrscheinlichkeiten $p_i = P(A_i)$ der Ereignisse A_i nicht ändern sollen. Für das Gesamtexperiment zeigen wir den

Satz 1.19
Ein Zufallsexperiment werde n-mal unabhängig durchgeführt. $A_1, A_2, \ldots, A_r$ seien dabei paarweise unvereinbare Ereignisse, von denen bei jedem Versuchsschritt genau eines eintreten muß (es gelte also $\Omega = A_1 + A_2 + \ldots + A_r$). Bei jedem einzelnen Versuchsschritt trete das Ereignis A_i mit konstanter Wahrscheinlichkeit $p_i = P(A_i)$ ein für $i = 1, 2, \ldots, r$. Dann ist die Wahrscheinlichkeit dafür, daß bei den n Versuchen k_1-mal das Ereignis A_1, k_2-mal das Ereignis A_2, ..., k_r-mal das Ereignis A_r ($k_1 + k_2 + \ldots + k_r = n$) eintritt, gleich

$$p_{k_1 k_2 \ldots k_r} = \frac{n!}{k_1! \, k_2! \ldots k_r!} \, p_1^{k_1} p_2^{k_2} \cdots p_r^{k_r}.$$

Beweis: Wir bezeichnen mit $S_{k_1 k_2 \ldots k_r}$ das Ereignis, daß in der Versuchsserie vom Umfang n k_1-mal A_1, k_2-mal A_2, ..., k_r-mal A_r eintritt. Dann ist z.B. das Ereignis

$$C = (\underbrace{A_1, \ldots A_1}_{k_1\text{-mal}}, \underbrace{A_2, \ldots A_2}_{k_2\text{-mal}}, \ldots, \underbrace{A_r, \ldots A_r}_{k_r\text{-mal}})$$

ein Teilereignis von $S_{k_1 k_2 \ldots k_r}$. Wegen der vorausgesetzten Unabhängigkeit gilt dabei

$$P(C) = P(A_1)^{k_1} P(A_2)^{k_2} \ldots P(A_r)^{k_r}.$$

Jede andere Realisierung von $S_{k_1 k_2 \ldots k_r}$ erhält man aus C durch Permutation der einzelnen Komponenten, wobei jede permutierte Anordnung dieselbe Wahrscheinlichkeit besitzt. Nach Satz 1.8 gibt es $\frac{n!}{k_1! \, k_2! \ldots k_r!}$ verschiedene Permutationen. Daraus folgt die Behauptung

$$p_{k_1 \ldots k_r} = P(S_{k_1 \ldots k_r}) = \frac{n!}{k_1! \, k_2! \ldots k_r!} \, p_1^{k_1} p_2^{k_2} \cdots p_r^{k_r}. \qquad \blacksquare$$

Bemerkungen:

1. Entwickelt man $1 = (p_1 + p_2 + \ldots + p_r)^n$ nach dem sog. polynomischen Lehrsatz, so erhält man die Wahrscheinlichkeiten $p_{k_1 \ldots k_r}$ als Summanden; deshalb heißt die Gesamtheit der Wahrscheinlichkeiten $p_{k_1 \ldots k_r}$ *Polynomialverteilung*.

2. Setzt man im Falle $r = 2$ in der Polynomialverteilung $A_1 = A$ (daraus folgt $A_2 = \overline{A}$) $p_1 = p$ und $k_1 = k$, so erhält man mit $p_2 = 1 - p$ die Wahrscheinlichkeiten

$$p_{k, n-k} = \frac{n!}{k! \, (n-k)!} \, p^k (1-p)^{n-k} = \binom{n}{k} p^k (1-p)^{n-k} = p_k \, ,$$

also die Binomialverteilung.

Beispiel 1.34. Mit welcher Wahrscheinlichkeit wird beim gleichzeitigen Werfen 12 idealer Würfel jede Augenzahl zweimal geworfen.

Wir bezeichnen mit A_i das Ereignis „mit einem Würfel wird die Augenzahl i geworfen" für $i = 1, 2, \ldots, 6$. Mit $p_i = \frac{1}{6}$, $k_i = 2$ für $i = 1, \ldots, 6$ erhalten wir für die gesuchte Wahrscheinlichkeit P den Wert

$$P = \frac{12!}{(2!)^6} \cdot \left(\frac{1}{6^2}\right)^6 = \frac{12!}{6^{12} \cdot 2^6} = 0{,}00344 \, . \qquad \blacklozenge$$

1.7.3. Die geometrische Verteilung

Ein Zufallsexperiment, bei dem ein Ereignis A mit Wahrscheinlichkeit p eintreten kann, werde so lange unter denselben Bedingungen wiederholt, bis zum erstenmal das Ereignis A eintritt. Mit B_k bezeichnen wir das Ereignis, daß in dem zugrunde liegenden Bernoulli-Experiment bei den ersten $k - 1$ Versuchen das Ereignis $\overline{A}$ und beim k-ten Versuch das Ereignis A eintritt. B_k tritt also genau dann ein, wenn beim k-ten Versuch das Ereignis A zum erstenmal eintritt. Aus der Darstellung $B_k = (\underbrace{\overline{A}, \overline{A}, \ldots, \overline{A}}_{(k-1)\text{-mal}}, A)$ folgt

$$p_k = P(B_k) = (1-p)^{k-1} \cdot p \qquad \text{für } k = 1, 2, 3, \ldots \, . \tag{1.55}$$

Wir machen folgende Fallunterscheidungen

1. Fall: $p = 0$. Dann gilt $P(B_k) = 0$ für alle k.

2. Fall: $p = 1$. Aus (1.55) folgt $P(B_1) = 1$ und $P(B_k) = 0$ für $k \geq 2$.

3. Fall: $0 < p < 1$. In diesem Fall sind alle Wahrscheinlichkeiten $P(B_k)$ positiv, d.h. jedes der paarweise unvereinbaren Ereignisse $B_1, B_2, B_3, \ldots$ kann mit positiver Wahrscheinlichkeit eintreten. Bei einer Versuchsdurchführung kann es durchaus einmal vorkommen, daß immer das Ereignis $\overline{A}$, also keines der Ereignisse $B_1, B_2, \ldots$ eintritt. Das Ereignis $\bigcup\limits_{k=1}^{\infty} B_k = \sum\limits_{k=1}^{\infty} B_k$ ist daher vom sicheren Ereignis Ω

verschieden. Seine Wahrscheinlichkeit erhalten wir aus der geometrischen Reihe als

$$P\left(\sum_{k=1}^{\infty} B_k\right) = \lim_{n\to\infty} P\left(\sum_{k=1}^{n} B_k\right) = \lim_{n\to\infty} \sum_{k=1}^{n} P(B_k) = \lim_{n\to\infty} \sum_{k=1}^{n} (1-p)^{k-1} p =$$

$$p \lim_{n\to\infty} \sum_{k=0}^{n-1} (1-p)^k = p \lim_{n\to\infty} \frac{1-(1-p)^n}{1-(1-p)} = p \lim_{n\to\infty} \frac{1-(1-p)^n}{p} .$$

Aus $p > 0$ folgt $0 \le 1-p < 1$ und hieraus $\lim_{n\to\infty} \frac{1-(1-p)^n}{p} = \frac{1}{p}$. Damit gilt

$$P\left(\sum_{k=1}^{\infty} B_k\right) = 1 \quad \text{für } p > 0. \tag{1.56}$$

Mit Wahrscheinlichkeit 1 tritt somit eines der Ereignisse $B_1, B_2, B_3, \ldots$ ein. Die Wahrscheinlichkeit dafür, daß keines der Ereignisse B_k eintritt, ist daher gleich Null. Der Fall, daß immer das Ereignis $\overline{A}$ eintritt, ist jedoch prinzipiell möglich. Da die Wahrscheinlichkeit dafür Null ist, wird dieser Fall jedoch höchst selten, also praktisch nie vorkommen. Die Folge $(k, (1-p)^{k-1} \cdot p)$, $k = 1, 2, \ldots$ heißt *geometrische Verteilung*. Damit gilt folgender

Satz 1.20
Die Wahrscheinlichkeit dafür, daß bei einem Bernoulli-Experiment das Ereignis A mit $p = P(A)$ zum erstenmal beim k-ten Versuch eintritt, ist gegeben durch

$$p_k = p \cdot (1-p)^{k-1} \quad \text{für } k = 1, 2, 3, \ldots .$$

Beispiel 1.35. Ein Mann kommt im angetrunkenen Zustand nach Hause. Er hat N ähnliche Schlüssel in einer Tasche und versucht, die Haustür folgendermaßen zu öffnen: Er wählt zufällig einen Schlüssel aus. Falls dieser nicht paßt, legt er ihn zu den anderen zurück und wählt wiederum einen Schlüssel aus. Dieses Experiment wiederholt er so lange, bis der entsprechende Schlüssel paßt. Mit welcher Wahrscheinlichkeit benötigt er höchstens M Versuche, um die Tür zu öffnen? Dabei handle es sich um ein Bernoulli-Experiment. Mit $p = \frac{1}{N}$ ist die Wahrscheinlichkeit dafür, daß er beim k-ten Versuch die Tür öffnet, gleich $\frac{1}{N}(1-\frac{1}{N})^{k-1}$, $k = 1, 2, \ldots$.

Damit erhalten wir für die gesuchte Wahrscheinlichkeit den Wert

$$P = \sum_{k=1}^{M} \frac{1}{N}\left(1-\frac{1}{N}\right)^{k-1} = \frac{1}{N} \frac{1-(1-\frac{1}{N})^M}{\frac{1}{N}} = 1 - \left(1-\frac{1}{N}\right)^M .$$

Für N = 4, M = 4 erhalten wir z.B. den Zahlenwert

$$P = 1 - \left(\frac{3}{4}\right)^4 = 0{,}684 . \qquad \blacklozenge$$

1.8. Der Satz von der vollständigen Wahrscheinlichkeit und die Bayessche Formel

Beispiel 1.36. In einem ersten Regal befinden sich 30 Elektronenröhren, von denen 3 unbrauchbar sind, in einem zweiten Regal dagegen 50, darunter 8 unbrauchbare. Eines der beiden Regale werde zufällig ausgewählt und daraus eine Röhre entnommen. Dabei soll davon ausgegangen werden, daß es sich bei der Auswahl jeweils um ein Laplace-Experiment handelt. Gesucht ist die Wahrscheinlichkeit dafür, daß die entnommene Röhre unbrauchbar ist.

Wir bezeichnen mit A_1 das Ereignis, daß das erste Regal ausgewählt wird, und mit A_2 das zweite Regal. Dabei gilt $P(A_1) = P(A_2) = \frac{1}{2}$. F sei das Ereignis „die entnommene Röhre ist fehlerhaft". Aus den Angaben für die Inhalte der einzelnen Regale erhalten wir die bedingten Wahrscheinlichkeiten $P(F/A_1) = \frac{1}{10}$; $P(F/A_2) = \frac{8}{50}$.

Die Ereignisse A_1, A_2 sind unvereinbar mit $A_1 + A_2 = \Omega$. Daraus folgt

$$P(F) = P(F \cap \Omega) = P(F(A_1 + A_2)) = P(FA_1) + P(FA_2).$$

Wendet man auf beide Summanden den Multiplikationssatz 1.13 an, so ergibt sich

$$P(F) = P(F/A_1)\, P(A_1) + P(F/A_2)\, P(A_2) = \frac{1}{10} \cdot \frac{1}{2} + \frac{8}{50} \cdot \frac{1}{2} =$$

$$= \frac{1}{2}\left(\frac{1}{10} + \frac{8}{50}\right) = \frac{13}{100}. \qquad\qquad \blacklozenge$$

Das in diesem Beispiel behandelte Experiment besteht in der gleichwahrscheinlichen Auswahl eines von zwei möglichen Einzelexperimenten, nämlich der Entnahme der Elektronenröhre aus dem ersten bzw. aus dem zweiten Regal.

Die Auswahl aus mehreren Einzelexperimenten führt zu folgender

Definition 1.8: Die n Ereignisse A_1, A_2, ... , A_n bilden eine *vollständige Ereignisdisjunktion*, wenn alle Paare A_i, A_k, $i \neq k$ unvereinbar sind ($A_i A_k = \emptyset$ für $i \neq k$) und wenn gilt $A_1 + A_2 + ... + A_n = \Omega$, wenn also bei jeder Versuchsdurchführung genau eines der Ereignisse A_1, A_2, ..., A_n eintritt.

Satz 1.21 (*Satz über die vollständige Wahrscheinlichkeit*)
A_1, A_2, ... , A_n sei eine vollständige Ereignisdisjunktion mit den Wahrscheinlichkeiten $P(A_i) > 0$ für $i = 1, 2, ... , n$ $\left(\text{dabei ist } \sum_{i=1}^{n} P(A_i) = 1\right)$. Dann gilt für die Wahrscheinlichkeit eines beliebigen Ereignisses B

$$P(B) = P(B/A_1)\, P(A_1) + P(B/A_2)\, P(A_2) + ... + P(B/A_n)\, P(A_n) =$$

$$\qquad\qquad\qquad\qquad\qquad\qquad\qquad\qquad\qquad\qquad\qquad (1.57)$$

$$= \sum_{i=1}^{n} P(B/A_i)\, P(A_i).$$

Beweis: Aus $\Omega = \sum_{i=1}^{n} A_i$ folgt

$$P(B) = P(B\Omega) = P\left(B \sum_{i=1}^{n} A_i\right) = P\left(\sum_{i=1}^{n} B A_i\right) = \sum_{i=1}^{n} P(BA_i) =$$

$$= \sum_{i=1}^{n} P(B/A_i)\, P(A_i), \text{ womit der Satz bewiesen ist.} \qquad \blacksquare$$

Bemerkung: Die Bedeutung der Formel (1.57) liegt in der Tatsache (vgl. Beispiel 1.36), daß häufig die Wahrscheinlichkeiten $P(A_i)$ und die bedingten Wahrscheinlichkeiten $P(B/A_i)$ bekannt sind, woraus sich dann die Wahrscheinlichkeit $P(B)$ sehr einfach berechnen läßt.

Beispiel 1.37 (vgl. Beispiel 1.20). In einer Kiste befinden sich zehn Werkstücke, von denen vier fehlerhaft sind. Daraus werden zwei Werkstücke hintereinander ohne zwischenzeitliches Zurücklegen ausgewählt. Unter der Annahme, daß es sich dabei um ein Laplace-Experiment handelt, berechne man die Wahrscheinlichkeit dafür, daß das beim zweiten Zug ausgewählte Werkstück brauchbar ist.

A sei das Ereignis „das zuerst ausgewählte Stück ist brauchbar" und B das Ereignis „das zuletzt ausgewählte Stück ist brauchbar".

Damit erhalten wir

$$P(A) = \tfrac{3}{5}; \quad P(\overline{A}) = 1 - P(A) = \tfrac{2}{5}; \quad P(B/A) = \tfrac{5}{9}; \quad P(B/\overline{A}) = \tfrac{6}{9}.$$

Wegen $\Omega = A + \overline{A}$ folgt aus (1.57) mit $A_1 = A$, $A_2 = \overline{A}$ die Gleichung

$$P(B) = P(B/A)\, P(A) + P(B/\overline{A})\, P(\overline{A}) = \tfrac{5}{9} \cdot \tfrac{3}{5} + \tfrac{6}{9} \cdot \tfrac{2}{5} = \tfrac{27}{45} = \tfrac{3}{5}.$$

Die Ereignisse A und B besitzen also dieselbe Wahrscheinlichkeit. Wegen $P(B/A) \neq P(B)$ sind sie jedoch nicht (stochastisch) unabhängig. $\qquad \blacklozenge$

Für die bedingten Wahrscheinlichkeiten $P(A_i/B)$ gilt der

Satz 1.22 (*Bayessche Formel*)
Für eine vollständige Ereignisdisjunktion $A_1, A_2, \ldots, A_n$ mit $P(A_i) > 0$ für alle i und jedes Ereignis B mit $P(B) > 0$ gilt

$$P(A_k/B) = \frac{P(B/A_k)\, P(A_k)}{P(B)} = \frac{P(B/A_k)\, P(A_k)}{\sum_{i=1}^{n} P(B/A_i)\, P(A_i)}, \quad k = 1, 2, \ldots, n. \qquad (1.58)$$

Beweis: Definitionsgemäß gilt für die bedingte Wahrscheinlichkeit

$$P(A_k/B) = \frac{P(A_k B)}{P(B)} = \frac{P(BA_k)}{P(B)}.$$

Wenden wir auf den Zähler den Multiplikationssatz 1.13 und auf den Nenner den Satz 1.21 an, so erhalten wir unmittelbar die Behauptung

$$P(A_k/B) = \frac{P(B/A_k)\,P(A_k)}{\displaystyle\sum_{i=1}^{n} P(B/A_i)\,P(A_i)}.$$ ∎

Beispiel 1.38. In einer Schraubenfabrik stellen drei Maschinen M_1, M_2, M_3 von der Gesamtproduktion 20, 30 bzw. 50 % her. Dabei sind im Mittel 2 % der von der Maschine M_1, 4 % der von M_2 und 7 % der von M_3 gefertigten Schrauben Ausschuß. Aus der Gesamtproduktion werde zufällig eine Schraube entnommen, von der sich herausstellt, daß sie fehlerhaft ist. Wie groß sind die Wahrscheinlichkeiten p_1, p_2, p_3 dafür, daß sie von der Maschine M_1, M_2 bzw. M_3 produziert wurde?

Mit A_k bezeichnen wir das Ereignis, daß eine aus der Gesamtproduktion zufällig ausgewählte Schraube von der Maschine M_k hergestellt wurde, $k = 1, 2, 3$. F sei das Ereignis „die Schraube ist fehlerhaft". Dann gilt

$$P(A_1) = 0{,}2; \quad P(A_2) = 0{,}3; \quad P(A_3) = 0{,}5.$$
$$P(F/A_1) = 0{,}02; \quad P(F/A_2) = 0{,}04 \quad \text{und} \quad P(F/A_3) = 0{,}07.$$

Damit folgt aus (1.58)

$$p_k = P(A_k/F) = \frac{P(F/A_k)\,P(A_k)}{P(F/A_1)\,P(A_1) + P(F/A_2)\,P(A_2) + P(F/A_3)\,P(A_3)}.$$

Für den Nenner erhalten wir

$$P(F) = 0{,}02 \cdot 0{,}2 + 0{,}04 \cdot 0{,}3 + 0{,}07 \cdot 0{,}5 = 0{,}004 + 0{,}012 + 0{,}035 = 0{,}051.$$

Von der Gesamtproduktion sind also im Mittel ungefähr 5,1 % fehlerhaft. Damit erhalten wir für die gesuchten Wahrscheinlichkeiten

$$p_1 = P(A_1/F) = \frac{0{,}004}{0{,}051} = \frac{4}{51};$$

$$p_2 = P(A_2/F) = \frac{0{,}012}{0{,}051} = \frac{12}{51};$$

$$p_3 = P(A_3/F) = \frac{0{,}035}{0{,}051} = \frac{35}{51}.$$ ◆

Beispiel 1.39. Die Schützen 1, 2, 3 schießen auf ein Ziel. Im gleichen Zeitraum gibt 1 dreimal und 2 doppelt soviel Schüsse ab wie 3. Die Trefferwahrscheinlichkeiten der einzelnen Schützen seien der Reihe nach 0,3; 0,6; 0,8. Es fällt ein Schuß, der das Ziel trifft. Man berechne die Wahrscheinlichkeiten p_k dafür, daß der Schuß vom Schützen k abgefeuert wurde. Dabei handle es sich um ein Laplace-Experiment.

Mit S_i bezeichnen wir das Ereignis, daß ein Schuß vom Schützen i abgegeben wurde.

Für die Wahrscheinlichkeiten dieser Ereignisse erhalten wir $P(S_1) = 3P(S_3)$; $P(S_2) = 2P(S_3)$. Aus $P(S_1) + P(S_2) + P(S_3) = 1$ folgt $6P(S_3) = 1$, also $P(S_3) = \frac{1}{6}$; $P(S_1) = \frac{1}{2}$; $P(S_2) = \frac{1}{3}$.

T sei das Ereignis „ein Schuß trifft". Dann gilt

$$p_k = P(S_k/T) = \frac{P(T/S_k)\,P(S_k)}{\sum\limits_{i=1}^{3} P(T/S_i)\,P(S_i)}.$$

Damit erhalten wir

$$P(T) = \sum_{i=1}^{3} P(T/S_i)\,P(S_i) = \frac{1}{2} \cdot 0,3 + \frac{1}{3} \cdot 0,6 + \frac{1}{6} \cdot 0,8 = \frac{9 + 12 + 8}{60} = \frac{29}{60} \quad \text{und}$$

$$p_1 = \frac{9}{29}; \quad p_2 = \frac{12}{29}; \quad p_3 = \frac{8}{29}. \qquad \blacklozenge$$

Beispiel 1.40. Wir nehmen an, daß 1 % aller Menschen an einer bestimmten Krankheit leiden. Ein Diagnosetest habe die Eigenschaft, daß er bei Kranken mit Wahrscheinlichkeit 0,95 und bei Gesunden mit Wahrscheinlichkeit 0,999 die richtige Diagnose stellt. Wie groß ist die Wahrscheinlichkeit dafür, daß eine Person, bei der auf Grund des Testes die Krankheit (nicht) diagnostiziert wird, auch tatsächlich an dieser Krankheit (nicht) leidet?

K sei das Ereignis „eine Person leidet an der entsprechenden Krankheit" und A das Ereignis „die Krankheit wird diagnostiziert". Dann gilt

$$P(K) = 0,01; \quad P(A/K) = 0,95; \quad P(\overline{A}/K) = 0,05; \quad P(\overline{A}/\overline{K}) = 0,999;$$
$$P(A/\overline{K}) = 0,001.$$

Hiermit erhalten wir für die gesuchten Wahrscheinlichkeiten

$$P(K/A) = \frac{P(A/K)\,P(K)}{P(A/K)\,P(K) + P(A/\overline{K})\,P(\overline{K})} = \frac{0,95 \cdot 0,01}{0,95 \cdot 0,01 + 0,001 \cdot 0,99} =$$

$$= \frac{0,0095}{0,0095 + 0,00099} = \frac{0,0095}{0,01049} = 0,906\,;$$

$$P(\overline{K}/\overline{A}) = \frac{P(\overline{A}/\overline{K})\,P(\overline{K})}{P(\overline{A}/\overline{K})\,P(\overline{K}) + P(\overline{A}/K)\,P(K)} = \frac{0,999 \cdot 0,99}{0,999 \cdot 0,99 + 0,05 \cdot 0,01} =$$

$$= 0,9995. \qquad \blacklozenge$$

1.9. Das Bernoullische Gesetz der großen Zahlen

Um die absolute Häufigkeit $h_n(A)$ bzw. die relative Häufigkeit $r_n(A) = \frac{h_n(A)}{n}$ eines Ereignisses A (vgl. Abschnitt 1.2) berechnen zu können, muß die Versuchsserie vom

Umfang n bereits durchgeführt sein. Da die Werte $h_n(A)$ und $r_n(A)$ durch ein Zufallsexperiment ermittelt werden, werden i.A. verschiedene Versuchsreihen auch verschiedene Häufigkeitswerte liefern. Die vom Zufall abhängende Größe, welche die absolute Häufigkeit $h_n(A)$ bzw. die relative Häufigkeit $r_n(A)$ beschreibt, bezeichnen wir mit $H_n(A)$ bzw. mit $R_n(A)$. Bei der Durchführung der Versuchsserie kann $H_n(A)$ mit gewissen Wahrscheinlichkeiten die Werte $0, 1, 2, ..., n$ annehmen. Wir nehmen nun an, daß es sich bei dem Zufallsexperiment um ein Bernoulli-Experiment vom Umfang n handelt. Dann gilt nach Satz 1.18 mit $p = P(A)$

$$P(H_n(A) = k) = \binom{n}{k} p^k (1-p)^{n-k} \quad \text{für } k = 0, 1, 2, ..., n. \tag{1.59}$$

Für die Zufallsgröße $R_n(A) = \dfrac{H_n(A)}{n}$ folgt aus (1.59)

$$P\left(R_n(A) = \frac{k}{n}\right) = \binom{n}{k} p^k (1-p)^{n-k} \quad \text{für } k = 0, 1, 2, ..., n. \tag{1.60}$$

Zu einer fest vorgegebenen Zahl $\epsilon > 0$ betrachten wir nun die Wahrscheinlichkeit dafür, daß die Zufallsgröße der relativen Häufigkeit von dem Zahlenwert p um mehr als ϵ abweicht (vgl. Abschnitt 1.2), also

$$P(|R_n(A) - p| > \epsilon) = P(R_n(A) < p - \epsilon) + P(R_n(A) > p + \epsilon). \tag{1.61}$$

Für diese Wahrscheinlichkeit erhalten wir

$$P(|R_n(A) - p| > \epsilon) = P(H_n(A) < n(p-\epsilon)) + P(H_n(A) > n(p+\epsilon)) = \tag{1.62}$$
$$= \sum_{k < n(p-\epsilon)} P(H_n(A) = k) + \sum_{k > n(p+\epsilon)} P(H_n(A) = k).$$

Aus $k < n(p - \epsilon)$ folgt $np - k > n\epsilon$ sowie $(k - np)^2 > n^2 \epsilon^2$ und aus $k > n(p + \epsilon)$ die Ungleichungen $k - np > n\epsilon$ sowie $(k - np)^2 > n^2 \epsilon^2$.

Für alle Werte k, über die in (1.62) summiert wird, gilt daher

$$\frac{(k-np)^2}{n^2 \epsilon^2} > 1.$$

Multiplikation der einzelnen Summanden auf der rechten Seite von (1.62) mit $\dfrac{(np-k)^2}{n^2 \epsilon^2}$ liefert daher die Ungleichung

$$P(|R_n(A) - p| > \epsilon) < \sum_{k < n(p-\epsilon)} \frac{(k-np)^2}{n^2 \epsilon^2} P(H_n(A) = k) +$$

$$+ \sum_{k > n(p+\epsilon)} \frac{(k-np)^2}{n^2 \epsilon^2} P(H_n(A) = k).$$

Summiert man über alle Werte k, so wird die rechte Seite dieser Ungleichung höchstens vergrößert.

Wegen (1.59) gilt daher

$$n^2 \epsilon^2 P(|R_n(A) - p| > \epsilon) < \sum_{k=0}^{n} (k - np)^2 \binom{n}{k} p^k (1-p)^{n-k} = \qquad (1.63)$$

$$= \sum_{k=0}^{n} (k^2 - 2npk + n^2 p^2) \binom{n}{k} p^k (1-p)^{n-k} =$$

$$= \underbrace{\sum_{k=0}^{n} k^2 \binom{n}{k} p^k (1-p)^{n-k}}_{S_1} - \underbrace{2np \sum_{k=0}^{n} k \binom{n}{k} p^k (1-p)^{n-k}}_{S_2} +$$

$$+ n^2 p^2 \underbrace{\sum_{k=0}^{n} \binom{n}{k} p^k (1-p)^{n-k}}_{S_3}.$$

Für $k \geq 1$ gilt $k \binom{n}{k} = \dfrac{n(n-1)\dots(n-k+1)}{1 \cdot 2 \dots (k-1) k} \cdot k = \dfrac{n \cdot (n-1) \dots (n-k+1)}{1 \cdot 2 \dots (k-1)} = n \binom{n-1}{k-1}$.

Damit erhalten wir für die zweite Summe

$$S_2 = \sum_{k=1}^{n} n \binom{n-1}{k-1} p^k (1-p)^{n-k} = n \sum_{m=0}^{n-1} \binom{n-1}{m} p^{m+1} (1-p)^{n-1-m} =$$

$$= n \sum_{m=0}^{n-1} \binom{n-1}{m} p \cdot p^m (1-p)^{(n-1)-m} = np(p + (1-p))^{n-1} = n \cdot p.$$

Entsprechend gilt für $k \geq 2$

$$k^2 \binom{n}{k} = [k + k(k-1)] \binom{n}{k} = k \binom{n}{k} + k \cdot (k-1) \binom{n}{k} = k \binom{n}{k} + n(n-1) \binom{n-2}{k-2}.$$

Damit erhalten wir für die erste Summe

$$S_1 = \binom{n}{1} p(1-p)^{n-1} + \sum_{k=2}^{n} k^2 \binom{n}{k} p^k (1-p)^{n-k} =$$

$$= \binom{n}{1} p(1-p)^{n-1} + \sum_{k=2}^{n} k \binom{n}{k} p^k (1-p)^{n-k} + n(n-1) \sum_{k=2}^{n} \binom{n-2}{k-2} p^k (1-p)^{n-k} =$$

$$= \sum_{k=1}^{n} k \binom{n}{k} p^k (1-p)^{n-k} + n(n-1) \sum_{m=0}^{n-2} \binom{n-2}{m} p^2 p^m (1-p)^{n-2-m} =$$

$$= S_2 + n(n-1) p^2 \underbrace{[p+1-p]^{n-2}}_{= 1} = np + n(n-1) p^2 =$$

$$= n^2 p^2 + np - np^2 = n^2 p^2 + np(1-p).$$

Wegen $S_3 = 1$ folgt schließlich aus (1.63) die Abschätzung

$$n^2 \epsilon^2 P(|R_n(A) - p| > \epsilon) < n^2 p^2 + np(1 - p) - 2n^2 p^2 + n^2 p^2 = np(1 - p)$$

und hieraus

$$P(|R_n(A) - p| > \epsilon) < \frac{p(1-p)}{n\epsilon^2}. \tag{1.64}$$

Das Produkt $p(1 - p)$ wird für $p = \frac{1}{2}$ am größten. Daher folgt aus (1.64)

$$\boxed{P(|R_n(A) - p| > \epsilon) < \frac{1}{4n\epsilon^2} \quad \text{für jedes } \epsilon > 0.} \tag{1.65}$$

Die Wahrscheinlichkeit dafür, daß die Zufallsgröße der relativen Häufigkeit von dem festen Wert p um mehr als ϵ abweicht, wird nach (1.65) beliebig klein, wenn der Umfang n des Bernoulli-Experiments nur genügend groß gewählt wird. Für diesen Sachverhalt schreiben wir

$$\lim_{n \to \infty} P(|R_n(A) - p| > \epsilon) = 0 \quad \text{für jedes } \epsilon > 0.$$

Wegen $P(\overline{B}) = 1 - P(B)$ folgt aus (1.65)

$$P(|R_n(A) - p| \leq \epsilon) = 1 - P(|R_n(A) - p| > \epsilon) > 1 - \frac{1}{4n\epsilon^2}, \quad \text{d.h.}$$

$$\boxed{\lim_{n \to \infty} P(|R_n(A) - p| \leq \epsilon) = 1 \quad \text{für jedes } \epsilon > 0.}$$

Damit haben wir folgenden Satz bewiesen:

> **Satz 1.23** (*Bernoullisches* Gesetz der großen Zahlen)
> Für jede natürliche Zahl n sei $R_n(A)$ die Zufallsgröße, welche die relative Häufigkeit $r_n(A)$ eines Ereignisses A mit $p = P(A)$ in einem Bernoulli-Experiment vom Umfang n beschreibt. Dann gilt für jedes $\epsilon > 0$
>
> $$\lim_{n \to \infty} P(|R_n(A) - p| \leq \epsilon) = 1$$

Bemerkung: In Abschnitt 1.3 haben wir die Wahrscheinlichkeit axiomatisch eingeführt, wobei uns drei wesentliche Eigenschaften der relativen Häufigkeiten als Axiome dienten. Mit Hilfe dieser Axiome entwickelten wir eine Theorie, mit der gezeigt werden konnte, daß in einem Bernoulli-Experiment vom Umfang n die Zufallsgröße $R_n(A)$ mit einer Wahrscheinlichkeit von beliebig nahe an 1 Werte in der unmittelbaren Umgebung des Wahrscheinlichkeitswertes $p = P(A)$ annimmt, wenn nur n genügend groß ist. Diese Eigenschaft kann folgendermaßen interpretiert werden: es kann als praktisch sicher angesehen werden, daß in einem Bernoulli-Experiment von großem Umfang n die relative Häufigkeit $r_n(A)$ von einer festen Zahl, der Wahrscheinlichkeit $P(A)$, nur wenig abweicht. Damit haben wir eine

Beziehung zwischen der relativen Häufigkeit und der Wahrscheinlichkeit eines Ereignisses A gefunden.

Allerdings muß dabei bemerkt werden, daß in der Interpretation „praktisch sicher" nicht bedeutet, daß die relative Häufigkeit immer in der unmittelbaren Umgebung von P(A) liegt. Ausnahmen sind möglich. Wegen (1.65) werden solche Ausnahmen allerdings höchst selten vorkommen. Wenn man daher eine unbekannte Wahrscheinlichkeit P(A) eines Ereignisses A durch die relative Häufigkeit $r_n(A)$ eines Bernoulli-Experiments approximiert, wenn man also

$$P(A) \approx r_n(A) \tag{1.66}$$

setzt, und solche Approximationen häufig vornimmt, so wird man bei großem n auf die Dauer höchst selten eine schlechte Näherung erhalten.

1.10. Übungsaufgaben

1. Ein Elementarereignis bestehe im Auftreten eines Wortes mit vier Buchstaben. Ereignis A bedeute: Die beiden ersten Buchstaben des Wortes sind Konsonanten; Ereignis B tritt ein, wenn die drei letzten Buchstaben des Wortes Konsonanten sind. Man drücke die Ereignisse $\bar{A}$, AB, $\bar{A}B$, $\bar{A} \cup \bar{B}$ verbal aus.

2. Beim Werfen eines weißen und eines roten Würfels stelle man folgende Ereignisse dar:

   A: „die Augenzahl des roten Würfels ist größer als die des weißen",
   B: „die Augensumme ist gerade",
   C: „das Produkt der beiden Augenzahlen ist kleiner als 5",
   ferner die Durchschnitte AB, AC, BC, ABC.

3. Gegeben seien $\Omega = \{\omega = (x,y)/0 \leq x, y \leq 4\}$, $A = \{\omega = (x,y)/y \leq x\}$, $B = \{\omega = (x,y)/y \leq 4 - \frac{1}{2}x\}$ und $C = \{\omega = (x,y)/y \geq \frac{x}{2}\}$.
   Man stelle das Ereignis ABC graphisch dar.

4. Von den drei Ereignissen A, B, C trete

   a) nur A,   f) mindestens zwei,
   b) genau eines,   g) mindestens eines nicht,
   c) höchstens eines,   h) mindestens zwei nicht,
   d) mindestens eines,
   e) genau zwei,

   ein. Man stelle diese Ereignisse mit Hilfe der Ereignisoperationen durch die Ereignisse A, B, C dar.

5. Bei einer Stellenausschreibung werden nach Möglichkeit englische, französische und russische Sprachkenntnisse verlangt. Von insgesamt 190 Bewerbern können 70 nur Englisch, 45 nur Französisch, 40 nur Russisch, 10 können Englisch und Russisch aber kein Französisch, 8 Englisch und Französisch aber kein Russisch, 5 Französisch und Russisch aber kein Englisch. Wie viele Bewerber können alle drei Sprachen, falls jeder mindestens eine der drei Sprachen beherrscht?

6. Von 25 Studenten studiert jeder wenigstens eines der Fächer Biologie, Geographie, Chemie. Biologie studieren insgesamt 14, Geographie 10. Genau 2 Studenten haben alle Fächer, genau 8 mindestens zwei der genannten Fächer belegt. Wie viele Studenten studieren Chemie?

7. Ein Würfel werde so verändert, daß die Wahrscheinlichkeit, mit ihm eine bestimmte Zahl zu werfen, proportional zu dieser Zahl ist.

   a) Man bestimme die Wahrscheinlichkeiten der Elementarereignisse.

   b) Man berechne die Wahrscheinlichkeiten der Ereignisse:

      A: „eine gerade Augenzahl wird geworfen",

      B: „eine Primzahl wird geworfen",

      C: „eine ungerade Augenzahl wird geworfen".

   c) Man berechne $P(A \cup B)$, $P(BC)$ und $P(A\overline{B})$.

8. Es werden gleichzeitig drei Münzen geworfen.

   a) Man gebe ein geeignetes Ω an.

   Unter der Voraussetzung, daß es sich um ein Laplace-Experiment handelt, bestimme man die Wahrscheinlichkeiten dafür, daß

   b) dreimal Wappen,

   c) einmal Wappen und zweimal Zahl auftritt.

9. Wie viele Permutationen können aus den Buchstaben folgender Wörter gebildet werden:

   a) ROT,   c) NONNE,

   b) OTTO,   d) STUTTGART?

10. Wie viele Permutationen der Elemente $a_1, a_2, \ldots, a_n$ gibt es, bei denen a_1 und a_2 nebeneinander stehen?

11. a) Wie viele verschiedene siebenziffrige Zahlen gibt es, die dreimal die 1, zweimal die 3 und zweimal die 5 enthalten?

    b) Wie viele dieser Zahlen beginnen mit 135?

12. Ein Autokennzeichen besteht neben dem Städtesymbol aus einem oder zwei Buchstaben sowie aus einer ein- bis dreiziffrigen Zahl. Wie viele verschiedene Kennzeichen können in einer Stadt ausgegeben werden, wenn 26 Buchstaben zur Wahl stehen?

13. Aus den beiden Elementen „Punkt" und „Strich" bildet die Morse-Telegraphenschrift ihre Zeichen, wobei bis zu fünf Elemente (in einem einzigen Ausnahmefall sechs) für ein Zeichen benutzt werden. Wie viele Zeichen lassen sich damit zusammenstellen?

14. Aus 5 Psychologen und 7 Medizinern sollen 2 Psychologen und 3 Mediziner für einen Ausschuß gewählt werden. Auf wie viele verschiedene Arten ist dies möglich, falls

    a) jeder delegiert werden kann,

    b) ein bestimmter Mediziner delegiert werden muß,

    c) zwei bestimmte Psychologen nicht delegiert werden können?

15. Aus 5 Ehepaaren werden zufällig 4 Personen ausgewählt. Mit welcher Wahrscheinlichkeit ist unter ihnen kein Ehepaar?

16. Ein Ortsnetz hat 12 Fernwahlleitungen nach 12 verschiedenen Orten. Die Orte werden rein zufällig von 8 Teilnehmern gleichzeitig angewählt. Wie groß ist die Wahrscheinlichkeit dafür, daß

   a) alle Teilnehmer, verschiedene Orte,

   b) genau 2 der Teilnehmer den gleichen Ort wählen?

17. Beim Skatspiel erhält jeder der drei Spieler 10 Karten, während die restlichen beiden Karten in den Skat gelegt werden. Auf wieviel verschiedene Arten können die 32 Karten verteilt werden?

18. Wie groß ist die Wahrscheinlichkeit dafür, daß beim Skatspiel

   a) der Kreuz-Bube,

   b) genau ein Bube,

   c) zwei Buben

   im Skat liegen?

19. a) Ein Skatspieler hat vor Aufnahme des Skats 2 Buben. Wie groß ist die Wahrscheinlichkeit dafür, daß jeder Gegenspieler genau einen Buben hat?

   b) Wie groß ist diese Wahrscheinlichkeit, falls der Spieler nach Aufnahme des Skats 2 Buben hat?

20. Wie groß ist die Wahrscheinlichkeit mit drei Würfeln

   a) drei gleiche Augenzahlen,

   b) zwei gleiche und eine davon verschiedene Augenzahl,

   c) drei verschiedene Augenzahlen,

   d) mindestens eine 6 zu werfen?

   Dabei handle es sich um ein Laplace-Experiment.

21. In einer Gruppe von 90 Versuchspersonen befinden sich genau 30 Linkshänder. Sechs Personen werden zufällig ausgewählt. Wie groß ist die Wahrscheinlichkeit dafür, daß sich unter den 6 ausgewählten Personen genau 3 Linkshänder befinden? Man berechne diese Wahrscheinlichkeit

   a) exakt nach dem Urnenmodell I,

   b) approximativ nach dem Urnenmodell II.

22. Eine pharmazeutische Firma liefert bestimmte Tabletten in Packungen zu 20 Stück. Laut Liefervertrag darf bei höchstens drei Tabletten einer Packung der in der Tablette enthaltene Wirkstoff um mehr als 1 % vom Sollwert abweichen. Jede Packung wird geprüft, indem man 3 Tabletten zufällig und ohne zwischenzeitliches Zurücklegen entnimmt. Sind die 3 Tabletten einwandfrei, wird die Packung angenommen, andernfalls wird sie zurückgewiesen. Man beurteile dieses Prüfverfahren, indem man die Wahrscheinlichkeit dafür berechne, daß eine Packung zurückgewiesen wird, obwohl sie nur 3 nicht einwandfreie Tabletten enthält. Wie groß ist diese Wahrscheinlichkeit, wenn die Packung nur 2 bzw. 1 nicht einwandfreie Tablette enthält?

23. Von drei Kästchen mit je zwei Schubfächern enthalte das erste in jedem Fach eine Goldmünze, das zweite in einem Fach eine Goldmünze, im anderen eine Silbermünze und das dritte in jedem Fach eine Silbermünze. Zufällig werde ein Kästchen ausgewählt und ein Schubfach geöffnet. Wie groß ist die Wahrscheinlichkeit, im anderen Fach des ausgewählten Kästchens eine Goldmünze zu finden, wenn das geöffnete Fach schon eine Goldmünze enthält?

24. Die Kinder der sechsten Klasse einer Schule werden durch einen Test auf ihre Fähigkeit im Rechnen geprüft. Die Wahrscheinlichkeiten, mit denen Jungen und Mädchen den Test nicht bestehen, seien in folgender Tabelle enthalten.

	Test nicht bestanden	Test bestanden
Jungen	0,2	0,25
Mädchen	0,3	0,25

Sind die Ereignisse M „die Testperson ist ein Mädchen" und B „der Test wird bestanden" (stoch.) unabhängige Ereignisse?

25. Die 4 Seiten eines Tetraeders seien wie folgt gefärbt: Fläche I rot, Fläche II blau, Fläche III grün, Fläche IV rot, blau und grün gleichzeitig. Der Tetraeder werde geworfen. Man prüfe, ob die Ereignisse, die unten liegende Fläche enthält die rote, blaue bzw. grüne Farbe paarweise bzw. vollständig (stoch.) unabhängig sind.

26. Ein Schütze treffe bei einem Schuß mit Wahrscheinlichkeit 0,6 ein Ziel. Wie oft muß er in einem Bernoulli-Experiment mindestens schießen, damit er mit Wahrscheinlichkeit von mindestens 0,99 das Ziel mindestens einmal trifft?

27. In einem Bernoulli-Experiment werde ein idealer Würfel 12-mal geworfen. Man bestimme die Wahrscheinlichkeit dafür, daß

a) genau zweimal die 6,

b) mindestens einmal die 6 geworfen wird.

28. Aus Erfahrungswerten sei bekannt, daß ein neugeborenes Kind mit Wahrscheinlichkeit 0,515 ein Junge ist. Wie groß ist die Wahrscheinlichkeit dafür, daß in einer Familie mit sechs Kindern

a) alle Kinder Mädchen,

b) wenigstens 5 der Kinder Mädchen,

c) wenigstens 3 der Kinder Mädchen sind?

29. Unter den von einer Maschine hergestellten Schrauben befinden sich im Durchschnitt 20 % Ausschuß. Aus der Tagesproduktion dieser Maschine werden zufällig 10 Schrauben herausgegriffen. Wie groß ist die Wahrscheinlichkeit dafür, daß von diesen Schrauben

a) genau 2,

b) mehr als 2,

c) mehr als 5 unbrauchbar sind?

30. Eine Fußballmannschaft bestehe jeweils aus 4 Stürmern, 2 Mittelfeldspielern, 4 Verteidigern und einem Torwart. Man wähle aus 6 verschiedenen Mannschaften jeweils zufällig einen Spieler aus. Wie groß ist die Wahrscheinlichkeit dafür, daß

a) genau 5 Stürmer,

b) nur Verteidiger und Mittelfeldspieler,

c) höchstens 2 Torwarte,

d) 2 Stürmer, 2 Verteidiger, 1 Mittelfeldspieler und 1 Torwart,

e) 3 Stürmer und 3 Verteidiger,

ausgewählt werden?

31. Eine Schachtel enthält 8 rote, 3 weiße und 9 blaue Bälle. Daraus werden zufällig 3 Bälle entnommen. Wie groß ist die Wahrscheinlichkeit dafür, daß

a) alle 3 Bälle rot,

b) alle 3 Bälle verschiedenfarbig sind?

*32. Zwei Schützen schießen so lange abwechselnd auf ein Ziel bis einer trifft. Die Trefferwahrscheinlichkeit pro Schuß sei für Schütze I gleich p_1 und für Schütze II gleich p_2. Schütze I beginne mit dem Wettbewerb.

a) Mit welcher Wahrscheinlichkeit gewinnt Schütze I bzw. Schütze II?

b) Welche Bedingungen müssen p_1 und p_2 erfüllen, damit beide Schützen die gleiche Siegeswahrscheinlichkeit besitzen?

33. Die Belegschaft einer Firma setzt sich wie folgt zusammen: 50 % Arbeiter, 40 % Angestellte und 10 % Leitende Angestellte. Aus Erfahrung sei bekannt, daß während eines Jahres ein Arbeiter mit Wahrscheinlichkeit 0,2, ein Angestellter mit Wahrscheinlichkeit 0,1 und ein Leitender Angestellter mit Wahrscheinlichkeit 0,05 die Firma verläßt.

a) Mit welcher Wahrscheinlichkeit scheidet ein bestimmtes Belegschaftsmitglied während eines Jahres aus?

b) Mit welcher Wahrscheinlichkeit ist eine Person, welche die Firma verläßt, ein Arbeiter?

34. Eine Urne U_1 enthalte 4 weiße und 6 rote Kugeln, eine andere Urne U_2 dagegen 6 weiße und x rote. Eine der beiden Urnen werde rein zufällig ausgewählt und daraus eine Kugel gezogen.

a) Wie groß ist die Wahrscheinlichkeit dafür, daß die gezogene Kugel rot ist?

b) Eine rote Kugel wurde gezogen. Mit welcher Wahrscheinlichkeit stammt sie aus U_1?

c) Die 16 + x Kugeln beider Urnen werden zusammengelegt. Wie groß ist dann die Wahrscheinlichkeit, daraus eine rote Kugel zu ziehen?

d) Wie groß muß x sein, damit die in c) ermittelte Wahrscheinlichkeit gleich der Wahrscheinlichkeit, aus U_1 eine rote Kugel zu ziehen, ist?

35. 60 % einer bestimmten Population seien Frauen, 40 % Männer. 5 % der Männer und 1 % der Frauen seien zuckerkrank.

a) Wie groß ist die Wahrscheinlichkeit dafür, daß eine zufällig ausgewählte Person zuckerkrank ist?

b) Sind sie Ereignisse „eine Person ist zuckerkrank" und „eine Person ist weiblich" (stoch.) unabhängig?

c) Eine zufällig ausgewählte Person sei zuckerkrank. Mit welcher Wahrscheinlichkeit ist diese Person ein Mann bzw. eine Frau?

36. Drei einer ansteckenden Krankheit verdächtigen Personen A, B, C wurde eine Blutprobe entnommen. Das Untersuchungsergebnis sollte vorläufig nicht bekannt gegeben werden. A erfuhr jedoch, daß sich nur bei einer Person der Verdacht bestätigte, und bat den Arzt, ihm im Vertrauen den Namen einer der Personen B oder C zu nennen, die gesund ist. Der Arzt lehnt die Auskunft mit der Begründung ab, daß damit die Wahrscheinlichkeit dafür, daß A erkrankt ist, von $\frac{1}{3}$ auf $\frac{1}{2}$ ansteigen würde.

A bestreitet dies. Man schlichte den Streit unter der Annahme, daß der Arzt, wenn A an der ansteckenden Krankheit leidet, mit gleicher Wahrscheinlichkeit B oder C nennen würde.

37. Eine Firma produziert Fernsehapparate. Mit Wahrscheinlichkeit 0,04 ist ein produziertes Gerät fehlerhaft. Bei der Endprüfung zeigt das Prüfgerät bei fehlerhaften Fernsehapparaten mit Wahrscheinlichkeit 0,8 und bei einwandfreien mit Wahrscheinlichkeit 0,1 einen Ausschlag. Ein zufällig ausgewählter Apparat werde geprüft, wobei das Prüfgerät nichts anzeigt. Mit welcher Wahrscheinlichkeit ist dieser Fernsehapparat fehlerhaft bzw. fehlerfrei?

*38. Ein Medikament in Tablettenform zeige unabhängig voneinander zwei Wirkungen: die nicht sofort erkennbare Heilwirkung mit der Wahrscheinlichkeit 0,8 und die sofort erkennbare Nebenwirkung mit der Wahrscheinlichkeit 0,3. Durch ein Versehen bei der Herstellung mögen 1 % der Tabletten eine falsche Dosierung besitzen, wobei die Heilwirkung mit Wahrscheinlichkeit 0,3 und die Nebenwirkung mit Wahrscheinlichkeit 0,8 eintritt. Mit welcher Wahrscheinlichkeit kann man auf Heilwirkung rechnen, wenn nach Einnahme des Medikaments

a) die Nebenwirkung eintritt,

b) die Nebenwirkung ausbleibt?

Dabei sei das Eintreten der Heilwirkung nur von der Dosierung und nicht vom Eintreten der Nebenwirkung abhängig.

*39. Bei einer Serienherstellung von wertvollen Werkstücken wird von einer Kontrolle ein Werkstück mit Wahrscheinlichkeit 0,1 als Ausschuß ausgesondert. Bei der Überprüfung dieser Kontrollstelle wurde festgestellt, daß von ihr ein fehlerfreies Werkstück mit Wahrscheinlichkeit 0,042 und ein fehlerhaftes mit Wahrscheinlichkeit 0,94 als Ausschuß deklariert wird. Arbeitet die Einrichtung zufriedenstellend? Um zu einer Antwort zu kommen, berechne man die Wahrscheinlichkeit dafür, daß ein Werkstück fehlerhaft ist, wenn es von der Kontrollstelle ausgesondert bzw. nicht ausgesondert wird.

*40. Wie ändert sich das Ergebnis von Aufgabe 39, wenn alle Werkstücke ein zweites
Mal die Kontrollstelle durchlaufen und nur diejenigen Stücke ausgesondert
werden, die zweimal als Ausschuß bezeichnet werden?
Dabei sei vorausgesetzt, daß das Ergebnis der 1. Kontrolle auf die zweite Kontrolle keinen Einfluß hat.

2. Zufallsvariable

2.1. Definition einer Zufallsvariablen

Bei dem Zufallsexperiment „Werfen eines Würfels" haben wir die möglichen Versuchsergebnisse durch die Zahlen $1, 2, 3, 4, 5, 6$ dargestellt. Dabei tritt z.b. das
Elementarereignis $\{6\}$ genau dann ein, wenn nach dem Wurf die mit sechs Punkten
gekennzeichnete Seite des Würfels oben liegt. Weitere Beispiele von Zufallsexperimenten, bei denen das Versuchsergebnis unmittelbar durch einen Zahlenwert angegeben werden kann, sind: Die Anzahl der in einem bestimmten Blumengeschäft
an einem Tag verkauften Blumen, das Gewicht eines von einem Versandhaus bei
der Post aufgegebenen Paketes, die Gewichtsklasse eines Eies, die Größe oder das
Gewicht einer zufällig ausgewählten Person oder die Geschwindigkeit eines an einer
Radarkontrolle vorbeifahrenden Autos.

Auch bei Zufallsexperimenten, bei denen die Versuchsergebnisse nicht unmittelbar
Zahlen sind, interessiert man sich häufig für Zahlenwerte, welche durch die Versuchsergebnisse $\omega \in \Omega$ eindeutig bestimmt sind. Bei der Einführung der Binomialverteilung interessierten wir uns z.B. für die Anzahl der Versuche, bei denen ein
Ereignis A in einem Bernoulli-Experiment vom Umfang n eintritt.

Wir stellen uns allgemein folgende Situation vor: Jedem Versuchsergebnis $\omega \in \Omega$
ordnen wir durch eine wohlbestimmte Zuordnungsvorschrift genau eine reelle Zahl
$X(\omega) \in \mathbb{R}$ zu. Nach jeder Durchführung des entsprechenden Zufallsexperiments
soll daher mit dem Versuchsergebnis ω auch der zugeordnete Zahlenwert $X(\omega)$
festliegen. X ist also eine auf Ω erklärte reellwertige Funktion. Wie die Ergebnisse ω
eines Zufallsexperiments, so hängen auch die Werte der Funktion X vom Zufall ab.
Daher nennt man X eine *Zufallsvariable*. Die Zufallsvariable X nimmt also einzelne
Zahlenwerte bzw. Werte aus einem ganzen Intervall nur mit gewissen Wahrscheinlichkeiten an. Zur Berechnung der Wahrscheinlichkeit, mit der die Zufallsvariable X
einen bestimmten Zahlenwert $x \in \mathbb{R}$ annimmt, betrachten wir alle Versuchsergebnisse ω, welche durch die Funktion X auf den Zahlenwert x abgebildet werden.
Die Gesamtheit dieser Versuchsergebnisse bezeichnen wir mit A_x; wir setzen also

$$A_x = \{\omega \in \Omega / X(\omega) = x\}, \quad x \in \mathbb{R}. \tag{2.1}$$

Bei der Durchführung des Zufallsexperiments nimmt die Zufallsvariable X genau dann den Zahlenwert x an, wenn das Ereignis A_x eintritt. Daher können wir die Wahrscheinlichkeit, mit der die Zufallsvariable X den Wert x annimmt, angeben, wenn A_x zu denjenigen Ereignissen gehört, denen durch die Axiome von Kolmogoroff eine Wahrscheinlichkeit zugeordnet wird. Diese Wahrscheinlichkeit bezeichnen wir mit $P(X = x)$. Für sie erhalten wir aus (2.1) die Definitionsgleichung

$$P(X = x) = P(A_x) = P(\{\omega \in \Omega / X(\omega) = x\}). \tag{2.2}$$

Entsprechend nimmt X Werte aus dem Intervall (a, b] genau dann an, wenn das Ereignis

$$A_{(a, b]} = \{\omega \in \Omega / a < X(\omega) \leq b\} \tag{2.3}$$

eintritt. Besitzt auch dieses Ereignis eine Wahrscheinlichkeit, so erhalten wir für die Wahrscheinlichkeit dafür, daß X einen Wert aus dem Intervall annimmt, die Gleichung

$$P(a < X \leq b) = P(A_{(a, b]}) = P(\{\omega \in \Omega / a < X(\omega) \leq b\}). \tag{2.4}$$

Von einer Zufallsvariablen fordern wir allgemein, daß für jede reelle Zahl x und für jedes Intervall (a, b], a < b, die in (2.2) bzw. (2.4) angegebenen Wahrscheinlichkeiten erklärt sind. Wir geben allgemein die

Definition 2.1: Eine auf Ω definierte reellwertige Funktion X heißt *Zufallsvariable*, wenn sie folgende Eigenschaften besitzt:

Für jedes $x \in \mathbb{R}$ und jedes Intervall (a, b], a < b besitzen die Ereignisse $A_x = \{\omega \in \Omega / X(\omega) = x\}$ und $A_{(a, b]} = \{\omega \in \Omega / a < X(\omega) \leq b\}$ Wahrscheinlichkeiten. Dabei ist auch $a = -\infty$ zugelassen.

Die Menge aller Zahlen, die eine Zufallsvariable X als Werte annehmen kann, nennen wir den *Wertevorrat* der Zufallsvariablen X. Wir bezeichnen ihn mit $W = W(X)$. Eine Zahl x gehört also genau dann zum Wertevorrat W, wenn es mindestens ein Versuchsergebnis $\omega \in \Omega$ gibt mit $X(\omega) = x$.

2.2. Diskrete Zufallsvariable

2.2.1. Definition einer diskreten Zufallsvariablen

Beispiel 2.1. Der Besitzer eines Jahrmarktstandes bietet folgendes Spiel an: Beim Werfen zweier idealer Würfel erhält der Spieler DM 10,–, wenn beide Würfel eine 6 zeigen, DM 2,–, wenn genau ein Würfel eine 6 zeigt.

Wir bezeichnen mit X die Zufallsvariable, die den Gewinn eines Spielers beschreibt. Die Werte von X erhalten wir durch folgende Zuordnung (vgl. Beispiel 1.10)

$$A_{10} = \{(6,6)\} \xrightarrow{\ X\ } 10;$$
$$A_2 = \{(6,1), (6,2), (6,3), (6,4), (6,5), (5,6),(4,6),(3,6),(2,6),(1,6)\} \xrightarrow{\ X\ } 2;$$
$$A_0 = \Omega \setminus (A_{10} \cup A_2) \xrightarrow{\ X\ } 0.$$

Daraus erhalten wir die Wahrscheinlichkeiten $P(X = 10) = \frac{1}{36}$; $P(X = 2) = \frac{10}{36}$; $P(X = 0) = \frac{25}{36}$, wobei natürlich $P(X = 10) + P(X = 2) + P(X = 0) = 1$ gilt.

Die Werte der Zufallsvariablen X und die Wahrscheinlichkeiten, mit denen sie angenommen werden, stellen wir in der folgenden Tabelle zusammen.

Werte von X	0	2	10	
Wahrscheinlichkeiten	$\frac{25}{36}$	$\frac{10}{36}$	$\frac{1}{36}$	(Zeilensumme = 1).

Diese Wahrscheinlichkeiten stellen wir als Stabdiagramm in Bild 2.1 graphisch dar.

Bild 2.1. Wahrscheinlichkeiten einer diskreten Zufallsvariablen   ◆

Beispiel 2.2 (*„Mensch ärgere Dich nicht"*). Die Zufallsvariable X beschreibe die Anzahl der bis zum Erscheinen der ersten „6" notwendigen Würfe mit einem idealen Würfel.

X kann im Gegensatz zu der in Beispiel 2.1 angegebenen Zufallsvariablen unendlich viele verschiedene Werte annehmen, nämlich alle natürlichen Zahlen. Da die Zahlen des Wertevorrats $W = \{1, 2, 3, \dots\}$ durchnummeriert werden können, ist W *abzählbar unendlich*. Nach Satz 1.20 lauten die Wahrscheinlichkeiten $p_i = P(X = i) = \frac{1}{6} \cdot (\frac{5}{6})^{i-}$ für $i = 1, 2, \dots$.   ◆

Definition 2.2: Eine Zufallsvariable X, deren Wertevorrat W nur endlich oder abzählbar unendlich viele verschiedene Werte enthält, heißt *diskret*. Die Gesamtheit aller Zahlenpaare $(x_i, P(X = x_i))$, $x_i \in W$ heißt *Verteilung* der diskreten Zufallsvariablen X.

Sind x_i und x_j zwei verschiedene Werte aus W, so sind die beiden Ereignisse $A_{x_i} = \{\omega \in \Omega / X(\omega) = x_i\}$ und $A_{x_j} = \{\omega \in \Omega / X(\omega) = x_j\}$ unvereinbar, da der Funktionswert $X(\omega)$ für jedes ω eindeutig bestimmt ist. Damit sind die Ereignisse $A_{x_1}, A_{x_2}, \dots$ paarweise unvereinbar. Da die diskrete Zufallsvariable X aber einen ihrer Werte annehmen muß, erhalten wir aus $\Omega = \sum_i A_{x_i}$ die Identität

$$1 = \sum_i P(X = x_i), \tag{2.5}$$

wobei über alle Werte $x_i \in W$ summiert werden muß.

Bemerkung: Wir bezeichnen allgemein die Verteilung einer diskreten Zufallsvariablen mit $(x_i, P(X = x_i))$, $i = 1, 2, \ldots$. Dabei läuft der Index i bis zu einer Zahl m, falls der Wertevorrat endlich ist. Im abzählbar unendlichen Fall durchläuft i alle natürlichen Zahlen.

Aus $A_{(a,b]} = \{\omega \in \Omega / a < X(\omega) \leq b\} = \underset{a < x_i \leq b}{\Sigma} A_{x_i}$ folgt für eine diskrete Zufallsvariable

$$P(a < X \leq b) = \sum_{a < x_i \leq b} P(X = x_i). \tag{2.6}$$

Entsprechend erhält man

$$P(a \leq X \leq b) = \sum_{a \leq x_i \leq b} P(X = x_i). \tag{2.7}$$

Die Wahrscheinlichkeiten, mit denen eine diskrete Zufallsvariable X Werte aus einem Intervall annimmt, können also unmittelbar aus der Verteilung von X berechnet werden. Die Ereignisse $A_{(a,b]}$ bzw. $A_{[a,b]}$ müssen dazu nicht untersucht werden. Durch welches Zufallsexperiment die diskrete Zufallsvariable X entstanden ist, spielt dabei keine Rolle. Wichtig sind nur die Werte der Zufallsvariablen X und die Wahrscheinlichkeiten, mit denen sie angenommen werden. Daher können die Werte x_i selbst als Versuchsergebnisse interpretiert werden, d.h. man kann $\Omega' = W = \{x_1, x_2, \ldots\}$ als sicheres Ereignis betrachten. Durch $P'(\{x_i\}) = p_i = P(X = x_i)$ wird zunächst jedem Elementarereignis und durch $P'(A') = \underset{i : x_i \in A'}{\Sigma} p_i$ jedem Ereignis $A' \subset \Omega'$ eine Wahrscheinlichkeit zugeordnet. Dabei erfüllt P' offensichtlich die Axiome von Kolmogoroff. Wegen $P'(\{x_i\}) = P(X = x_i) = P(\{\omega \in \Omega / X(\omega) = x_i\})$ ist die Wahrscheinlichkeit P' durch die Wahrscheinlichkeit P und die Zufallsvariable X eindeutig bestimmt. Das Ausgangssystem (Ω, P) wird somit durch die diskrete Zufallsvariable X abgebildet auf das System (Ω', P').

2.2.2. Verteilungsfunktion einer diskreten Zufallsvariablen

Häufig interessiert man sich für die Wahrscheinlichkeit dafür, daß eine Zufallsvariable X Werte annimmt, die nicht größer als ein fest vorgegebener Wert x sind, d.h. für $P(X \leq x)$. Läßt man x die Zahlengerade $\mathbb{R}$ durchlaufen, so wird durch

$$F(x) = P(X \leq x), \quad x \in \mathbb{R} \tag{2.8}$$

eine reellwertige Funktion F erklärt. Diese Funktion F, die durch die Zufallsvariable X bestimmt ist, heißt *Verteilungsfunktion* von X. Die Funktionswerte $F(x)$ lassen sich bei diskreten Zufallsvariablen nach folgender Formel berechnen

$$F(x) = P(X \leq x) = \sum_{x_i \leq x} P(X = x_i). \tag{2.9}$$

Zur Untersuchung der Eigenschaften der Verteilungsfunktion einer diskreten Zufallsvariablen betrachten wir folgendes

Beispiel 2.3. X sei die Augenzahl beim Werfen eines idealen Würfels. Die Verteilung von X lautet $(i, \frac{1}{6})$, $i = 1, 2, \ldots, 6$. Diese Verteilung stellen wir in Bild 2.2 als Stabdiagramm graphisch dar.

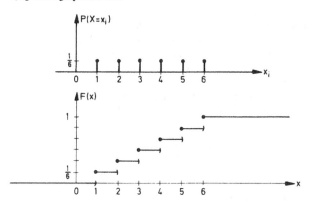

Bild 2.2. Wahrscheinlichkeiten und zugehörige Verteilungsfunktion

Da die Zufallsvariable X keine Werte annehmen kann, die kleiner als 1 sind, gilt $F(x) = 0$ für $x < 1$. Für $x = 1$ erhalten wir den Funktionswert $F(1) = P(X \leq 1) = = P(X = 1) = \frac{1}{6}$. Für alle Werte x mit $1 \leq x < 2$ ergibt sich ein konstanter Funktionswert $F(x) = P(X = 1) = \frac{1}{6}$. An der Stelle $x = 2$ kommt die Wahrscheinlichkeit $P(X = 2) = \frac{1}{6}$ hinzu. Es gilt also $P(X \leq 2) = \frac{2}{6}$. Für $2 \leq x < 3$ gilt $F(x) = \frac{2}{6}$. Entsprechend erhalten wir

$$F(x) = \frac{3}{6} \text{ für } 3 \leq x < 4,$$

$$F(x) = \frac{4}{6} \text{ für } 4 \leq x < 5,$$

$$F(x) = \frac{5}{6} \text{ für } 5 \leq x < 6,$$

bis wir schließlich für $x \geq 6$ die Funktionswerte $F(x) = P(X \leq x) = \sum_{i=1}^{6} P(X = x_i) = 1$

erhalten. Die Verteilungsfunktion von X ist die in Bild 2.2 dargestellte Treppenfunktion, die an den Stellen i für $i = 1, 2, \ldots, 6$ Sprünge der Höhe $P(X = i) = \frac{1}{6}$ besitzt und dazwischen konstant ist. ♦

Jede diskrete Zufallsvariable X besitzt als Verteilungsfunktion eine Treppenfunktion F, die nur an den Stellen x_i aus dem Wertebereich W Sprünge der Höhe $P(X = x_i)$ besitzt. Aus $x < \hat{x}$ folgt $F(x) \leq F(\hat{x})$, d.h. F ist *monoton nichtfallend*. Die Funktionswerte $F(x)$ werden beliebig klein, wenn nur x klein genug gewählt wird, während sich die Funktionswerte $F(x)$ mit wachsendem x der Zahl Eins beliebig nähern. Für die Verteilungsfunktion F einer diskreten Zufallsvariablen gelten also folgende Eigenschaften

$$\text{Aus } x < \hat{x} \text{ folgt } F(x) \leq F(\hat{x})$$

$$\lim_{x \to -\infty} F(x) = 0; \quad \lim_{x \to +\infty} F(x) = 1. \tag{2.10}$$

Umgekehrt kann aus jeder Treppenfunktion F, welche die Bedingungen (2.10) erfüllt, die Verteilung $(x_i, P(X = x_i))$, $i = 1, 2, \ldots$ einer diskreten Zufallsvariablen gewonnen werden. Dabei besteht der Wertevorrat W der Zufallsvariablen X aus allen Sprungstellen von F, während die Wahrscheinlichkeit $P(X = x_i)$ gleich der Sprunghöhe an der Stelle x_i ist.

Mit Hilfe der Verteilungsfunktion F läßt sich sehr einfach die Wahrscheinlichkeit dafür berechnen, daß X Werte aus einem Intervall annimmt. Dafür gilt der

Satz 2.1
Ist F die Verteilungsfunktion einer diskreten Zufallsvariablen X, so gelten folgende Gleichungen

$$P(a < X \leq b) = F(b) - F(a),$$
$$P(a \leq X \leq b) = F(b) - F(a - o),$$
$$P(a < X) = 1 - F(a).$$

Dabei ist $F(a - o)$ der linksseitige Grenzwert von $F(x)$ an der Stelle a. Dieser Grenzwert ist gleich $F(a)$, wenn a keine Sprungstelle ist, und sonst gleich dem Wert der Treppenstufe, die unmittelbar links neben dem Punkt a liegt.

Beweis:

1. $P(a < X \leq b) = \sum_{a < x_i \leq b} P(X = x_i) = \sum_{x_i \leq b} P(X = x_i) - \sum_{x_i \leq a} P(X = x_i) = F(b) - F(a).$

2. $P(a \leq X \leq b) = P(X = a) + P(a < X \leq b) = P(X = a) + F(b) - F(a)$
   $\qquad\qquad = F(b) - [F(a) - P(X = a)] = F(b) - F(a - o).$

3. $P(a < X) = \sum_{x_i > a} P(X = x_i) = 1 - \sum_{x_i \leq a} P(X = x_i) = 1 - F(a).$ ∎

Beispiel 2.4 (vgl. Beispiel 2.2). Wir bestimmen die Verteilungsfunktion F der Zufallsvariablen X, welche beim Spiel *„Mensch ärgere Dich nicht"* die Anzahl der bis zum Start notwendigen Würfe mit einem idealen Würfel beschreibt. Aus der Verteilung $(i, \frac{1}{6}(\frac{5}{6})^{i-1})$, $i = 1, 2, \ldots$ erhalten wir $F(x) = 0$ für $x < 1$ und für $n \leq x < n + 1$ die Funktionswerte

$$F(x) = P(X \leq x) = \sum_{i=1}^{n} \frac{1}{6}\left(\frac{5}{6}\right)^{i-1} = \frac{1}{6} \cdot \frac{1 - (\frac{5}{6})^n}{1 - \frac{5}{6}} = 1 - \left(\frac{5}{6}\right)^n, \quad n = 1, 2, \ldots$$

Für jedes endliche x gilt zwar $F(x) < 1$; wir erhalten jedoch

$$\lim_{x \to \infty} F(x) = \lim_{n \to \infty} (1 - (\tfrac{5}{6})^n) = 1.$$

Für die Wahrscheinlichkeit dafür, daß bis zum Start mehr als n Versuche notwendig sind, gilt

$$P(X > n) = 1 - P(X \le n) = 1 - [1 - (\tfrac{5}{6})^n] = (\tfrac{5}{6})^n. \qquad \blacklozenge$$

2.2.3. Erwartungswert einer diskreten Zufallsvariablen

Beispiel 2.5 (vgl. Beispiel 2.1). Wir nehmen an, daß das in Beispiel 2.1 beschriebene Jahrmarkt-Spiel innerhalb einer bestimmten Zeitspanne n-mal gespielt wird. Dabei werde h_{10}-mal der Hauptgewinn von DM 10,– und h_2-mal ein Gewinn von DM 2,– verteilt, während bei den restlichen $h_0 = n - h_{10} - h_2$ Spielen kein Gewinn erzielt wird. Damit erhalten wir für den in dieser Zeitspanne ausbezahlten Gesamtgewinn x die Darstellung

$$x = 10 \cdot h_{10} + 2 \cdot h_2 + 0 \cdot h_0. \qquad (2.11)$$

Division durch n ergibt den Durchschnittsgewinn

$$\bar{x} = 10 \cdot \frac{h_{10}}{n} + 2 \cdot \frac{h_2}{n} + 0 \cdot \frac{h_0}{n} = 10 \cdot r_{10} + 2 \cdot r_2 + 0 \cdot r_0. \qquad (2.12)$$

Dabei stellen die Werte r_{10}, r_2, r_0 die relativen Häufigkeiten der Spiele dar, bei denen 10 bzw. 2 bzw. 0 DM gewonnen wurden. Handelt es sich bei den Spielen um ein Bernoulli-Experiment, so werden nach dem Bernoullischen Gesetz der großen Zahlen für große n die relativen Häufigkeiten mit hoher Wahrscheinlichkeit in der unmittelbaren Nähe der entsprechenden Wahrscheinlichkeitswerte liegen. Daher werden wir in

$$\bar{x} \approx 10 \cdot P(X = 10) + 2 \cdot P(X = 2) + 0 \cdot P(X = 0) \qquad (2.13)$$

meistens eine gute Näherung erhalten. Die rechte Seite in (2.13) hängt nur noch von der Verteilung der Zufallsvariablen X und nicht mehr von den einzelnen Spielausgängen ab. Da der mittlere Gewinn (= Durchschnittsgewinn) mit großer Wahrscheinlichkeit in der Nähe dieses Zahlenwertes liegt, nennen wir ihn den *Erwartungswert* der Zufallsvariablen X und bezeichnen ihn mit $E(X)$ oder mit μ. Er lautet hier

$$E(X) = 10 \cdot \tfrac{1}{36} + 2 \cdot \tfrac{10}{36} = \tfrac{30}{36} = \tfrac{5}{6}.$$

Für große n wird also der mittlere Gewinn mit hoher Wahrscheinlichkeit ungefähr $\tfrac{5}{6}$ DM betragen. Verlangt der Besitzer des Jahrmarktstandes von jedem Spieler 1 DM Einsatz, so wird er über einen längeren Zeitraum mit großer Wahrscheinlichkeit einen Gewinn von ungefähr $\tfrac{1}{6}$ DM pro Spiel erzielen. Dabei kann es aber durchaus einmal vorkommen, daß er an einem Tag einen Verlust erleidet. Dafür wird der mittlere Gewinn an einem anderen Tag evtl. mehr als $\tfrac{1}{6}$ betragen. $\qquad \blacklozenge$

Besitzt eine Zufallsvariable X den endlichen Wertevorrat $W = \{x_1, x_2, \ldots, x_m\}$, so heißt der durch

$$E(X) = \mu = \sum_{i=1}^{m} x_i P(X = x_i) \qquad (2.14)$$

erklärte Zahlenwert $E(X)$ der *Erwartungswert* der Zufallsvariablen X. Wie in Beispiel 2.5 besitzt der durch die Verteilung von X bestimmte Zahlenwert $E(X)$ folgende Eigenschaft: Wird das zugrunde liegende Zufallsexperiment n-mal unabhängig durchgeführt, so liegt für große n der Mittelwert $\bar{x}$ der erhaltenen Zahlenwerte mit hoher Wahrscheinlichkeit in der Nähe von $E(X)$, es gilt also mit großer Wahrscheinlichkeit

$$\boxed{\bar{x} \approx E(X).} \qquad (2.15)$$

Als nächstes betrachten wir eine diskrete Zufallsvariable X mit abzählbar unendlichem Wertevorrat $W = \{x_i, i = 1, 2, \ldots\}$, deren Werte x_i jedoch alle *nichtnegativ* sind. Dann bilden die endlichen Partialsummen $s_n = \sum_{i=1}^{n} x_i P(X = x_i)$, $n = 1, 2, 3, \ldots$ eine monoton nichtfallende Folge, die entweder gegen einen endlichen Grenzwert konvergiert oder divergent ist (d.h. die Glieder s_n werden beliebig groß, wenn nur n hinreichend groß ist). Im ersten Fall nennen wir den Grenzwert der Folge s_n den *Erwartungswert der nichtnegativen Zufallsvariablen* X, d.h.

$$E(X) = \lim_{n \to \infty} \sum_{i=1}^{n} x_i P(X = x_i) = \sum_{i=1}^{\infty} x_i P(X = x_i) < \infty \quad (x_i \geq 0).$$

Im zweiten Fall sagen wir, die Zufallsvariable X besitzt keinen (endlichen) Erwartungswert.

Sind dagegen sämtliche Werte x_i *nichtpositiv* (d.h. $x_i \leq 0$), so bilden die Partialsummen $s_n = \sum_{i=1}^{n} x_i P(X = x_i)$, $n = 1, 2, \ldots$ eine monoton nichtwachsende Folge.

Sofern sie gegen einen endlichen Grenzwert konvergiert, heißt auch dieser Grenzwert der *Erwartungswert der nichtpositiven Zufallsvariablen* X.

Besitzt der abzählbar unendliche Wertevorrat W sowohl unendlich viele positive als auch unendlich viele negative Werte, so kann eventuell folgende Situation eintreten: Bei einer bestimmten Durchnumerierung der Werte erhält man einen endlichen Grenzwert $\lim_{n \to \infty} \sum_{i=1}^{n} x_i P(X = x_i)$. Durch eine Umnumerierung kann sich aber plötzlich ein anderer Grenzwert ergeben oder die entsprechende Folge der

Partialsummen konvergiert gar nicht mehr. In diesem Fall kann der Zufallsvariablen X kein Erwartungswert zugeordnet werden, da dieser doch von der Durchnumerierung der Werte aus W unabhängig sein sollte. Wenn jedoch die Folge $\hat{s}_n = \sum_{i=1}^{n} |x_i| P(X = x_i)$, $n = 1, 2, \ldots$ einen Grenzwert besitzt, wir bezeichnen ihn mit $\sum_i |x_i| P(X = x_i)$, so konvergiert auch die Folge $s_n = \sum_{i=1}^{n} x_i P(X = x_i)$, $n = 1, 2, \ldots$, wobei man bei jeder beliebigen Umordnung der Werte x_i denselben Grenzwert erhält. Diesen Grenzwert nennen wir den *Erwartungswert* der Zufallsvariablen X. Wir bezeichnen ihn mit $\mu = E(X) = \sum_i x_i P(X = x_i)$. Diese Eigenschaft gibt Anlaß zur

Definition 2.3: Ist X eine diskrete Zufallsvariable mit der Verteilung $(x_i, P(X = x_i))$, $i = 1, 2, \ldots$ und ist $\sum_i |x_i| P(X = x_i)$ endlich, so heißt (der dann auch existierende Grenzwert)

$$\mu = E(X) = \sum_i x_i P(X = x_i) \tag{2.16}$$

der *Erwartungswert* der Zufallsvariablen X.

Beispiel 2.6 (*idealer Würfel*). Die Zufallsvariable X, welche die mit einem idealen Würfel geworfene Augenzahl beschreibt, besitzt den Erwartungswert

$$E(X) = 1 \cdot \tfrac{1}{6} + 2 \cdot \tfrac{1}{6} + 3 \cdot \tfrac{1}{6} + 4 \cdot \tfrac{1}{6} + 5 \cdot \tfrac{1}{6} + 6 \cdot \tfrac{1}{6} = \tfrac{21}{6} = 3{,}5 \,. \qquad \blacklozenge$$

Beispiel 2.7. X bezeichne die Anzahl der von einem Autohändler an einem Tag verkauften Autos. Dabei sei bekannt, daß die Zufallsvariable X folgende Verteilung besitzt

x_i	0	1	2	3	4	5	6	7	8	9	10
$P(X = x_i)$	0,3	0,25	0,20	0,10	0,05	0,03	0,025	0,02	0,015	0,006	0,004

Daraus erhalten wir den Erwartungswert

$$E(X) = 0 \cdot 0{,}3 + 1 \cdot 0{,}25 + 2 \cdot 0{,}20 + 3 \cdot 0{,}10 + 4 \cdot 0{,}05 + 5 \cdot 0{,}03 + 6 \cdot 0{,}025 +$$
$$+ 7 \cdot 0{,}02 + 8 \cdot 0{,}015 + 9 \cdot 0{,}006 + 10 \cdot 0{,}004 = 1{,}804 \,. \qquad \blacklozenge$$

Beispiel 2.8 (*Roulette*). Beim Roulette-Spiel wird eine der 37 Zahlen 0, 1, 2, …, 36 ausgespielt. Dabei setzen 3 Spieler jeweils eine Spieleinheit nach folgenden Strategien: Spieler I setzt immer auf die Zahl 1, Spieler II auf die Kolonne $\{1, 2, \ldots, 12\}$ und Spieler III auf Impair, d.h. auf die ungeraden Zahlen $\{1, 3, 5, \ldots, 35\}$. Bei der Ausspielung handle es sich um ein Laplace-Experiment, d.h. jede Zahl soll mit Wahrscheinlichkeit $\tfrac{1}{37}$ gezogen werden. Die Zufallsvariablen X_1, X_2, X_3 sollen den Reingewinn der Spieler I, II, III in Spieleinheiten beschreiben.

Wird die Zahl 1 ausgespielt, so erhält Spieler I den 36-fachen Einsatz ausbezahlt. Nach Abzug seines Einsatzes verbleibt ihm somit ein Reingewinn von 35 Einheiten.

Wird die 1 nicht ausgespielt, so verliert er seinen Einsatz. Die Zufallsvariable X_1 besitzt somit die Verteilung

x_i	35	-1
$P(X_1 = x_i)$	$\frac{1}{37}$	$\frac{36}{37}$

und den Erwartungswert

$$E(X_1) = 35 \cdot \frac{1}{37} - 1 \cdot \frac{36}{37} = -\frac{1}{37}.$$

Tritt das Ereignis $D = \{1, 2, \ldots, 12\}$ ein, so erhält Spieler II den dreifachen Einsatz ausbezahlt (Reingewinn = 2 Einheiten). Andernfalls verliert er seinen Einsatz. Wegen $P(D) = \frac{12}{37}$ besitzt die Zufallsvariable X_2 die Verteilung

x_i	2	-1
$P(X_2 = x_i)$	$\frac{12}{37}$	$\frac{25}{37}$

und den Erwartungswert

$$E(X_2) = 2 \cdot \frac{12}{37} - \frac{25}{37} = -\frac{1}{37}.$$

Für Spieler III, der auf „einfache Chance" spielt, gibt es eine Sonderregelung. Wird eine ungerade Zahl ausgespielt, so bekommt er den doppelten Einsatz ausbezahlt, falls die 0 erscheint, kann er den halben Einsatz herausnehmen, sonst verliert er seinen Einsatz. Daher gilt für X_3

x_i	1	$-\frac{1}{2}$	-1
$P(X_3 = x_i)$	$\frac{18}{37}$	$\frac{1}{37}$	$\frac{18}{37}$

$; \quad E(X_3) = \frac{18}{37} - \frac{1}{2} \cdot \frac{1}{37} - \frac{18}{37} = -\frac{1}{74}.$ ◆

Beispiel 2.9 (*Verdoppelungsstrategie*)

a) Bevor beim Roulette-Spiel ein Höchsteinsatz festgesetzt wurde, spielte der Multimilliardär Huber nach der folgenden Strategie: Er setzte immer auf die Kolonne $\{1, 2, \ldots, 12\}$, und zwar begann er mit einer Spieleinheit. Im Falle eines Gewinns kassierte er den Reingewinn, sonst verdoppelte er beim nächsten Spiel seinen Einsatz. Gewann er nun, so bekam er 6 Einheiten ausbezahlt, während er insgesamt $1 + 2 = 3$ Einheiten eingesetzt hatte. Andernfalls verdoppelte er wieder seinen Einsatz, und zwar so lange, bis er einmal gewann. Die Zufallsvariable X beschreibe den Reingewinn (in Spieleinheiten) in einer solchen Serie. Falls Herr Huber beim i-ten Spiel zum erstenmal gewann, betrug der Einsatz für dieses Spiel 2^{i-1} und der Gesamteinsatz $1 + 2 + 2^2 + \ldots + 2^{i-1} = 2^i - 1$ Einheiten. Da er $3 \cdot 2^{i-1}$ Einheiten ausbezahlt bekam, betrug der Reingewinn $3 \cdot 2^{i-1} - (2^i - 1) = 1 + 1{,}5 \cdot 2 \cdot 2^{i-1} - 2^i = 1 + 1{,}5 \cdot 2^i - 2^i = 1 + 0{,}5 \cdot 2^i = 1 + 2^{i-1}$. Da die Gewinnwahrscheinlichkeit in einem Einzelspiel gleich $\frac{12}{37}$ ist, erhalten wir für die Wahrscheinlichkeit p_i, daß Herr Huber beim i-ten Versuch zum erstenmal gewinnt, aus der geometrischen Verteilung den

Wert $p_i = \frac{12}{37}\left(\frac{25}{37}\right)^{i-1}$ für $i = 1, 2, \ldots$. Damit besitzt die Zufallsvariable X die Verteilung $\left(1 + 2^{i-1}; \frac{12}{37}\left(\frac{25}{37}\right)^{i-1}\right)$, $i = 1, 2, \ldots$ und den Erwartungswert

$$E(X) = \sum_{i=1}^{\infty}(1 + 2^{i-1})\cdot\frac{12}{37}\cdot\left(\frac{25}{37}\right)^{i-1} =$$

$$= \frac{12}{37}\cdot\sum_{i=1}^{\infty}\left(\frac{25}{37}\right)^{i-1} + \frac{12}{37}\sum_{i=1}^{\infty}2^{i-1}\left(\frac{25}{37}\right)^{i-1} =$$

$$= \frac{12}{37}\sum_{i=1}^{\infty}\left(\frac{25}{37}\right)^{i-1} + \frac{12}{37}\sum_{i=1}^{\infty}\left(\frac{50}{37}\right)^{i-1} = \infty$$

Die Zufallsvariable X besitzt also keinen (endlichen) Erwartungswert. Zur Anwendung dieser Strategie, die mit Wahrscheinlichkeit 1 immer zu einem Gewinn führt, müssen 2 Bedingungen erfüllt sein:

1. es darf keinen Höchsteinsatz geben,
2. der Spieler muß über beliebig viel Geld verfügen, damit er, falls notwendig, lange genug verdoppeln kann.

b) Wir nehmen nun an, daß die Spielbank den Höchsteinsatz auf 2048 Einheiten beschränkt hat. Wegen $2^{11} = 2048$ kann Herr Huber höchstens 11-mal verdoppeln. Verliert er 12-mal hintereinander, so hat er seinen bisherigen Gesamteinsatz in der Höhe von $2^{12} - 1 = 4095$ Einheiten verloren. Die Wahrscheinlichkeit dafür beträgt

$$[P(\overline{D})]^{12} = \left(\frac{25}{37}\right)^{12} = 0{,}00905\,.$$

Die Zufallsvariable $\hat{X}$, die den Reingewinn in diesem Spiel beschreibt, besitzt den Erwartungswert

$$E(\hat{X}) = \sum_{i=1}^{12}(1 + 2^{i-1})\frac{12}{37}\left(\frac{25}{37}\right)^{i-1} - (2^{12} - 1)\left(\frac{25}{37}\right)^{12} =$$

$$= \frac{12}{37}\sum_{k=0}^{11}\left(\frac{25}{37}\right)^{k} + \frac{12}{37}\sum_{k=0}^{11}\left(\frac{50}{37}\right)^{k} - (2^{12} - 1)\left(\frac{25}{37}\right)^{12} =$$

$$= \frac{12}{37}\frac{1 - (\frac{25}{37})^{12}}{\frac{12}{37}} + \frac{12}{37}\frac{1 - (\frac{50}{37})^{12}}{1 - \frac{50}{37}} - (2^{12} - 1)\left(\frac{25}{37}\right)^{12} =$$

$$= 1 - \left(\frac{25}{37}\right)^{12} + \frac{12}{13}\left[2^{12}\left(\frac{25}{37}\right)^{12} - 1\right] - 2^{12}\left(\frac{25}{37}\right)^{12} + \left(\frac{25}{37}\right)^{12} =$$

$$= -\frac{1}{13}\left(\frac{50}{37}\right)^{12} + \frac{1}{13} = -2{,}776\,.$$

Eigenschaften des Erwartungswertes einer diskreten Zufallsvariablen

Nimmt eine diskrete Zufallsvariable X nur einen Wert c an, so nennen wir X eine Konstante und bezeichnen sie mit c. Ihr Erwartungswert ist natürlich auch gleich dieser Konstanten c, es gilt also

$$\boxed{E(c) = c.}$$ (2.17)

Für ein bestimmtes Ereignis A wird durch

$$I_A(\omega) = \begin{cases} 1, & \text{falls } \omega \in A, \\ 0, & \text{falls } \omega \in \overline{A} \end{cases}$$

eine Zufallsvariable I_A, der sog. *Indikator von A* erklärt. Für seinen Erwartungswert erhalten wir

$$E(I_A) = 1 \cdot P(A) + 0 \cdot P(\overline{A}) = P(A).$$ (2.18)

Die Wahrscheinlichkeit P(A) eines Ereignisses A ist also gleich dem Erwartungswert des Indikators von A.

Beispiel 2.10. Den Wertevorrat der Reingewinn-Zufallsvariablen X_1, X_2, X_3 in Beispiel 2.8 haben wir dadurch erhalten, daß wir von der jeweiligen Auszahlung den Einsatz subtrahierten. Beschreibt die Zufallsvariable Y_1 die Auszahlung nach einem Spiel an den Spieler I, so erhalten wir die Werte der Zufallsvariablen Y_1 durch Addition der Zahl 1 (Einsatz) zu den Werten von X_1. Die entsprechenden Wahrscheinlichkeiten bleiben dabei erhalten; es gilt also $P(Y_1 = 36) = \frac{1}{37}$ und $P(Y_1 = 0) = \frac{36}{37}$ Wegen dieses Bildungsgesetzes bezeichnen wir die Zufallsvariable Y_1 auch mit $X_1 + 1$. Für den Erwartungswert der Zufallsvariablen $X_1 + 1$ erhalten wir

$$E(X_1 + 1) = (35 + 1) \cdot \frac{1}{37} + (-1 + 1) \cdot \frac{36}{37} = \underbrace{35 \cdot \frac{1}{37} - \frac{36}{37}}_{= E(X_1)} + \underbrace{1 \cdot \frac{1}{37} + \frac{36}{37}}_{= 1} = E(X_1) + 1.$$

Entsprechend gilt $E(X_2 + 1) = E(X_2) + 1$; $E(X_3 + 1) = E(X_3) + 1$.

Setzt Spieler III anstelle einer Einheit a Einheiten (den neuen Einsatz erhält man aus dem alten durch Multiplikation mit a), so multipliziert sich auch der Reingewinn mit a. Die Zufallsvariable $a \cdot X_3$, die nun den Reingewinn beschreibt, besitzt die Verteilung

Werte von $a \cdot X_3$	a	$-\frac{a}{2}$	$-a$
Wahrscheinlichkeiten	$\frac{18}{37}$	$\frac{1}{37}$	$\frac{18}{37}$

und den Erwartungswert

$$E(a \cdot X_3) = a \cdot \frac{18}{37} + a \cdot \left(-\frac{1}{2} \cdot \frac{1}{37}\right) + a \cdot \left(-1 \cdot \frac{18}{37}\right) = -\frac{a}{74} = a \cdot E(X_3). \qquad \blacklozenge$$

Multipliziert man sämtliche Werte x_i einer diskreten Zufallsvariablen X mit einer Konstanten a und addiert anschließend eine Konstante b, so erhält man den Wertevorrat $W = \{ax_i + b, \; i = 1, 2, \ldots\}$ einer diskreten Zufallsvariablen. Diese Zufallsvariable bezeichnen wir mit $aX + b$. Im Falle $a = 0$ nimmt diese Zufallsvariable nur den Wert b an. Für $a \neq 0$ sind alle Werte $ax_i + b$, $i = 1, 2, \ldots$ verschieden. Die Zufallsvariable $aX + b$ nimmt genau dann den Wert $ax_i + b$ an, wenn X den Wert x_i annimmt; es gilt also $P(aX + b = ax_i + b) = P(X = x_i)$, $i = 1, 2, \ldots$. Die Zufallsvariable $Y = aX + b$ besitzt somit die Verteilung $(ax_i + b, P(X = x_i))$, $i = 1, 2, \ldots$. Für den Erwartungswert von $aX + b$ zeigen wir den

Satz 2.2
X sei eine diskrete Zufallsvariable mit der Verteilung $(x_i, P(X = x_i))$, $i = 1, 2, \ldots$ und dem Erwartungswert $E(X)$. Dann gilt für den Erwartungswert der Zufallsvariablen $aX + b$, $a, b \in \mathbb{R}$

$$E(aX + b) = aE(X) + b. \qquad (2.19)$$

Beweis:
1. Für $a = 0$ nimmt die Zufallsvariable $aX + b$ nur den Wert b an. Dann ist dieser Zahlenwert auch der Erwartungswert.
2. Im Falle $a \neq 0$ besitzt die diskrete Zufallsvariable $aX + b$ die Verteilung $(ax_i + b, P(X = x_i))$, $i = 1, 2, \ldots$. Daraus folgt

$$E(aX + b) = \sum_i (ax_i + b) P(X = x_i) = a \sum_i x_i P(X = x_i) + b \sum_i P(X = x_i) =$$
$$= aE(X) + b,$$

womit der Satz bewiesen ist. ∎

Häufig kann der Erwartungswert einer diskreten Zufallsvariablen direkt aus Symmetrie-Eigenschaften der Verteilung gewonnen werden. Dazu betrachten wir zunächst das

Beispiel 2.11 (*Augensumme zweier Würfel*, vgl. Beispiel 1.10). Die Verteilung der Zufallsvariablen X der Augensumme zweier idealer Würfel ist in Bild 2.3 in einem Histogramm dargestellt.

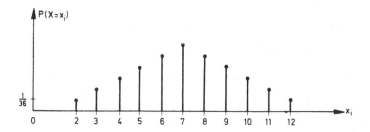

Bild 2.3. Augensumme zweier idealer Würfel

Die Werte von X liegen auf der x-Achse *symmetrisch* zum Punkt s = 7. Ferner besitzen jeweils die beiden zum Punkt x = 7 symmetrisch liegenden Werte die gleiche Wahrscheinlichkeit. Es gilt also

$$P(X = 7 + k) = P(X = 7 - k) \quad \text{für } k = 0, 1, \ldots, 5.$$

Die Zufallsvariable $X - 7$ besitzt die Verteilung

Werte von $X - 7$	-5	-4	-3	-2	-1	0	1	2	3	4	5
Wahrscheinlichkeiten	$\frac{1}{36}$	$\frac{2}{36}$	$\frac{3}{36}$	$\frac{4}{36}$	$\frac{5}{36}$	$\frac{6}{36}$	$\frac{5}{36}$	$\frac{4}{36}$	$\frac{3}{36}$	$\frac{2}{36}$	$\frac{1}{36}$

Dieselbe Verteilung besitzt aber auch die Zufallsvariable $-(X - 7) = 7 - X$. Somit haben die beiden Zufallsvariablen $X - 7$ und $7 - X$ auch den gleichen Erwartungswert. Es gilt also

$$E(X - 7) = E(7 - X).$$

Nach Satz 2.2 erhalten wir hieraus die Gleichung

$$E(X) - 7 = 7 - E(X)$$

mit der Lösung $E(X) = 7$.

Der Symmetrie-Punkt s = 7 ist also der Erwartungswert von X.   ◆

Allgemein gilt der

> **Satz 2.3**
> Lassen sich die Werte einer diskreten Zufallsvariablen X darstellen in der Form $\{s \pm \hat{x}_k, k = 1, 2, \ldots\}$ und ist dabei für alle k die Gleichung $P(X = s + \hat{x}_k) = P(X = s - \hat{x}_k)$ erfüllt, so gilt im Falle der Existenz des Erwartungswertes von X
>
> $E(X) = s$.

Beweis: Die Zufallsvariablen $X - s$ und $-(X - s) = s - X$ besitzen dieselbe Verteilung und, falls der Erwartungswert von X existiert, auch den gleichen Erwartungswert. Damit gilt nach Satz 2.2

$$E(X - s) = E(X) - s = E(s - X) = s - E(X),$$

woraus unmittelbar die Behauptung $E(X) = s$ folgt.   ■

Ist g eine auf dem Wertevorrat W einer diskreten Zufallsvariablen definierte, reellwertige Funktion, so bildet g die Menge W auf die Bildmenge $g(W) = \{g(x_i), x_i \in W\}$ ab. Dabei kann der Fall eintreten, daß verschiedene Werte x_i der Zufallsvariablen X gleiche Bildpunkte besitzen, z.B. $g(x_j) = g(x_k)$ für ein $j \neq k$. Wie bei der linearen Abbildung $ax_i + b$ ist die Bildmenge $g(W)$ Wertevorrat einer diskreten Zufallsvariablen $Y = g(X)$.

Wir bezeichnen den Wertevorrat g(W) mit $g(W) = \{y_1, y_2, \ldots\}$. Dann gilt für $y_j \in g(W)$

$$P(g(X) = y_j) = \sum_{i\,:\,g(x_i)\,=\,y_j} P(X = x_i). \tag{2.20}$$

Im Falle der Existenz des Erwartungswertes der Zufallsvariablen g(X) gilt der

> **Satz 2.4**
> g sei eine auf dem Wertevorrat einer diskreten Zufallsvariablen X definierte, reellwertige Funktion. Existiert der Erwartungswert der Bildvariablen g(X), so gilt
>
> $$E(g(X)) = \sum_i g(x_i)\, P(X = x_i). \tag{2.21}$$

Beweis: Der Wertevorrat der Zufallsvariablen g(X) sei $\{y_1, y_2, \ldots\}$. Dann folgt aus (2.20)

$$E(g(X)) = \sum_j y_j\, P(g(X) = y_j) = \sum_j y_j \sum_{i\,:\,g(x_i)\,=\,y_j} P(X = x_i) =$$

$$= \sum_j \sum_{i\,:\,g(x_i)\,=\,y_j} y_j\, P(X = x_i).$$

Für alle Werte x_i, über die in der zweiten Summe summiert wird, gilt aber $y_j = g(x_i)$. Daraus folgt

$$E(g(X)) = \sum_j \sum_{g(x_i)\,=\,y_j} g(x_i)\, P(X = x_i). \tag{2.22}$$

Da auf der rechten Seite von (2.22) insgesamt über alle Werte $x_i \in W(X)$ summiert wird, folgt daraus die Behauptung

$$E(g(X)) = \sum_i g(x_i)\, P(X = x_i). \qquad \blacksquare$$

Bemerkung: Ist der Wertevorrat W endlich, so auch g(W). Dann existiert der Erwartungswert $E(g(X))$ als endliche Summe. Falls W abzählbar unendlich ist, existiert $E(g(X))$ genau dann, wenn die Bedingung $\sum_{i=1}^{\infty} |g(x_i)|\, P(X = x_i) < \infty$ erfüllt ist.

Zur Nachprüfung, ob der Erwartungswert von g(X) existiert, und im Falle der Existenz zur Berechnung von $E(g(X))$ muß wegen (2.21) die Verteilung der Zufallsvariablen g(X) nicht bestimmt werden; darin liegt die Bedeutung des Satzes 2.4.

2.2.4. Varianz und Streuung einer diskreten Zufallsvariablen

Mit den in Beispiel 2.8 beschriebenen Strategien spielen die drei Roulette-Spieler mit verschiedenen Risiken, wobei Spieler I das größte und Spieler III das kleinste

Risiko auf sich nimmt. Daraus resultieren die verschiedenen Verteilungen der Gewinn-Variablen X_1, X_2, X_3. Die Werte der einzelnen Zufallsvariablen sind auf der x-Achse verschieden „gestreut". Trotzdem besitzen die beiden Zufallsvariablen X_1 und X_2 denselben Erwartungswert $\mu = -\frac{1}{37}$. Der Erwartungswert μ einer diskreten Zufallsvariablen liefert somit keine Information über die Größe der Abweichungen der Werte x_i von μ. Aus dem Erwartungswert der Zufallsvariablen $X - \mu$ mit der Verteilung $(x_i - \mu, P(X = x_i))$, $i = 1, 2, \ldots$ erhalten wir wegen

$$E(X - \mu) = E(X) - \mu = \mu - \mu = 0$$

ebenfalls keine Information darüber, da sich die positiven und negativen Differenzen $x_i - \mu$ bei der Erwartungswertbildung ausgleichen. Daher wäre es naheliegend, die Absolutbeträge $|x_i - \mu|$ zu betrachten, also die Zufallsvariable $|X - \mu|$, und deren Erwartungswert $E(|X - \mu|) = \sum_i |x_i - \mu| P(X = x_i)$ als Maß für die Streuung einer Zufallsvariablen X einzuführen. Da sich jedoch Ausdrücke mit Absolutbeträgen mathematisch nur sehr schwer behandeln lassen, ist es vom mathematischen Standpunkt aus günstiger, an Stelle der Absolutbeträge die Abweichungsquadrate $(x_i - \mu)^2$ und als Maß für die Streuung den Zahlenwert $+\sqrt{E([X - \mu]^2)}$ zu wählen. Wir geben daher die

Definition 2.4: Ist μ der Erwartungswert einer diskreten Zufallsvariablen X, so heißt im Falle der Existenz der Zahlenwert

$$\sigma^2 = D^2(X) = E([X - \mu]^2) = \sum_i (x_i - \mu)^2 P(X = x_i)$$

die *Varianz* und die positive Quadratwurzel $\sigma = D(X) = +\sqrt{D^2(X)}$ die *Standardabweichung* oder *Streuung* von X.

Bei vielen Zufallsvariablen sind die Werte x_i ganzzahlig. Falls dann μ nicht auch ganzzahlig ist, läßt sich die Varianz nach der im folgenden Satz angegebenen Formel einfacher berechnen.

Satz 2.5
Für die Varianz σ^2 einer diskreten Zufallsvariablen gilt die Beziehung

$$\sigma^2 = \sum_i x_i^2 P(X = x_i) - \mu^2 = E(X^2) - \mu^2. \tag{2.23}$$

Beweis:

$$\sigma^2 = E([X - \mu]^2) = \sum_i (x_i - \mu)^2 P(X = x_i) =$$

$$= \sum_i (x_i^2 - 2\mu x_i + \mu^2) P(X = x_i) =$$

$$= \sum_i x_i^2 P(X = x_i) - 2\mu \sum_i x_i P(X = x_i) + \mu^2 \sum_i P(X = x_i) =$$

$$= \sum_i x_i^2 P(X = x_i) - 2\mu \cdot \mu + \mu^2 \cdot 1 = \sum_i x_i^2 P(X = x_i) - \mu^2 =$$

$$= E(X^2) - \mu^2. \qquad \blacksquare$$

Beispiel 2.12 (vgl. Beispiel 2.8). Für die in Beispiel 2.8 erklärten Reingewinn-Variablen X_1, X_2, X_3 erhalten wir nach Satz 2.5 die Varianzen und Streuungen (auf drei Stellen gerundet)

$$\sigma_1^2 = D^2(X_1) = 35^2 \cdot \frac{1}{37} + 1 \cdot \frac{36}{37} - \left(\frac{1}{37}\right)^2 = 34{,}080; \quad \sigma_1 = 5{,}838;$$

$$\sigma_2^2 = D^2(X_2) = 4 \cdot \frac{12}{37} + 1 \cdot \frac{25}{37} - \left(\frac{1}{37}\right)^2 = 1{,}972; \quad \sigma_2 = 1{,}404;$$

$$\sigma_3^2 = D^2(X_3) = 1 \cdot \frac{18}{37} + \frac{1}{4} \cdot \frac{1}{37} + 1 \cdot \frac{18}{37} - \left(\frac{1}{74}\right)^2 = 0{,}980; \quad \sigma_3 = 0{,}990. \qquad \blacklozenge$$

Für eine lineare Transformation $aX + b$ gilt der

Satz 2.6
Ist X eine diskrete Zufallsvariable mit der Varianz $D^2(X)$, so gilt für beliebige reelle Zahlen a, b

$$D^2(aX + b) = a^2 D^2(X). \tag{2.24}$$

Beweis: Aus $E(aX + b) = aE(X) + b = a\mu + b$ folgt

$$D^2(aX + b) = E([aX + b - E(aX + b)]^2) = E([aX + b - aE(X) - b]^2) =$$
$$= E([aX - aE(X)]^2) = E(a^2 \cdot [X - \mu]^2) = a^2 E([X - \mu]^2) = a^2 D^2(X).$$

Bemerkungen: ∎

1. Für $a = 1$ erhalten wir

$$D^2(X + b) = D^2(X). \tag{2.25}$$

Diese Eigenschaft ist unmittelbar einleuchtend, da die Werte und der Erwartungswert der Zufallsvariablen $X + b$ aus denen von X durch eine Parallelverschiebung um b hervorgehen. Daher streuen die Werte der Zufallsvariablen $X + b$ um den Erwartungswert $E(X) + b$ genauso wie die Werte von X um $E(X)$.

2. Für $b = 0$ ergibt sich

$$D^2(aX) = a^2 D^2(X) \tag{2.26}$$

und hieraus für die Standardabweichung

$$D(aX) = |a| D(X) = |a| \sigma. \tag{2.27}$$

Multiplikation der Zufallsvariablen X mit einer Zahl a bewirkt also die Multiplikation der Varianz $D^2(X)$ mit a^2 und die Multiplikation der Streuung $D(X)$ mit $|a|$.

Definition 2.5: Ist X eine diskrete Zufallsvariable mit dem Erwartungswert μ und der Standardabweichung $\sigma > 0$, so heißt die daraus abgeleitete Zufallsvariable

$$X^* = \frac{X - \mu}{\sigma}$$

die Standardisierte von X. Die lineare Transformation $\frac{X - \mu}{\sigma}$ heißt *Standardisierung*.

Bemerkung: Für eine standardisierte Zufallsvariable X* gilt

$$E(X^*) = \frac{1}{\sigma} E(X - \mu) = \frac{1}{\sigma} (E(X) - \mu) = \frac{1}{\sigma} (\mu - \mu) = 0;$$

$$D^2(X^*) = D^2\left(\frac{1}{\sigma}[X - \mu]\right) = \frac{1}{\sigma^2} D^2(X - \mu) = \frac{1}{\sigma^2} \cdot \sigma^2 = 1.$$

X* besitzt also den Erwartungswert 0 und die Varianz (und damit die Streuung) 1.

2.2.5. Paare diskreter Zufallsvariabler

Beispiel 2.13 (vgl. Beispiel 2.8). Beim Roulette-Spiel setze Spieler IV jeweils eine Einheit auf die Kolonne $\{1, 2, ..., 12\}$ und eine auf „Impair", also auf die ungeraden Zahlen. Seine Gewinne werden durch die beiden Zufallsvariablen $X(= X_2)$ und $Y(= X_3)$ beschrieben, also durch das sogenannte *Zufallsvariablenpaar* (X, Y). Wenn die Ereignisse $K = \{1, 2, ..., 12\}$ und $U = \{1, 3, ..., 35\}$ zugleich, d.h., wenn $K \cap U = \{1, 3, 5, 7, 9, 11\}$ eintritt, nimmt X den Wert 2 und Y den Wert 1 an. Wir schreiben dafür (X = 2, Y = 1). Dabei gilt $P(X = 2, Y = 1) = P(K \cap U) = \frac{6}{37}$.

Entsprechend erhalten wir

$$P(X = 2, \quad Y = -\tfrac{1}{2}) \quad = P(K \cap \{0\}) = P(\emptyset) = 0,$$

$$P(X = 2, \quad Y = -1) \quad = P(K\,\overline{U}) = P(\{2, 4, ..., 12\}) = \tfrac{6}{37},$$

$$P(X = -1, \quad Y = 1) \quad = P(\overline{K}\,U) = P(\{13, 15, ..., 35\}) = \tfrac{12}{37},$$

$$P(X = -1, \quad Y = -\tfrac{1}{2}) = P(\overline{K} \cap \{0\}) = P(\{0\}) = \tfrac{1}{37},$$

$$P(X = -1, \quad Y = -1) = P(\overline{K}\,\overline{U}\,\{\overline{0}\}) = P(\{14, 16, ..., 36\}) = \tfrac{12}{37}.$$

Diese sechs Wahrscheinlichkeiten stellen wir in folgendem Schema übersichtlich dar, wobei die Werte von X in der ersten Spalte und die von Y in der ersten Zeile stehen.

X \ Y	Y = 1	Y = -½	Y = -1	
X = 2	$\frac{6}{37}$	0	$\frac{6}{37}$	$P(X = 2) = \frac{12}{37}$
X = -1	$\frac{12}{37}$	$\frac{1}{37}$	$\frac{12}{37}$	$P(X = -1) = \frac{25}{37}$
	$P(Y = 1) = \frac{18}{37}$	$P(Y = -\frac{1}{2}) = \frac{1}{37}$	$P(Y = -1) = \frac{18}{37}$	

Die Zeilensummen liefern die Wahrscheinlichkeiten, mit denen die Zufallsvariable X ihre Werte annimmt. Durch Bildung der Spaltensummen erhält man die Wahrscheinlichkeiten für Y.

Diese Wahrscheinlichkeiten stellen wir in Analogie zu denen einer einzelnen Zufallsvariablen in einem räumlichen Stabdiagramm dar. Dazu tragen wir die sechs Zahlenpaare (2; 1); (2; -½); (2; -1); (-1; 1); (-1; -½); (-1; -1) in die x-y-Ebene als Punkte ein. In jedem dieser Punkte stellen wir senkrecht auf die x-y-Ebene einen

Stab, dessen Länge die Wahrscheinlichkeit des entsprechenden Punktes ist. Der Stab über dem Punkt mit der x-Koordinate 2 und der y-Koordinate 1 besitzt z.B. die Länge $P(X = 2, Y = 1) = \frac{6}{37}$ (s. Bild 2.4).

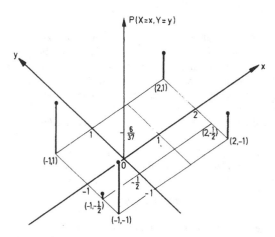

Bild 2.4 Wahrscheinlichkeiten einer zweidimensionalen diskreten Verteilung

Wir betrachten nun zwei beliebige diskrete Zufallsvariable X und Y, die beide durch das gleiche Zufallsexperiment bestimmt sind und die Verteilungen $(x_i, P(X = x_i))$, $i = 1, 2, \ldots$ bzw. $(y_j, P(Y = y_j))$, $j = 1, 2, \ldots$ besitzen. Dabei haben wir in Abschnitt 2.2.1 folgende Bezeichnungen eingeführt

$$
\begin{aligned}
(X = x_i) &= A_i = \{\omega \in \Omega / X(\omega) = x_i\}, \quad i = 1, 2, \ldots \\
(Y = y_j) &= B_j = \{\omega \in \Omega / Y(\omega) = y_j\}, \quad j = 1, 2, \ldots .
\end{aligned}
\tag{2.28}
$$

Daher nimmt X den Wert x_i und zugleich Y den Wert y_j genau dann an, wenn der Durchschnitt $A_i B_j$ eintritt. Wir schreiben dafür

$$
(X = x_i, Y = y_j) = A_i B_j; \quad \begin{aligned} i &= 1, 2, \ldots \\ j &= 1, 2, \ldots \end{aligned}
\tag{2.29}
$$

Hieraus folgt

$$
P(X = x_i, Y = y_j) = P(A_i B_j); \quad \begin{aligned} i &= 1, 2, \ldots \\ j &= 1, 2, \ldots \end{aligned}
\tag{2.30}
$$

Wegen $\Omega = \sum_i \sum_j A_i B_j$ gilt

$$
\boxed{\sum_i \sum_j P(X = x_i, Y = y_j) = 1.}
\tag{2.31}
$$

Aus $A_i = \sum\limits_j A_i B_j$ bzw. $B_j = \sum\limits_i A_i B_j$ erhalten wir

$$P(X = x_i) = P(A_i) = \sum_j P(A_i B_j) = \sum_j P(X = x_i, Y = y_j) \quad \text{für } i = 1, 2, \dots$$
$$P(Y = y_j) = P(B_j) = \sum_i P(A_i B_j) = \sum_i P(X = x_i, Y = y_j) \quad \text{für } j = 1, 2, \dots$$
(2.32)

Die Wahrscheinlichkeiten der Zufallsvariablen X bzw. Y lassen sich also direkt aus den gemeinsamen Wahrscheinlichkeiten $P(X = x_i, Y = y_j)$ durch Summenbildung berechnen. Trägt man die Wahrscheinlichkeiten $P(X = x_i, Y = y_j)$, wie in Beispiel 2.13 durchgeführt, in ein zweidimensionales Schema ein, so lassen sich die Werte und die Wahrscheinlichkeiten der Zufallsvariablen X und Y auf dem Rand dieses Schemas (durch Summenbildung) darstellen. Daher nennt man die Verteilungen $(x_i, P(X = x_i))$, $i = 1, 2, \dots$ und $(y_j, P(Y = y_j))$, $j = 1, 2, \dots$ auch *Randverteilungen*.

Definition 2.6: Die Gesamtheit $(x_i, y_j, P(X = x_i, Y = y_j))$, $i = 1, 2, \dots, j = 1, 2, \dots$ heißt *gemeinsame Verteilung* der beiden diskreten Zufallsvariablen X und Y. Die eindimensionalen Verteilungen $(x_i, \sum\limits_j P(X = x_i, Y = y_j))$, $i = 1, 2, \dots$ bzw.

$(y_j, \sum\limits_i P(X = x_i, Y = y_j))$, $j = 1, 2, \dots$ heißen *Randverteilungen*.

Sind für alle i, j jeweils die Ereignisse A_i und B_j (stoch.) unabhängig, so ist es sinnvoll, die beiden diskreten Zufallsvariablen (stoch.) unabhängig zu nennen. Mit Satz 1.16 erhalten wir daher folgende

Definition 2.7: Zwei diskrete Zufallsvariable heißen *(stochastisch) unabhängig*, falls für alle Wertepaare (x_i, y_j) die Gleichung

$$P(X = x_i, Y = y_j) = P(X = x_i) \cdot P(Y = y_j)$$
(2.33)

gilt.

Bei (stoch.) unabhängigen Zufallsvariablen ist die gemeinsame Verteilung wegen (2.33) durch die Verteilungen der einzelnen Zufallsvariablen bereits bestimmt. Die beiden in Beispiel 2.13 behandelten Zufallsvariablen X und Y sind nicht (stoch.) unabhängig. Man nennt sie daher (stoch.) *abhängig*. Aus den beiden Einzelverteilungen läßt sich im allgemeinen die gemeinsame Verteilung nicht durch Produktbildung bestimmen. Man muß dazu, wie in Beispiel 2.13 die Wahrscheinlichkeiten $P(A_i B_j)$ berechnen.

2.2.6. Summen und Produkte diskreter Zufallsvariabler

Beispiel 2.14 (vgl. Beispiel 2.13). Spieler IV aus Beispiel 2.13 wird sich nach einem Einzelspiel für die Gewinnsumme interessieren, die ihm seine beiden Einsätze eingebracht haben. Die Zufallsvariable, welche die Gewinnsumme beschreibt, bezeichnen wir mit X + Y. Die gemeinsame Verteilung der beiden Zufallsvariablen X und Y bestimmt die Verteilung der Summenvariablen.

Aus der in Beispiel 2.13 angegebenen Tabelle erhalten wir die Zuordnung:

$$(X = 2, \quad Y = 1) \quad \rightarrow \quad X + Y = 3,$$
$$(X = 2, \quad Y = -\tfrac{1}{2}) \quad \rightarrow \quad X + Y = \tfrac{3}{2},$$
$$(X = 2, \quad Y = -1) \quad \rightarrow \quad X + Y = 1,$$
$$(X = -1, \quad Y = 1) \quad \rightarrow \quad X + Y = 0,$$
$$(X = -1, \quad Y = -\tfrac{1}{2}) \quad \rightarrow \quad X + Y = -\tfrac{3}{2},$$
$$(X = -1, \quad Y = -1) \quad \rightarrow \quad X + Y = -2.$$

Damit lautet die Verteilung der diskreten Zufallsvariablen $X + Y$:

Werte von $X + Y$	3	$\frac{3}{2}$	1	0	$-\frac{3}{2}$	-2
Wahrscheinlichkeiten	$\frac{6}{37}$	0	$\frac{6}{37}$	$\frac{12}{37}$	$\frac{1}{37}$	$\frac{12}{37}$

Für den Erwartungswert der Summenvariablen $X + Y$ erhalten wir

$$E(X + Y) = 3 \cdot \frac{6}{37} + 1 \cdot \frac{6}{37} - \frac{3}{2} \cdot \frac{1}{37} - 2 \cdot \frac{12}{37} = \frac{36 + 12 - 3 - 48}{74} =$$

$$= -\frac{3}{74} = E(X) + E(Y).$$

Der Erwartungswert der Summe $X + Y$ ist also hier gleich der Summe der einzelnen Erwartungswerte. ◆

Diese Eigenschaft wollen wir nun allgemein für die Summe zweier diskreter Zufallsvariabler zeigen.

Sind X und Y zwei diskrete Zufallsvariablen mit der gemeinsamen Verteilung $(x_i, y_j, P(X = x_i, Y = y_j))$, $\substack{i=1,2,\cdots \\ j=1,2,\cdots}$, so besteht der Wertevorrat der Summenvariablen $X + Y$ aus allen möglichen Summen $x_i + y_j$. Dabei können manche Summen gleich sein. $W(X + Y)$ besteht somit aus allen Zahlen z_k, zu denen es mindestens ein Wertepaar (x_i, y_j) gibt mit $x_i + y_j = z_k$. Wir setzen $W(X + Y) = \{z_1, z_2, z_3, \dots\}$. Dabei erhalten wir für die entsprechenden Wahrscheinlichkeiten die Gleichung

$$P(X + Y = z_k) = \sum_{x_i + y_j = z_k} P(X = x_i, Y = y_j), \qquad (2.34)$$

wobei in (2.34) über alle Paare (x_i, y_j) mit $x_i + y_j = z_k$ summiert werden muß. Für die Summe $X + Y$ zeigen wir den

Satz 2.7
Sind X und Y zwei diskrete Zufallsvariablen mit den Erwartungswerten $E(X)$ und $E(Y)$, so gilt

$$E(X + Y) = E(X) + E(Y). \qquad (2.35)$$

Beweis: Ist $\{z_1, z_2, \ldots\}$ der Wertevorrat von $X + Y$, so erhalten wir aus (2.34) und (2.32) die Gleichungen

$$E(X + Y) = \sum_k z_k P(X + Y = z_k) = \sum_k z_k \sum_{x_i + y_j = z_k} P(X = x_i, Y = y_j) =$$

$$= \sum_k \sum_{x_i + y_j = z_k} z_k P(X = x_i, Y = y_j) =$$

$$= \sum_k \sum_{x_i + y_j = z_k} (x_i + y_j) P(X = x_i, Y = y_j) =$$

$$= \sum_i \sum_j (x_i + y_j) P(X = x_i, Y = y_j) =$$

$$= \sum_i \sum_j x_i P(X = x_i, Y = y_j) + \sum_i \sum_j y_j P(X = x_i, Y = y_j) =$$

$$= \sum_i x_i \sum_j P(X = x_i, Y = y_j) + \sum_j y_j \sum_i P(X = x_i, Y = y_j) =$$

$$= \sum_i x_i P(X = x_i) + \sum_j y_j P(Y = y_j) = E(X) + E(Y). \qquad \blacksquare$$

Mit dem Prinzip der vollständigen Induktion läßt sich (2.35) unmittelbar auf die Summe von n diskreten Zufallsvariablen mit existierenden Erwartungswerten übertragen. Es gilt also

$$E\left(\sum_{i=1}^{n} X_i \right) = \sum_{i=1}^{n} E(X_i). \tag{2.36}$$

Betrachtet man anstelle der Zufallsvariablen X_i die Zufallsvariablen $a_i X_i$, $a_i \in \mathbb{R}$, $i = 1, \ldots, n$, so folgt aus (2.36) und Satz 2.2 unmittelbar die Gleichung

$$E\left(\sum_{i=1}^{n} a_i X_i \right) = \sum_{i=1}^{n} a_i E(X_i), \, a_i \in \mathbb{R}. \tag{2.37}$$

Für die Produktvariable $X \cdot Y$ muß die entsprechende Gleichung $E(X \cdot Y) = E(X) \cdot E(Y)$ nicht unbedingt gelten, wie folgendes Beispiel zeigt.

Beispiel 2.15 (vgl. Beispiel 2.13). Aus der gemeinsamen Verteilung der in Beispiel 2.13 behandelten Zufallsvariablen X, Y erhalten wir durch Produktbildung folgende Zuordnung:

$$
\begin{aligned}
(X = 2, Y = 1) &\rightarrow X \cdot Y = 2, \\
(X = 2, Y = -\tfrac{1}{2}) &\rightarrow X \cdot Y = -1, \\
(X = 2, Y = -1) &\rightarrow X \cdot Y = -2, \\
(X = -1, \ Y = 1) &\rightarrow X \cdot Y = -1, \\
(X = -1, \ Y = -\tfrac{1}{2}) &\rightarrow X \cdot Y = \tfrac{1}{2}, \\
(X = -1, \ Y = -1) &\rightarrow X \cdot Y = 1.
\end{aligned}
$$

identisch

Die Produktvariable $X \cdot Y$ besitzt somit die Verteilung

Werte von $X \cdot Y$	-2	-1	$\tfrac{1}{2}$	1	2
Wahrscheinlichkeiten	$\tfrac{6}{37}$	$\tfrac{12}{37}$	$\tfrac{1}{37}$	$\tfrac{12}{37}$	$\tfrac{6}{37}$

Daraus folgt

$$
E(X \cdot Y) = -\frac{12}{37} - \frac{12}{37} + \frac{1}{74} + \frac{12}{37} + \frac{12}{37} = \frac{1}{74},
$$

während $E(X) \cdot E(Y) = \dfrac{1}{37 \cdot 74}$ ist. ♦

Es gilt jedoch der

Satz 2.8
Sind X und Y zwei (stoch.) unabhängige diskrete Zufallsvariable, deren Erwartungswerte existieren, so gilt

$$
E(X \cdot Y) = E(X) \cdot E(Y). \tag{2.38}
$$

Beweis: Wir bezeichnen den Wertevorrat der Produktvariablen $X \cdot Y$ mit $\{z_1, z_2, \ldots\}$. Dann gilt wegen der vorausgesetzten Unabhängigkeit

$$
E(X \cdot Y) = \sum_k z_k\, P(X \cdot Y = z_k) = \sum_k z_k \sum_{x_i \cdot y_j = z_k} P(X = x_i, Y = y_j) =
$$

$$
= \sum_k \sum_{x_i \cdot y_j = z_k} x_i y_j\, P(X = x_i) \cdot P(Y = y_j) =
$$

$$
= \sum_i \sum_j x_i y_j\, P(X = x_i)\, P(Y = y_j) = \sum_i x_i\, P(X = x_i) \cdot \sum_j y_j\, P(Y = y_j) =
$$

$$
= E(X) \cdot E(Y). \qquad \blacksquare
$$

Den Begriff der (stochastischen) Unabhängigkeit übertragen wir auf mehrere diskrete Zufallsvariable in der folgenden

Definition 2.8: Die diskreten Zufallsvariablen $X_1, X_2, \ldots, X_n$ heißen *(stoch.) unabhängig*, wenn für alle Wertekombinationen $x_{i_1} \in W(X_1), \ldots, x_{i_n} \in W(X_n)$ gilt

$$P(X_1 = x_{i_1}, \ldots, X_n = x_{i_n}) = P(X_1 = x_{i_1}) \cdot \ldots \cdot P(X_n = x_{i_n}). \qquad (2.39)$$

Durch vollständige Induktion folgt aus Satz 2.8 der

Satz 2.9

Sind $X_1, X_2, \ldots, X_n$ (stoch.) unabhängige diskrete Zufallsvariablen, deren Erwartungswerte existieren, so gilt

$$E(X_1 \cdot X_2 \cdot \ldots \cdot X_n) = E(X_1) \cdot E(X_2) \cdot \ldots \cdot E(X_n). \qquad (2.40)$$

Beispiel 2.16. Eine Person, die von der Wahrscheinlichkeitsrechnung nicht allzuviel versteht, bietet gegen jeweils 50 Pfg. Einsatz folgende Spiele an:

Spiel 1: Würfeln mit drei idealen Würfeln. Das Augenprodukt wird in Pfennigen ausgezahlt.

Spiel 2: Würfeln mit drei idealen Würfeln. Die fünffache Augensumme wird in Pfennigen ausgezahlt.

Welches der Spiele kann man spielen?

Wir numerieren die Würfel durch und bezeichnen mit X_1, X_2, X_3 die Zufallsvariablen der jeweils geworfenen Augenzahlen. Dabei gibt es insgesamt $6^3 = 216$ verschiedene Versuchsergebnisse. Handelt es sich um ein Bernoulli-Experiment, so gilt für jedes mögliche Zahlentripel (i, j, k) die Identität

$$P(X_1 = i, X_2 = j, X_3 = k) = \frac{1}{216} = P(X_1 = i) \cdot P(X_2 = j) \cdot P(X_3 = k), \quad 1 \leq i, j, k \leq 6.$$

Die Zufallsvariablen X_1, X_2, X_3 sind also (stoch.) unabhängig. Damit gilt nach Satz 2.9 für die Gewinnerwartung in Spiel 1

$$E(X_1 \cdot X_2 \cdot X_3) = E(X_1) \cdot E(X_2) \cdot E(X_3) = 3{,}5^3 = 42{,}875.$$

Die Gewinnerwartung aus Spiel 2 lautet

$$E(5(X_1 + X_2 + X_3)) = 5E(X_1 + X_2 + X_3) = 5(E(X_1) + E(X_2) + E(X_3)) =$$
$$= 5 \cdot 3 \cdot 3{,}5 = 52{,}5.$$

Die Gewinnerwartung liegt bei Spiel 1 unter, bei Spiel 2 über dem Einsatz. Daher kann man das zweite Spiel mitmachen, das erste dagegen nicht.   ♦

Zur Berechnung von $D^2(X + Y)$ bilden wir zunächst folgende Umformung

$$[X + Y - E(X + Y)]^2 = [X + Y - E(X) - E(Y)]^2 = [(X - E(X)) + (Y - E(Y))]^2 =$$
$$= [X - E(X)]^2 + [Y - E(Y)]^2 + 2[X - E(X)][Y - E(Y)] = \qquad (2.41)$$
$$= [X - E(X)]^2 + [Y - E(Y)]^2 + 2 \cdot [X \cdot Y - E(X) \cdot Y - E(Y) \cdot X + E(X)E(Y)].$$

Durch Erwartungswertbildung erhalten wir hieraus

$$D^2(X + Y) = D^2(X) + D^2(Y) + 2[E(X \cdot Y) - E(X) \cdot E(Y) - E(Y) \cdot E(X) + E(X)E(Y)] =$$
$$= D^2(X) + D^2(Y) + 2[E(X \cdot Y) - E(X) \cdot E(Y)]. \qquad (2.42)$$

Damit gilt der

> **Satz 2.10**
> Sind X und Y zwei diskrete Zufallsvariable, deren Varianzen existieren, so gilt
>
> $$D^2(X+Y) = D^2(X) + D^2(Y) + 2[E(X \cdot Y) - E(X) \cdot E(Y)]. \qquad (2.43)$$
>
> Aus der (stoch.) Unabhängigkeit von X und Y folgt
>
> $$D^2(X+Y) = D^2(X) + D^2(Y). \qquad (2.44)$$

Beweis: Die Gleichung (2.43) wurde bereits in (2.42) gezeigt. Die Gleichung (2.44) folgt mit Satz 2.8 aus (2.43).   ∎

Durch vollständige Induktion folgt aus (2.44) unmittelbar der

> **Satz 2.11**
> Sind die Zufallsvariablen $X_1, X_2, \ldots, X_n$ paarweise (stoch.) unabhängig, d. h.
> sind alle Paare X_i, X_j für $i \neq j$ (stoch.) unabhängig, und existieren die
> Varianzen $D^2(X_i)$ für $i = 1, 2, \ldots, n$, so gilt
>
> $$D^2 \left(\sum_{i=1}^{n} X_i \right) = \sum_{i=1}^{n} D^2(X_i). \qquad (2.45)$$

Beispiel 2.17 (vgl. die Beispiele 2.12 und 2.15). Für die Varianz der Reingewinn-Variablen X + Y für Spieler IV erhalten wir aus den Beispielen 2.12 und 2.15 sowie aus (2.43)

$$D^2(X+Y) = 1{,}972 + 0{,}980 + 2 \left[\frac{1}{74} - \frac{1}{37 \cdot 74} \right] = 2{,}978. \qquad \blacklozenge$$

Den Ausdruck $E(X \cdot Y) - E(X) \cdot E(Y) = E[(X - E(X))(Y - E(Y))]$ nennt man *Kovarianz* der Zufallsvariablen X und Y. Wir bezeichnen ihn mit *Kov(X, Y)*. Nach (2.43) ist die Varianz D^2 genau dann additiv, wenn die Kovarianz verschwindet. Sind die Zufallsvariablen X und Y (stoch.) unabhängig, so verschwindet die Kovarianz. Die Umkehrung braucht nicht zu gelten. Es gibt Zufallsvariable X, Y mit $\text{Kov}(X, Y) = 0$, die nicht (stoch.) unabhängig sind.

Zum Abschluß dieses Abschnitts zeigen wir, daß mit $\sigma = D(X)$ auch der Erwartungswert $E(|X - \mu|)$ der Zufallsvariablen $|X - \mu|$, die den Abstand der Werte von X vom Erwartungswert μ darstellt, klein ist.

> **Satz 2.12**
> Für jede diskrete Zufallsvariable X mit der Standardabweichung D(X) gilt die Ungleichung
>
> $$E(|X - \mu|) \leq D(X). \qquad (2.46)$$

Beweis:

Für die Zufallsvariable $Y = |X - \mu|$ gilt offensichtlich $Y^2 = (|X - \mu|)^2 = (X - \mu)^2$.

Da für jeden beliebigen Zahlenwert λ die Werte der Zufallsvariablen

$$(Y - \lambda)^2 = Y^2 - 2\lambda Y + \lambda^2$$

nicht negativ sind, erhalten wir hieraus

$$0 \leq E((Y - \lambda)^2) = E(Y^2) - 2\lambda E(Y) + \lambda^2.$$

Für $\lambda = E(Y)$ geht diese Ungleichung über in

$$0 \leq E(Y^2) - 2(E(Y))^2 + (E(Y))^2 = E(Y^2) - [E(Y)]^2,$$

woraus

$$(E(Y))^2 \leq E(Y^2) \quad \text{bzw.} \quad E(Y) \leq \sqrt{E(Y^2)}$$

folgt. Mit $Y = |X - \mu|$ folgt hieraus schließlich die Behauptung

$$E(|X - \mu|) \leq \sqrt{E([X - \mu]^2)} = D(X). \qquad \blacksquare$$

2.2.7. Erzeugende Funktionen

In diesem Abschnitt betrachten wir nur diskrete Zufallsvariable X, deren Wertevorrat W aus nichtnegativen ganzen Zahlen besteht. Gehört eine ganze Zahl $i \geq 0$ nicht zum Wertevorrat W, so können wir sie mit $P(X = i) = 0$ hinzunehmen. Damit ist W darstellbar durch $W = \{0, 1, 2, 3, \ldots\}$. X besitze also die Verteilung $(i, P(X = i))$, $i = 0, 1, 2, \ldots$. Durch

$$G_X(x) = \sum_{i=0}^{\infty} x^i P(X = i), \quad x \in \mathbb{R} \tag{2.47}$$

wird die sogenannte *erzeugende Funktion* G_X der Zufallsvariablen X erklärt. Dabei ist $x^0 = 1$ zu setzen. Für $|x| \leq 1$ gilt

$$|G_X(x)| \leq \sum_{i=0}^{\infty} P(X = i) = 1.$$

Die erzeugende Funktion G_X ist somit für alle $|x| \leq 1$ erklärt. Dabei gilt

$$G_X(0) = P(X = 0).$$

Aus (2.47) erhalten wir durch Differentiation nach x

$$G_X'(x) = \sum_{i=1}^{\infty} i x^{i-1} P(X = i),$$

woraus sich für $x = 0$

$$G_X'(0) = P(X = 1).$$

ergibt.

Nochmalige Differentiation liefert

$$G_X''(x) = \sum_{i=2}^{\infty} i \cdot (i-1) x^{i-2} P(X=i) \quad \text{und}$$

$$G_X''(0) = 2! \, P(X=2).$$

Allgemein erhält man durch k-fache Differentiation die Identitäten

$$G_X^{(k)}(x) = \sum_{i=k}^{\infty} i(i-1)(i-2)...(i-k+1) x^{i-k} P(X=i). \tag{2.48}$$

Für x = 0 folgt hieraus unmittelbar

$$\boxed{P(X=k) = \frac{G_X^{(k)}(0)}{k!} \quad \text{für} \quad k = 0, 1, 2, ...} \tag{2.49}$$

Sämtliche Wahrscheinlichkeiten lassen sich also durch Differenzieren aus der erzeugenden Funktion zurückgewinnen.

Mit $G_X^{(k)}(1)$ bezeichnen wir die k-te linksseitige Ableitung an der Stelle x = 1, falls diese existiert. Dann folgt aus (2.48)

$$G_X'(1) = \sum_{i=1}^{\infty} i \, P(X=i) = E(X).$$

$$G_X''(1) = \sum_{i=2}^{\infty} i(i-1) P(X=i) = \sum_{i=2}^{\infty} i^2 P(X=i) - \sum_{i=2}^{\infty} i \, P(X=i) =$$

$$= \sum_{i=1}^{\infty} i^2 P(X=i) - \sum_{i=1}^{\infty} i \, P(X=i) = E(X^2) - E(X).$$

Damit gilt

$$E(X^2) = G_X''(1) + E(X) = G_X''(1) + G_X'(1).$$

Insgesamt ergibt sich

$$\boxed{\begin{aligned} \mu &= E(X) = G_X'(1), \\ \sigma^2 &= D^2(X) = E(X^2) - \mu^2 = G_X''(1) + G_X'(1) - (G_X'(1))^2. \end{aligned}} \tag{2.50}$$

Diese Gleichungen sind zur Berechnung von μ und σ besonders dann geeignet, wenn die erzeugende Funktion einfach berechenbar ist. Bildet man die Ableitungen bis zur k-ten Ordnung, so erhält man entsprechende Formeln für die Erwartungswerte $E(X^l)$, $l = 1, 2, ..., k$.

2.3. Spezielle diskrete Verteilungen

2.3.1. Die geometrische Verteilung

Die Zufallsvariable X beschreibe die bis zum erstmaligen Eintreten des Ereignisses A mit $p = P(A) > 0$ notwendigen Versuche in einem Bernoulli-Experiment. Nach Abschnitt 1.7.3 besitzt die Zufallsvariable X die Verteilung $(k, p \cdot (1-p)^{k-1})$, $k = 1, 2, \ldots$ Die Zufallsvariable X heißt *geometrisch verteilt* mit dem Parameter p. Wegen $P(X = k+1) = p(1-p)^k = (1-p) p(1-p)^{k-1} = (1-p) P(X = k)$ gilt die für die praktische Berechnung nützliche Rekursionsformel

$$\boxed{P(X = k+1) = (1-p) P(X = k), \ k = 1, 2, \ldots \text{ mit } P(X = 1) = p.} \quad (2.51)$$

Da sämtliche Werte von X nichtnegative ganze Zahlen sind, können wir die erzeugende Funktion G bestimmen. Wegen $P(X = 0) = 0$ erhalten wir mit $q = 1 - p$

$$G(x) = \sum_{k=1}^{\infty} x^k p\, q^{k-1} = px \sum_{k=1}^{\infty} (xq)^{k-1} = px \sum_{l=0}^{\infty} (qx)^l = \frac{px}{1 - qx}.$$

Differentiation liefert

$$G'(x) = \frac{p(1 - qx) + qpx}{(1 - qx)^2} = \frac{p}{(1 - qx)^2}; \quad G''(x) = \frac{2pq}{(1 - qx)^3}.$$

Wegen $1 - q = p$ folgt hieraus für $x = 1$

$$G'(1) = \frac{1}{p}; \quad G''(1) = \frac{2q}{p^2}.$$

Wegen (2.50) gilt daher

$$\mu = E(X) = \frac{1}{p}; \quad D^2(X) = \frac{2q}{p^2} + \frac{1}{p} - \frac{1}{p^2} = \frac{q + \overset{=1}{\overbrace{q + p}} - 1}{p^2} = \frac{q}{p^2};$$

Für eine geometrisch verteilte Zufallsvariable gilt somit

$$\boxed{\mu = E(X) = \frac{1}{p}; \quad \sigma^2 = D^2(X) = \frac{q}{p^2}.} \quad (2.52)$$

Beispiel 2.18. Beim Spiel „Mensch ärgere Dich nicht" mit einem idealen Würfel ist die Zufallsvariable X, welche die Anzahl der bis zum Werfen der ersten „6" notwendigen Versuche beschreibt, geometrisch verteilt mit dem Parameter $p = \frac{1}{6}$. Die Verteilung von X lautet $(k, \frac{1}{6} (\frac{5}{6})^{k-1})$, $k = 1, 2, \ldots$. Für $k = 1, 2, \ldots, 12$ haben wir die Werte nach (2.51) auf drei Stellen genau berechnet

k	1	2	3	4	5	6	7	8	9	10	11	12
P(X = k)	0,167	0,139	0,116	0,096	0,080	0,067	0,056	0,047	0,039	0,032	0,027	0,022

und in Bild 2.5 graphisch dargestellt.

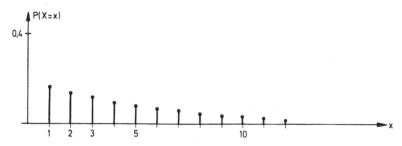

Bild 2.5. Wahrscheinlichkeiten einer geometrischen Verteilung

Wegen $\mu = \frac{1}{p} = 6$ muß ein Spieler im Mittel sechsmal werfen, um starten zu können. Aus $\sigma^2 = \frac{5 \cdot 6^2}{6} = 30$ erhalten wir $\sigma = \sqrt{30} = 5{,}48$.   ◆

2.3.2. Die hypergeometrische Verteilung (vgl. Urnenmodell I aus Abschnitt 1.4)

Aus einer Urne, welche M schwarze und $N - M$ weiße Kugeln enthält, werden durch ein Laplace-Experiment ohne zwischenzeitliches Zurücklegen n Kugeln gezogen. Beschreibt die Zufallsvariable X die Anzahl der gezogenen schwarzen Kugeln, so besitzt X nach Satz 1.11 die Verteilung $(k, P(X = k)), k = 0, 1, 2, \ldots$ mit

$$P(X = k) = h\,(k, n, M, N - M) = \frac{\binom{M}{k}\binom{N - M}{n - k}}{\binom{N}{n}} \text{ für } k = 0, 1, \ldots, n. \quad (2.53)$$

Für $k > M$ verschwindet der Binomialkoeffizient $\binom{M}{k}$ und damit die Wahrscheinlichkeit $P(X = k)$. Dasselbe gilt für $n - k > N - M$, also für $k < n - (N - M)$. Die Wahrscheinlichkeiten p_k sind also nur für $\max(0, n - (N - M)) \le k \le \min(n, M)$ von Null verschieden. Die Zufallsvariable X heißt *hypergeometrisch verteilt*. Zur praktischen Berechnung der Wahrscheinlichkeiten $h(k, n, M, N - M)$ leiten wir wieder eine Rekursionsformel ab. Dazu betrachten wir folgende Identitäten

$$P(X = k + 1) = h(k + 1, n, M, N - M) = \frac{\binom{M}{k+1}\binom{N - M}{n - k - 1}}{\binom{N}{n}} =$$

$$= \frac{1}{\binom{N}{n}}\, \frac{M(M - 1) \ldots (M - k + 1)(M - k)}{1 \cdot 2 \cdot 3 \ldots k \cdot (k + 1)} \cdot \frac{(N - M)(N - M - 1) \ldots (N - M - n + k + 2)}{1 \cdot 2 \ldots (n - k - 1)} =$$

$$= \frac{1}{\binom{N}{n}} \cdot \binom{M}{k} \cdot \frac{M - k}{k + 1} \cdot \frac{(N - M) \ldots (N - M - n + k + 2)(N - M - n + k + 1)}{1 \cdot 2 \ldots (n - k - 1)(n - k)} \cdot \frac{(n - k)}{(N - M - n + k +}$$

$$= \frac{(M - k)(n - k)}{(k + 1)(N - M - n + k + 1)} \cdot \frac{\binom{M}{k}\binom{N - M}{n - k}}{\binom{N}{n}}.$$

Damit gilt die Rekursionsformel

$$h(k + 1, n, M, N - M) = \frac{(M - k)(n - k)}{(k + 1)(N - M - n + k + 1)} \cdot h(k, n, M, N - M) \quad (2.54)$$

$$\text{für } \max(0, n - (N - M)) \leq k \leq \min(n, M).$$

Zur Berechnung von $E(X)$ und $D^2(X)$ betrachten wir das Modell, in dem die Kugeln einzeln und ohne „zwischenzeitliches Zurücklegen" gezogen werden. A sei das Ereignis, daß eine bestimmte schwarze Kugel während der n Züge gezogen wird, und A_i das Ereignis, daß sie beim i-ten Zug gezogen wird, $i = 1, 2, \ldots, n$. Damit gilt

$$A = A_1 + A_2 \overline{A}_1 + A_3 \overline{A}_2 \overline{A}_1 + \ldots + A_n \overline{A}_{n-1} \overline{A}_{n-2} \ldots \overline{A}_1,$$

$$\begin{aligned} P(A) = P(A_1) + P(A_2/\overline{A}_1) P(\overline{A}_1) + P(A_3/\overline{A}_2 \overline{A}_1) P(\overline{A}_2 \overline{A}_1) + \ldots \\ + P(A_n/\overline{A}_{n-1} \ldots \overline{A}_1) P(\overline{A}_{n-1} \ldots \overline{A}_1). \end{aligned} \quad (2.55)$$

Wegen der Identitäten

$$P(A_1) = \frac{1}{N}; \quad P(A_i/\overline{A}_{i-1} \ldots \overline{A}_1) = \frac{1}{N - i + 1} \quad \text{für } i = 2, \ldots, n,$$

$$P(\overline{A}_1) = \frac{N - 1}{N}; \quad P(\overline{A}_i \overline{A}_{i-1} \ldots \overline{A}_1) = P(\overline{A}_i/\overline{A}_{i-1} \ldots \overline{A}_1) P(\overline{A}_{i-1} \ldots \overline{A}_1) =$$

$$= \frac{N - i}{N - i + 1} \cdot P(\overline{A}_{i-1} \ldots \overline{A}_1) \quad \text{für } i = 2, 3, \ldots, n$$

folgt aus (2.55)

$$P(A) = \frac{1}{N} + \frac{1}{N - 1} \frac{N - 1}{N} + \frac{1}{N - 2} \frac{N - 2}{N - 1} \frac{N - 1}{N} + \ldots =$$

$$= \frac{1}{N} + \frac{1}{N} + \frac{1}{N} + \ldots + \frac{1}{N} = \frac{n}{N}.$$

Wir numerieren die schwarzen Kugeln durch und setzen

$$X_i = \begin{cases} 1, \text{ falls die i-te schwarze Kugel unter den n gezogenen ist,} \\ 0, \text{ sonst} \end{cases}$$

für $i = 1, 2, \ldots, M$.

Die Zufallsvariablen X_i, $i = 1, 2, \ldots, M$ sind paarweise (stochastisch) abhängig mit $E(X_i) = E(X_i^2) = P(X_i = 1) = P(A) = \frac{n}{N}$ und

$$E(X_i \cdot X_j) = P(X_i \cdot X_j = 1) = P(X_i = 1; X_j = 1) =$$

$$= P(X_i = 1/X_j = 1) \cdot P(X_j = 1) = \frac{n - 1}{N - 1} \cdot \frac{n}{N} \quad \text{für } i \neq j.$$

Aus $X = X_1 + X_2 + \ldots + X_M$ folgt

$$\mu = E(X) = \sum_{i=1}^{M} E(X_i) = M \cdot \frac{n}{N} = n \cdot \frac{M}{N}.$$

In der Darstellung

$$X^2 = \left(\sum_{i=1}^{M} X_i \right)^2 = \sum_{i=1}^{M} X_i^2 + \sum_{i \neq j} X_i X_j$$

gibt es insgesamt $M(M-1)$ Paare mit $i \neq j$. Daher gilt

$$E(X^2) = \sum_{i=1}^{M} E(X_i^2) + \sum_{i \neq j} E(X_i \cdot X_j) = M \cdot \frac{n}{N} + M(M-1) \frac{n(n-1)}{N(N-1)};$$

$$D^2(X) = E(X^2) - \mu^2 = n \cdot \frac{M}{N} + n \frac{M \cdot (M-1)(n-1)}{N \cdot (N-1)} - n^2 \frac{M^2}{N^2} =$$

$$= n \cdot \frac{M}{N} \left[1 + (M-1) \frac{n-1}{N-1} - n \frac{M}{N} \right] =$$

$$= n \cdot \frac{M}{N} \frac{N^2 - N + NMn - NM - Nn + N - nNM + nM}{N(N-1)} =$$

$$= n \cdot \frac{M}{N} \frac{(N-M)(N-n)}{N(N-1)} = n \cdot \frac{M}{N} \left(1 - \frac{M}{N} \right) \frac{N-n}{N-1}.$$

Mit $p = \frac{M}{N}$, $q = 1 - p$ erhalten wir somit die Parameter

$$\boxed{\mu = E(X) = np; \quad \sigma^2 = D^2(X) = npq \frac{N-n}{N-1} \text{ mit } p = \frac{M}{N}.} \tag{2.56}$$

Beispiel 2.19. Eine Lieferung von 100 Dioden enthalte genau 4 fehlerhafte. Aus der Lieferung werden (ohne „zwischenzeitliches Zurücklegen") zufällig 5 Dioden entnommen. Die Zufallsvariable X beschreibe die Anzahl der fehlerhaften unter den 5 entnommenen Dioden.

Mit $n = 5$, $M = 4$, $N = 100$ gilt nach (2.53)

$$P(X = 0) = h(0, 5, 4, 96) = \frac{\binom{4}{0} \binom{96}{5}}{\binom{100}{5}} = \frac{96 \cdot 95 \cdot 94 \cdot 93 \cdot 92}{100 \cdot 99 \cdot 98 \cdot 97 \cdot 96} = 0{,}8119;$$

Aus der Rekursionsformel (2.54) erhalten wir

$$P(X = 1) = h(1, 5, 4, 96) = \frac{4 \cdot 5}{1 \cdot 92} \cdot P(X = 0) = 0{,}1765,$$

$$P(X = 2) = h(2, 5, 4, 96) = \frac{3 \cdot 4}{2 \cdot 93} P(X = 1) = 0{,}0114,$$

$$P(X = 3) = h(3, 5, 4, 96) = \frac{2 \cdot 3}{3 \cdot 94} \cdot P(X = 2) = 0,00024,$$

$$P(X = 4) = h(4, 5, 4, 96) = \frac{1 \cdot 5}{4 \cdot 95} \, P(X = 3) = 0,1275 \cdot 10^{-5},$$

$$P(X = 5) = 0.$$

Nach (2.56) gilt wegen $p = \frac{M}{N} = \frac{1}{25}$

$$\mu = E(X) = 5 \cdot \frac{1}{25} = 0,2;$$

$$\sigma^2 = D^2(X) = 5 \cdot \frac{1}{25} \cdot \frac{24}{25} \cdot \frac{95}{99} = 0,1842 \quad \text{und} \quad \sigma = 0,4292.$$

Die Verteilung dieser hypergeometrisch verteilten Zufallsvariablen ist in Bild 2.6 dargestellt.   ♦

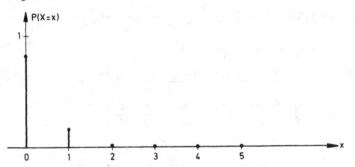

Bild 2.6. Wahrscheinlichkeiten einer hypergeometrischen Verteilung

2.3.3. Die Binomialverteilung (vgl. Abschnitt 1.7.2)

Beschreibt die Zufallsvariable X die Anzahl der Versuche, bei denen in einem Bernoulli-Experiment vom Umfang n das Ereignis A mit $p = P(A)$ eintritt, so besitzt X nach Satz 1.18 die Verteilung $(k, P(X = k))$, $k = 0, 1, 2, \dots , n$ mit

$$P(X = k) = b(k, n, p) = \binom{n}{k} p^k q^{n-k}; \quad q = 1 - p; \; k = 0, 1, \dots, n. \qquad (2.57)$$

Die Zufallsvariable X heißt *binomialverteilt mit den Parametern n und p*, wir nennen sie kurz *B(n, p)-verteilt*.

Für $q = 1 - p \neq 0$ gilt

$$b(k + 1, n, p) = \binom{n}{k+1} p^{k+1} q^{n-k-1} = \frac{n(n-1) \dots (n-k+1) \cdot (n-k)}{1 \cdot 2 \cdot \dots \cdot k \cdot (k+1)} \cdot \frac{p}{q} \cdot p^k q^{n-k}$$

$$= \frac{n-k}{k+1} \cdot \frac{p}{q} \binom{n}{k} p^k q^{n-k} = \frac{n-k}{k+1} \cdot \frac{p}{q} \, b(k, n, p).$$

Für die praktische Rechnung eignet sich somit die Rekursionsformel

$$b(k+1, n, p) = \frac{(n-k)p}{(k+1)q} b(k, n, p); \quad k = 0, 1, 2, ..., n-1 \tag{2.58}$$
$$\text{mit } b(0, n, p) = q^n.$$

Zur Berechnung von $E(X)$ und $D^2(X)$ setzen wir

$$X_i = \begin{cases} 1, \text{ falls beim i-ten Versuch A eintritt} \\ 0, \text{ sonst} \end{cases} \quad \text{für } i = 1, 2, ..., n.$$

Dabei gilt $E(X_i) = E(X_i^2) = P(X_i = 1) = P(A) = p;$

$$D^2(X_i) = E(X_i^2) - p^2 = p - p^2 = p(1-p) = pq \quad \text{für } i = 1, 2, ..., n.$$

Da die Zufallsvariablen $X_1, X_2, ..., X_n$ paarweise unabhängig sind, folgen aus der

Darstellung $X = \sum\limits_{i=1}^{n} X_i$ die Werte

$$E(X) = E\left(\sum_{i=1}^{n} X_i\right) = \sum_{i=1}^{n} E(X_i) = np,$$

$$D^2(X) = D^2\left(\sum_{i=1}^{n} X_i\right) = \sum_{i=1}^{n} D^2(X_i) = npq.$$

Damit gilt für die binomialverteilte Zufallsvariable X

$$\mu = E(X) = np; \quad \sigma^2 = D^2(X) = npq. \tag{2.59}$$

Für $n = 5$ und $p = 0,1; 0,3; 0,5; 0,7; 0,9$ sind die Wahrscheinlichkeiten einer $B(5; p)$-verteilten Zufallsvariablen (nach der Rekursionsformel (2.58) berechnet) in der nachfolgenden Tabelle zusammengestellt und anschließend in Bild 2.7 graphisch dargestellt.

	b(0,5, p)	b(1,5, p)	b(2,5, p)	b(3,5, p)	b(4,5, p)	b(5,5, p)
p = 0,1	0,5905	0,3280	0,0729	0,0081	0,00045	0,00001
p = 0,3	0,1681	0,3601	0,3087	0,1323	0,0283	0,0024
p = 0,5	0,0313	0,1562	0,3125	0,3125	0,1562	0,0313
p = 0,7	0,0024	0,0283	0,1323	0,3087	0,3601	0,1681
p = 0,9	0,00001	0,00045	0,0081	0,0729	0,3281	0,5905

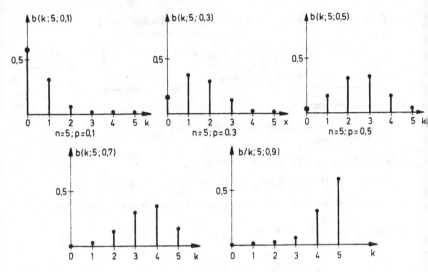

Bild 2.7. Wahrscheinlichkeiten von Binomialverteilungen

Beispiel 2.20. Bei einer Prüfung wird einem Kandidaten ein „Multiple-Choice"-Fragebogen vorgelegt. Dabei steht unter jeder der 9 Fragen in zufälliger Reihenfolge die richtige und zwei falsche Antworten. Zum Bestehen der Prüfung müssen mindestens 5 Antworten richtig angekreuzt werden. Ein Kandidat kreuzt bei jeder Frage eine der drei Antworten zufällig an.

a) Mit welcher Wahrscheinlichkeit besteht er die Prüfung?

b) Man bestimme Erwartungswert und Streuung der Zufallsvariablen X der Anzahl der richtigen Antworten, die man durch zufälliges Ankreuzen erreicht.

Zu a) Da die Zufallsvariable X binomialverteilt ist, erhalten wir für die gesuchte Wahrscheinlichkeit den Wert

$$P = \sum_{k=5}^{9} P(X = k) = \binom{9}{5}\left(\frac{1}{3}\right)^5\left(\frac{2}{3}\right)^4 + \binom{9}{6}\left(\frac{1}{3}\right)^6\left(\frac{2}{3}\right)^3 + \binom{9}{7}\left(\frac{1}{3}\right)^7\left(\frac{2}{3}\right)^2 +$$

$$+ \binom{9}{8}\left(\frac{1}{3}\right)^8\left(\frac{2}{3}\right) + \binom{9}{9}\left(\frac{1}{3}\right)^9 =$$

$$= \frac{1}{3^9}(126 \cdot 2^4 + 84 \cdot 2^3 + 36 \cdot 2^2 + 9 \cdot 2 + 1) = 0,1448.$$

Zu b) Aus (2.59) folgt

$$\mu = E(X) = 9 \cdot \frac{1}{3} = 3; \quad \sigma = D(X) = \sqrt{9 \cdot \frac{1}{3} \cdot \frac{2}{3}} = \sqrt{2} = 1,4142. \qquad \blacklozenge$$

Beispiel 2.21. Nach der Einnahme eines bestimmten Medikaments treten bei einer Person mit Wahrscheinlichkeit $p = 0,04$ Nebenwirkungen auf. Das Medikament werde 5 Personen verabreicht. Die Zufallsvariable X beschreibe die Anzahl derjenigen von den 5 Personen, bei denen die Nebenwirkung auftritt. Unter der Voraussetzung, daß es sich um ein Bernoulli-Experiment handelt, bestimme man

$\quad P(X = k)$ für $k = 0, 1, \ldots, 5;$ $\quad E(X)$ und $D(X).$

Da X binomialverteilt ist mit $n = 5$ und $p = 0,04$, gilt

$\quad P(X = 0) = b(0; 5; 0,04) = (1 - 0,04)^5 = 0,8154.$

Aus der Rekursionsformel (2.58) folgt

$$P(X = 1) = b(1; 5; 0,04) = \frac{5 \cdot 0,04}{1 \cdot 0,96}\, b(0; 5; 0,04) = 0,1699,$$

$$P(X = 2) = b(2; 5; 0,04) = \frac{4 \cdot 0,04}{2 \cdot 0,96}\, b(1; 5; 0,04) = 0,0142,$$

$$P(X = 3) = b(3; 5; 0,04) = \frac{3 \cdot 0,04}{3 \cdot 0,96}\, b(2; 5; 0,04) = 0,00059,$$

$$P(X = 4) = b(4; 5; 0,04) = \frac{2 \cdot 0,04}{4 \cdot 0,96}\, b(3; 5; 0,04) = 0,1229 \cdot 10^{-4},$$

$$P(X = 5) = b(5; 5; 0,04) = \frac{1 \cdot 0,04}{5 \cdot 0,96}\, b(4; 5; 0,04) = 0,1023 \cdot 10^{-6}.$$

Aus (2.59) folgt

$\quad \mu = E(X) = 0,2, \quad \sigma = D(X) = \sqrt{5 \cdot 0,04 \cdot 0,96} = \sqrt{0,192} = 0,438.$ ◆

Für die *erzeugende Funktion einer binomialverteilten Zufallsvariablen* erhalten wir unter Anwendung des binomischen Lehrsatzes

$$G(x) = \sum_{k=0}^{n} x^k \binom{n}{k} p^k q^{n-k} = \sum_{k=0}^{n} \binom{n}{k} (px)^k q^{n-k} = (px + q)^n.$$

Die Zufallsvariablen X und Y seien $B(n_1, p)$- bzw. $B(n_2, p)$-verteilt, wobei die Parameter n_1 und n_2 verschieden sein dürfen, die Wahrscheinlichkeiten p jedoch bei beiden Verteilungen gleich sein müssen. Dann beschreibt die Zufallsvariable X die Anzahl der Versuche, bei denen in einem Bernoulli-Experiment vom Umfang n_1 das Ereignis A mit $P(A) = p$ eintritt, und Y die entsprechende Anzahl bei einem Bernoulli-Experiment vom Umfang n_2. Sind X und Y (stoch.) unabhängig, so handelt es sich bei den beiden Bernoulli-Experimenten um zwei unabhängige Versuchsreihen, die zusammen ein Bernoulli-Experiment vom Umfang $n_1 + n_2$ bilden. Darin beschreibt aber die Summe X + Y die Anzahl der Versuche, bei denen das Ereignis A eintritt. Die Zufallsvariable X + Y ist somit $B(n_1 + n_2, p)$-verteilt. Diese *Reproduktivität* leiten wir nochmals direkt aus den einzelnen Verteilungen ab.

Satz 2.13
Sind die $B(n_1, p)$- bzw. $B(n_2, p)$-verteilten Zufallsvariablen X und Y (stoch.)
unabhängig, so ist ihre Summe X + Y ebenfalls binomialverteilt und zwar
$B(n_1 + n_2, p)$-verteilt.

Beweis: Aus

$$P(X = i) = \binom{n_1}{i} p^i q^{n_1 - i} \quad \text{für } i = 0, 1, \ldots, n_1,$$

$$P(Y = j) = \binom{n_2}{j} p^j q^{n_2 - j} \quad \text{für } j = 0, 1, \ldots, n_2$$

und der vorausgesetzten (stoch.) Unabhängigkeit von X und Y folgt

$$P(X + Y = k) = \sum_{i+j=k} P(X = i, Y = j) = \sum_{i+j=k} P(X = i) P(Y = j) =$$

$$= \sum_{i=0}^{k} P(X = i) P(Y = k - i) = \sum_{i=0}^{k} \binom{n_1}{i} p^i q^{n_1 - i} \binom{n_2}{k-i} p^{k-i} q^{n_2 + i - k} =$$

$$= \left[\sum_{i=0}^{k} \binom{n_1}{i} \binom{n_2}{k-i} \right] p^k q^{n_1 + n_2 - k} = \binom{n_1 + n_2}{k} p^k q^{n_1 + n_2 - k}$$

für $k = 0, 1, \ldots, n_1 + n_2$.

Dabei wurde die bekannte Identität

$$\sum_{i=0}^{k} \binom{n_1}{i} \binom{n_2}{k-i} = \binom{n_1 + n_2}{k}$$

benutzt.   ■

2.3.4. Vergleich der hypergeometrischen und der Binomialverteilung

Die in Beispiel 2.19 behandelte hypergeometrische Verteilung und die Binomialverteilung aus Beispiel 2.21 hatten jeweils die Parameter n = 5 und p = 0,04 gemeinsam. Dabei war in Beispiel 2.19 die Zahl p die Wahrscheinlichkeit, im ersten
Zug eine fehlerhafte Diode zu erhalten, während in Beispiel 2.21 p die abstrakte
Wahrscheinlichkeit dafür ist, daß bei einer Person nach Einnahme eines bestimmten
Medikaments die Nebenwirkung eintritt. Wählt man in Beispiel 2.19 die fünf Dioden
einzeln aus und legt man jeweils vor dem nächsten Zug die bereits gezogene zurück,
so geht die hypergeometrisch verteilte Zufallsvariable X aus Beispiel 2.19 in die
binomialverteilte aus Beispiel 2.21 über. Aus dem Urnenmodell I des Abschnittes 1.4
erhält man so das Urnenmodell II. Vergleicht man die entsprechenden Wahrscheinlichkeiten, so stellt man fest, daß sie ungefähr gleich groß sind. In diesen Beispielen
gilt also mit $\frac{M}{N} = 0,04$

$$h(k, 5, 4, 96) \approx b(k, 5, 0,04) \quad \text{für } k = 0, 1, \ldots, 5.$$

Diese Eigenschaft ist plausibel, wenn man die hypergeometrische Verteilung durch das Urnenmodell I aus Abschnitt 1.4 und die Binomialverteilung durch das Urnenmodell II erzeugt. Beim Urnenmodell II wird bei jedem Zug eine schwarze Kugel mit der konstanten Wahrscheinlichkeit $p = \frac{M}{N}$ gezogen. Beim Urnenmodell I erhalten wir für den ersten Zug dieselbe Wahrscheinlichkeit. Beim zweiten Zug ist sie jedoch entweder gleich $\frac{M-1}{N-1}$ oder gleich $\frac{M}{N-1}$, je nachdem, ob beim ersten Zug eine schwarze oder eine weiße Kugel gezogen wurde. Für große N sind diese Werte jedoch ungefähr gleich. Bei den einzelnen Zügen ändert sich also die Wahrscheinlichkeit, eine schwarze Kugel zu ziehen, kaum. Beide Urnenmodelle werden also ungefähr dieselben Wahrscheinlichkeiten liefern.

Allgemein besitzen für übereinstimmende n und p die hypergeometrisch- und die binomialverteilte Zufallsvariable denselben Erwartungswert $\mu = n \cdot p$. Die Varianz $npq\frac{N-n}{N-1}$ der hypergeometrisch verteilten Zufallsvariablen ist jedoch für $n > 1$ kleiner als die Varianz npq der entsprechenden binomialverteilten Zufallsvariablen. Ist N groß und n nicht, so sind wegen $\frac{N-n}{N-1} \approx 1$ beide Varianzen ungefähr gleich.

Für die entsprechenden Wahrscheinlichkeiten zeigen wir den

Satz 2.14
Für $\frac{M}{N} = p$ und festes n gilt

$$\lim_{N \to \infty} h(k, n, M, N-M) = b(k, n, p) \quad \text{für } k = 0, 1, \ldots, n.$$

Für große N gilt also mit $\frac{M}{N} = p$ die Näherungsformel

$$h(k, n, M, N-M) \approx b(k, n, p) \quad \text{für } k = 0, 1, \ldots, n.$$

Beweis: Für festes n und k gilt

$$h(k, n, M, N-M) = \frac{\binom{M}{k}\binom{N-M}{n-k}}{\binom{N}{n}} =$$

$$= \frac{\frac{M(M-1)(M-2)\ldots(M-k+1)}{k!} \cdot \frac{(N-M)(N-M-1)\ldots(N-M-n+k+1)}{(n-k)!}}{\frac{N(N-1)(N-2)\ldots(N-n+1)}{n!}} =$$

$$= \frac{n!}{k!(n-k)!} \frac{M(M-1)\ldots(M-k+1)(N-M)(N-M-1)\ldots(N-M-n+k+1)}{N(N-1)\ldots(N-k+1)\ldots(N-n+1)}$$

Der Zähler und Nenner dieses Bruches besitzt jeweils n Faktoren.
Dividiert man im Zähler und Nenner jeden Faktor durch N, so ergibt sich daraus wegen $\frac{n!}{k!(n-k)!} = \binom{n}{k}$, $\frac{M}{N} = p$ und $1 - \frac{M}{N} = q$ die Identität

$$h(k, n, M, N-M) = \binom{n}{k} \frac{p(p-\frac{1}{N})\ldots(p-\frac{k-1}{N}) \, q(q-\frac{1}{N})\ldots(q-\frac{n-k-1}{N})}{1(1-\frac{1}{N})(1-\frac{2}{N})\ldots(1-\frac{n-1}{N})}.$$

Da im Zähler und Nenner jeweils n Faktoren stehen, und n bei der Grenzwert-
bildung konstant bleibt, folgt für $N \to \infty$

$$\lim_{N \to \infty} h(k, n, M, N-M) = \binom{n}{k} p^k q^{n-k} \quad \text{mit} \quad \frac{M}{N} = p,$$

womit der Satz bewiesen ist.   ∎

2.3.5. Die Poisson-Verteilung als Grenzwert der Binomialverteilung

Beispiel 2.22. Die Wahrscheinlichkeit, daß eine mit einem bestimmten Serum ge-
impfte Person die Impfung nicht verträgt, sei $p = 0,001$. Insgesamt werden 2000
Personen mit diesem Serum geimpft. Die binomialverteilte Zufallsvariable X beschreibe dabei die Anzahl derjenigen geimpften Personen, welche die Impfung
nicht vertragen. Dabei ist $n = 2000$ sehr groß und der Parameter $p = 0,001$ sehr
klein. Aus

$$P(X = k) = b(k, 2000, 0,001) = \binom{2000}{k} \cdot (0,001)^k \cdot (0,999)^{2000-k}$$

erhalten wir für $k = 0$ die Wahrscheinlichkeit

$$P(X = 0) = 0,999^{2000} = (1 - 0,001)^{2000} = \left(1 - \frac{2}{2000}\right)^{2000} = 0,13520,$$

die sich nur sehr mühsam ausrechnen läßt.

Wegen $\lim_{n \to \infty} (1 - \frac{\lambda}{n})^n = e^{-\lambda}$ (dabei ist e die sog. Eulersche Zahl mit $e = 2,7182818 \ldots$)
gilt für große Werte n die Näherung

$$\left(1 - \frac{\lambda}{n}\right)^n \approx e^{-\lambda}.$$

Damit erhalten wir die Approximationsformel

$$b(0, 2000, 0,001) \approx e^{-2} = 0,13534. \tag{2.60}$$

Aus der Rekusionsformel (2.58) folgt

$$b(1, 2000, 0,001) = \frac{2000 \cdot 0,001}{1 \cdot 0,999} \cdot b(0, 2000, 0,001) \approx 2 \cdot e^{-2} = 0,271,$$

$$b(2, 2000, 0,001) = \frac{1999 \cdot 0,001}{2 \cdot 0,999} \, b(1, 2000, 0,001) \approx \frac{2^2}{2} \cdot e^{-2} = 0,271,$$

$$b(3, 2000, 0,001) = \frac{1998 \cdot 0,001}{3 \cdot 0,999} \, b(2, 2000, 0,001) \approx \frac{2^3}{3!} e^{-2} = 0,180.$$

Durch vollständige Induktion über k läßt sich leicht zeigen, daß für alle
$k = 0, 1, \ldots, n$ die Näherungsformel

$$b(k, 2000, 0,001) \approx \frac{2^k}{k!} e^{-2} \tag{2.61}$$

gilt. Dabei ist die Zahl 2 gleich dem Erwartungswert $E(X) = np$.   ◆

Daß eine solche Näherung für große n und kleine p immer gilt, zeigen wir in dem folgenden

Satz 2.15
Strebt in der Binomialverteilung n gegen unendlich, und zwar so, daß $np = \lambda$ konstant bleibt (daraus folgt $p \to 0$ für $n \to \infty$), so gilt

$$\lim_{\substack{n \to \infty \\ np = \lambda}} b(k, n, p) = \frac{\lambda^k}{k!} e^{-\lambda} \quad \text{für } k = 0, 1, 2, \dots \tag{2.62}$$

Für große n und kleine p gilt somit die Näherungsformel

$$b(k, n, p) \approx \frac{(np)^k}{k!} e^{-np} \quad \text{für } k = 0, 1, 2, \dots$$

Beweis: Wegen $np = \lambda$ setzen wir $p = \frac{\lambda}{n}$. Daraus folgt für festgehaltenes k

$$b(k, n, p) = \binom{n}{k} p^k (1-p)^{n-k} = \frac{n(n-1) \dots (n-k+1)}{k!} \cdot \frac{\lambda^k}{n^k} \cdot \left(1 - \frac{\lambda}{n}\right)^{n-k} =$$

$$= \frac{n(n-1) \dots (n-k+1)}{n \cdot n \dots n} \cdot \frac{\lambda^k}{k!} \left(1 - \frac{\lambda}{n}\right)^n \left(1 - \frac{\lambda}{n}\right)^{-k} =$$

$$= 1 \left(1 - \frac{1}{n}\right) \dots \left(1 - \frac{k-1}{n}\right) \left(1 - \frac{\lambda}{n}\right)^{-k} \cdot \frac{\lambda^k}{k!} \left(1 - \frac{\lambda}{n}\right)^n.$$

Für festes k gilt

$$\lim_{n \to \infty} \left(1 - \frac{1}{n}\right) \dots \left(1 - \frac{k-1}{n}\right) = 1; \quad \lim_{n \to \infty} \left(1 - \frac{\lambda}{n}\right)^{-k} = 1.$$

Ferner gilt $\lim_{n \to \infty} (1 - \frac{\lambda}{n})^n = e^{-\lambda}$.

Daraus folgt die Behauptung $\lim_{\substack{n \to \infty \\ np = \lambda}} b(k, n, p) = \frac{\lambda^k}{k!} e^{-\lambda}, \quad k = 0, 1, 2, \dots$ ∎

Aus $e^\lambda = \sum_{k=0}^{\infty} \frac{\lambda^k}{k!}$ folgt $\sum_{k=0}^{\infty} \frac{\lambda^k}{k!} e^{-\lambda} = e^{-\lambda} \cdot e^\lambda = e^0 = 1$.

Damit wird durch

$$\boxed{P(X = k) = \frac{\lambda^k}{k!} e^{-\lambda}, \quad k = 0, 1, 2, \dots} \tag{2.63}$$

auf $\Omega = \{0, 1, 2, \dots\}$ eine diskrete Zufallsvariable X erklärt. Diese Zufallsvariable mit der Verteilung $(k, \frac{\lambda^k}{k!} e^{-\lambda})$, $k = 0, 1, 2, \dots$ heißt *Poisson-verteilt* mit dem Parameter λ. Die Verteilung selbst heißt *Poisson-Verteilung*. Sie kommt bei seltenen Ereignissen vor.

Für große n und kleine p läßt sich also nach Satz 2.15 die Binomialverteilung durch die Poisson-Verteilung mit dem Parameter $\lambda = np$ approximieren. Diese Eigenschaft ist für die praktische Rechnung von großer Bedeutung, da für große n die Wahrscheinlichkeiten $\binom{n}{k} p^k (1-p)^{n-k}$ sehr schwer zu berechnen sind.

Für die *erzeugende Funktion der Poisson-verteilten Zufallsvariablen* X erhalten wir

$$G(x) = \sum_{k=0}^{\infty} x^k \frac{\lambda^k}{k!} e^{-\lambda} = e^{-\lambda} \sum_{k=0}^{\infty} \frac{(x\lambda)^k}{k!} = e^{-\lambda} e^{\lambda x} = e^{\lambda(x-1)}.$$

$$G'(x) = \lambda e^{\lambda(x-1)}; \qquad G''(x) = \lambda^2 e^{\lambda(x-1)}.$$

Damit folgt aus (2.50)

$$\mu = E(X) = G'(1) = \lambda; \qquad D^2(X) = \lambda^2 + \lambda - \lambda^2 = \lambda.$$

Für eine mit dem Parameter λ Poisson-verteilte Zufallsvariable X gilt daher

$$\boxed{E(X) = \lambda; \quad D^2(X) = \lambda.} \tag{2.64}$$

Wegen $P(X = k+1) = \frac{\lambda^{k+1}}{(k+1)!} e^{-\lambda} = \frac{\lambda}{k+1} \cdot \frac{\lambda^k}{k!} e^{-\lambda} = \frac{\lambda}{k+1} P(X = k)$ gilt für die Wahrscheinlichkeiten einer Poisson-verteilten Zufallsvariablen X die für die praktische Berechnung wichtige Rekursionsformel

$$\boxed{P(X = k+1) = \frac{\lambda}{k+1} P(X = k), \quad k = 0, 1, 2, \dots \text{ mit } P(X = 0) = e^{-\lambda}.} \tag{2.65}$$

Wir berechnen die Wahrscheinlichkeiten $P(X = k)$ für $0 \leq k \leq 7$ der in Beispiel 2.22 beschriebenen Zufallsvariablen X einmal exakt nach der Binomialverteilung und einmal zum Vergleich nach der approximierenden Poissonverteilung nach (2.58) bzw. (2.65)

k	0	1	2	3	4	5	6	7
$\binom{2000}{k} 0{,}001^k \, 0{,}999^{2000-k}$	0,1352	0,2707	0,2708	0,1805	0,0902	0,0361	0,0120	0,0034
$\frac{2^k}{k!} e^{-2}$	0,1353	0,2707	0,2707	0,1804	0,0902	0,0361	0,0120	0,0034

Da die entsprechenden Wahrscheinlichkeiten auf mindestens drei Stellen übereinstimmen, sind sie in Bild 2.8 nicht mehr unterscheidbar.

Beispiel 2.23. 100 kg flüssiges Glas enthalte 50 Steine. Daraus werden x Flaschen hergestellt. Eine Flasche ist unbrauchbar, wenn sie mindestens einen Stein enthält. Es soll angenommen werden, daß bei der Produktion jeder der 50 Steine mit derselben Wahrscheinlichkeit und unabhängig von den anderen in jede der x Flaschen gelangen kann. Mit welcher Wahrscheinlichkeit ist eine der Produktion zufällig entnommene Flasche brauchbar?

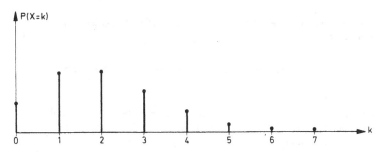

Bild 2.8. Wahrscheinlichkeiten einer Poisson-Verteilung

Die Wahrscheinlichkeit, daß ein bestimmter Stein in die entsprechende Flasche gelangt ist, ist gleich $\frac{1}{x}$. Somit gelangt er mit Wahrscheinlichkeit $1 - \frac{1}{x}$ nicht in diese Flasche. Für die Wahrscheinlichkeit dafür, daß in die Flasche keiner der 50 Steine gelangt ist, erhalten wir wegen der vorausgesetzten Unabhängigkeit

$$p_0 = \left(1 - \frac{1}{x}\right)^{50} = \left(1 - \frac{\frac{50}{x}}{50}\right)^{50} \approx e^{-\frac{50}{x}}$$

$\uparrow$ (Binomialverteilung) $\qquad\qquad$ $\uparrow$ (Poissonverteilung)

Tabelle 2.1

x	p_0 (exakt)	p_0 (approximativ nach der Poissonverteilung)
50	0,3642	0,3679
100	0,6050	0,6065
150	0,7157	0,7165
200	0,7783	0,7788
250	0,8184	0,8187
300	0,8462	0,8465
350	0,8667	0,8669
400	0,8824	0,8825
500	0,9047	0,9048
600	0,9200	0,9200
1000	0,9512	0,9512
2000	0,9753	0,9753
3000	0,9835	0,9835
4000	0,9876	0,9876
5000	0,9900	0,9900

Für verschiedene x-Werte erhalten wir die in der Tabelle 2.1 angegebenen Wahrscheinlichkeiten.   ◆

Für Poisson-verteilte Zufallsvariable gilt folgendes Reproduktivitätsgesetz

> **Satz 2.16**
> Sind X und Y zwei (stoch.) unabhängige Poisson-verteilte Zufallsvariablen
> mit dem Parameter λ_1 bzw. λ_2, so ist die Summe Z = X + Y ebenfalls
> Poisson-verteilt mit dem Parameter $\lambda_1 + \lambda_2$.

Beweis: Mit X und Y besitzt auch Z = X + Y den Wertevorrat W = {0, 1, 2, ...}.

Aus $P(X = i) = \dfrac{\lambda_1^i}{i!} e^{-\lambda_1}$, $P(Y = j) = \dfrac{\lambda_2^j}{j!} e^{-\lambda_2}$ und der (stoch.) Unabhängigkeit

von X und Y folgt für $k \in W$

$$P(Z = k) = \sum_{i+j=k} P(X = i)\, P(Y = j) = \sum_{i=0}^{k} P(X = i)\, P(Y = k - i) =$$

$$= \sum_{i=0}^{k} \frac{\lambda_1^i}{i!} e^{-\lambda_1} \cdot \frac{\lambda_2^{k-i}}{(k-i)!} e^{-\lambda_2} = e^{-(\lambda_1+\lambda_2)} \sum_{i=0}^{k} \frac{\lambda_1^i \lambda_2^{k-i}}{i!\,(k-i)!}. \tag{2.66}$$

Die Binomialentwicklung von $(\lambda_1 + \lambda_2)^k$ ergibt

$$(\lambda_1 + \lambda_2)^k = \sum_{i=0}^{k} \binom{k}{i} \lambda_1^i \lambda_2^{k-i} = \sum_{i=0}^{k} \frac{k!}{i!\,(k-i)!}\, \lambda_1^i \lambda_2^{k-i}.$$

Hiermit folgt aus (2.66) die Behauptung

$$P(Z = X + Y = k) = \frac{(\lambda_1 + \lambda_2)^k}{k!} e^{-(\lambda_1+\lambda_2)}. \qquad ∎$$

2.3.6. Übungsaufgaben zu diskreten Zufallsvariablen

1. Ein idealer Würfel werde so lange geworfen, bis zum erstenmal eine 6 erscheint.
   Man berechne den Erwartungswert und die Standardabweichung der Zufallsvariablen X, die folgende Werte annimmt:

$$X = \begin{cases} 0, \text{ wenn mehr als 3 Würfe erforderlich sind,} \\ 10^{4-k}, \text{ wenn k Würfe mit } k \leq 3 \text{ erforderlich sind.} \end{cases}$$

2. Eine Schachtel enthält 10 Transistoren, von denen 3 defekt sind. Ein Transistor wird zufällig aus der Schachtel genommen und geprüft. Ist er defekt, so wird er weggeworfen, und der nächste Transistor wird aus der Schachtel genommen und geprüft. Dieses Verfahren wird so lange fortgesetzt, bis ein Transistor gefunden ist, der in Ordnung ist. Man bestimme Erwartungswert und Streuung der Zufallsvariablen X, welche die Anzahl der Transistoren beschreibt, die geprüft werden müssen, bis ein brauchbarer gefunden wird.

*3. Fünf Gegenstände werden zufällig auf drei Kästchen verteilt. Dabei beschreibe die Zufallsvariable X die Anzahl der Kästchen, die dabei leer bleiben. Man berechne $E(X)$ und $D^2(X)$.

4. Beim Werfen einer idealen Münze spielt ein Spieler folgendermaßen: er setzt sein Geld immer auf „Zahl" und falls „Wappen" erscheint, spielt er beim nächsten Mal mit der doppelten Summe wie beim vorherigen Wurf, sonst hört er auf und kassiert den Gewinn, der gleich dem doppelten Einsatz für das betreffende Teilspiel ist. Man berechne den Erwartungswert und die Varianz der Gewinnvariablen X

   a) falls der Spieler über beliebig viel Kapital verfügt,

   b) falls der Spieler pro Serie höchstens 31 Einheiten einsetzen kann.

5. Die zweidimensionale Zufallsvariable (X, Y) besitze die Verteilung

x_i \ y_j	1	2	3
1	0,1	0,2	0,3
2	0	0,2	0,2

   a) Man berechne Erwartungswert und Varianz der Zufallsvariablen X und Y. Sind X und Y (stoch.) unabhängig?

   b) Man bestimme die Verteilung, den Erwartungswert und die Varianz der Summe $X + Y$.

   c) Man bestimme die Verteilung und den Erwartungswert des Produktes $X \cdot Y$.

   d) Mit diesen Ergebnissen bestätige man die Gleichung (2.42).

6. Die Zufallsvariable X beschreibe die Anzahl der Buben im Skat. Man bestimme Verteilung, Erwartungswert und Streuung von X

   a) ohne Information über die Kartenverteilung unter den drei Spielern zu haben,

   b) falls Spieler I nach Verteilung der Karten

b_1) keinen,

b_2) genau zwei,

b_3) genau drei Buben auf der Hand hat.

*7. Die Zufallsvariable X nehme jeden Wert ihres Wertebereiches $W = \{1, 2, \ldots, n\}$ mit derselben Wahrscheinlichkeit an. Man berechne $E(X)$ und $D^2(X)$.

8. Ein Betrunkener kommt im Dunkeln nach Hause. Die Haustür ist abgeschlossen, und er hat n Schlüssel in der Tasche, von denen nur einer paßt. Er entnimmt seiner Tasche zufällig einen Schlüssel, probiert ihn, und falls er nicht paßt,

   a) legt er ihn beiseite,

   b) steckt er ihn in die Tasche zurück.

   In beiden Fällen probiert er so lange, bis er den passenden Schlüssel gefunden hat. Die Zufallsvariable X beschreibe die Anzahl der zum Öffnen der Tür benötigten Versuche. Man berechne den Erwartungswert und die Streuung von X für beide Fälle.

9. 2 % der Bevölkerung seien Alkoholiker. Man berechne die Wahrscheinlichkeit dafür, daß unter 100 zufällig ausgewählten Personen mindestens 3 Alkoholiker sind

   a) mit Hilfe der Binomialverteilung,

   b) mit Hilfe der Poissonverteilung.

10. Die Selbstmordziffer betrage pro Jahr im Durchschnitt 2 auf 50 000 Einwohner.

   a) Mit welcher Wahrscheinlichkeit finden in einer Stadt von 100 000 Einwohner während eines Jahres k Selbstmorde statt für $k = 0, 1, \ldots, 7$?

   b) Wie groß ist die Wahrscheinlichkeit dafür, daß in dieser Stadt mehr als 7 Selbstmorde innerhalb eines Jahres stattfinden?

*11. In dem in Aufgabe 32 aus Abschnitt 1.10 beschriebenen Spiel beschreibe die Zufallsvariable X die Anzahl der bis zur Spielentscheidung benötigten Schüsse. Man berechne mit Hilfe der erzeugenden Funktion den Erwartungswert der Zufallsvariablen X.

2.4. Stetige Zufallsvariable

2.4.1. Definition einer stetigen Zufallsvariablen

Beispiel 2.24. Wir nehmen an, beim Roulette erfolge die Ausspielung mit Hilfe eines drehbaren Zeigers. Dann gewinnt die Zahl, auf welche die Spitze des zum Stillstand gekommenen Zeigers zeigt. Durch eine feinere Einteilung auf dem Rand könnten wesentlich mehr Zahlen untergebracht werden. Man könnte also den Wertevorrat der entsprechenden diskreten Zufallsvariablen beliebig vergrößern. Mißt man in Bild 2.9 den Winkel x im Bogenmaß, so kann für x jeder reelle Wert zwischen 0 und 2π auftreten. Die Zufallsvariable X, die bei der Versuchsdurchführung dieses Winkelmaß beschreibt, besitzt als Wertevorrat die Menge $W = \{x/0 < x \leq 2\pi\}$, also das halboffene Intervall $I = (0, 2\pi]$ (den Winkel $x = 0$ identifizieren wir dabei mit $x = 2\pi$). W ist also im Gegensatz zum Wertevorrat einer diskreten Zufallsvariablen *überabzählbar unendlich.* Die *Verteilungsfunk-*

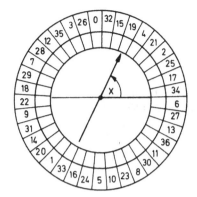

Bild 2.9

tion F dieser Zufallsvariablen X definieren wir wie bei diskreten Zufallsvariablen durch

$$F(x) = P(X \leq x), \quad x \in \mathbb{R}.$$

Da nur Winkel x aus dem Intervall I möglich sind, gilt

$$P(0 < X \leq 2\pi) = 1;$$
$$P(X \leq 0) = 0; \quad P(X > 2\pi) = 0.$$

Wir nehmen nun an, daß für jedes $x \in I$ die Verhältnisgleichung

$$P(X \leq x) : P(X \leq 2\pi) = x : 2\pi$$

gilt. (Dann kann man sagen, das Ausspielungsgerät ist in Ordnung.) Wegen $P(X \leq 2\pi) = 1$ besitzt die Verteilungsfunktion F die Funktionswerte

$$F(x) = \begin{cases} 0 & \text{für } x \leq 0, \\ \dfrac{x}{2\pi} & \text{für } 0 < x \leq 2\pi, \\ 1 & \text{für } x > 2\pi. \end{cases}$$

F besitzt im Gegensatz zu den Verteilungsfunktionen diskreter Zufallsvariabler keine Sprungstellen. Der Graph dieser stetigen Funktion F ist in Bild 2.10 gekennzeichnet.

Für $x \in I$ läßt sich $F(x) = \frac{1}{2\pi} \cdot x$ darstellen als Flächeninhalt eines Rechtecks mit den Seiten x und $\frac{1}{2\pi}$. Den Flächeninhalt dieses in Bild 2.10 schraffierten Rechtecks bezeichnen wir mit

$$F(x) = \int\limits_0^x \frac{1}{2\pi} \, du; \quad 0 < x \leq 2\pi.$$

Durch

$$f(x) = \begin{cases} 0 & \text{für } x \le 0, \\ \dfrac{1}{2\pi} & \text{für } 0 < x \le 2\pi, \\ 0 & \text{für } x > 2\pi \end{cases}$$

wird die sog. *Dichte* der Zufallsvariablen X erklärt. Da diese Dichte außerhalb des Intervalls $(0, 2\pi]$ mit der x-Achse keine Fläche einschließt, gilt für jedes $x \in \mathbb{R}$ die Beziehung

$$F(x) = \int_{-\infty}^{x} f(u)\, du. \quad \blacklozenge \tag{2.67}$$

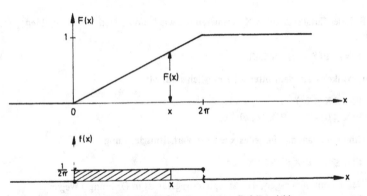

Bild 2.10. Verteilungsfunktion und Dichte einer stetigen Zufallsvariablen

Die Eigenschaft (2.67) gibt Anlaß zu folgender

Definition 2.9. Eine Zufallsvariable X heißt *stetig*, wenn eine nichtnegative, integrierbare Funktion f existiert, so daß für ihre Verteilungsfunktion $F(x) = P(X \le x)$ die Integraldarstellung

$$F(x) = P(X \le x) = \int_{-\infty}^{x} f(u)\, du \tag{2.68}$$

gilt. Die Wahrscheinlichkeit $P(X \le x)$ ist also gleich der Fläche, welche die Kurve f links vom Punkt x mit der x-Achse einschließt (s. Bild 2.11). Die Funktion f heißt *Dichte* der stetigen Zufallsvariablen X.

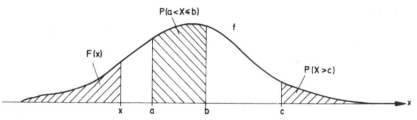

Bild 2.11. Dichte einer stetigen Zufallsvariablen

Wegen $(-\infty < X < +\infty) = \{\omega / -\infty < X(\omega) < +\infty\} = \Omega$ erfüllt eine Dichte f die Bedingung

$$\int_{-\infty}^{+\infty} f(u)\,du = 1. \tag{2.69}$$

Bei vielen Zufallsvariablen verschwindet die Dichte außerhalb eines endlichen Intervalls $[l,\,r]$. Dann folgt aus $\int_{-\infty}^{l} f(u)\,du = \int_{r}^{\infty} f(u)\,du = 0$ für die Funktionswerte der Verteilungsfunktion F

$$F(x) = \begin{cases} 0 & \text{für } x \leq l, \\ \displaystyle\int_{l}^{x} f(u)\,du & \text{für } l \leq x \leq r, \\ 1 & \text{für } x \geq r. \end{cases}$$

Für eine stetige Zufallsvariable X gilt der

Satz 2.17

Ist X eine stetige Zufallsvariable mit der Dichte f, so gilt für beliebige Zahlen a, b, c $\in \mathbb{R}$ mit $a < b$

$$P(a < X \leq b) = F(b) - F(a) = \int_{a}^{b} f(u)\,du,$$

$$P(X > c) = 1 - F(c) = \int_{c}^{\infty} f(u)\,du \tag{2.70}$$

(vgl. Bild 2.11).

Beweis:

1. Die Ereignisse $(X \leq a) = \{\omega/X(\omega) \leq a\}$ und $(a < X \leq b) = \{\omega/a < X(\omega) \leq b\}$ sind unvereinbar. Aus der Identität

$$(X \leq a) + (a < X \leq b) = (X \leq b)$$

folgt

$$P(X \leq a) + P(a < X \leq b) = P(X \leq b)$$

und hieraus

$$P(a < X \leq b) = P(X \leq b) - P(X \leq a) = F(b) - F(a) =$$

$$= \int_{-\infty}^{b} f(u)\,du - \int_{-\infty}^{a} f(u)\,du = \int_{a}^{b} f(u)\,du.$$

2. Aus $(X \leq c) + (X > c) = \Omega$ folgt entsprechend

$$P(X \leq c) + P(X > c) = 1,$$

d. h.

$$P(X > c) = 1 - P(X \leq c) = \int_{-\infty}^{+\infty} f(u)\,du - \int_{-\infty}^{c} f(u)\,du = \int_{c}^{\infty} f(u)\,du. \qquad \blacksquare$$

Die Verteilungsfunktion F einer stetigen Zufallsvariablen X ist stetig. Nähern sich die Zahlen x einem bestimmten Zahlenwert x_0 von links bzw. von rechts, so konvergieren die entsprechenden Funktionswerte F(x) gegen $F(x_0)$. Wir schreiben dafür mit $h > 0$

$$\lim_{h \to 0} F(x_0 - h) = \lim_{h \to 0} F(x_0 + h) = F(x_0). \qquad (2.71)$$

Für jedes $h > 0$ gilt

$$(X = x_0) = \{\omega/X(\omega) = x_0\} \subset \{\omega/x_0 - h < X(\omega) \leq x_0\} = (x_0 - h < X \leq x_0).$$

Daraus folgt

$$P(X = x_0) \leq P(x_0 - h < X \leq x_0) = F(x_0) - F(x_0 - h) \quad \text{für alle} \quad h > 0.$$

Die rechte Seite dieser Ungleichung wird beliebig klein, wenn nur h klein genug ist. Daher erfüllt eine stetige Zufallsvariable X die Bedingung (für $h \to 0$)

$$\boxed{P(X = x_0) = 0 \quad \text{für jedes} \quad x_0 \in \mathbb{R}.} \qquad (2.72)$$

Aus $P(X = x_0) = 0$ folgt jedoch nicht, daß der Wert x_0 von der stetigen Zufallsvariablen X nicht angenommen werden kann. Jeder einzelne Wert besitzt zwar die Wahrscheinlichkeit 0, bei der Durchführung des zugrunde liegenden Zufallsexperiments muß jedoch einer der Werte von X angenommen werden. Wegen dieser Eigenschaft kann man bei der Berechnung der Wahrscheinlichkeit dafür, daß X Werte aus einem Intervall annimmt, die Intervallgrenzen hinzunehmen oder weglassen, ohne daß sich die entsprechende Wahrscheinlichkeit ändert. Es gilt also für eine stetige Zufallsvariable X

$$P(a < X \leq b) = P(a < X < b) = P(a \leq X \leq b) = P(a \leq X < b);$$

$$F(x) = P(X \leq x) = P(X < x).$$

Im Falle $f(x_0) \neq 0$ ist $f(x_0)$ *nicht* die Wahrscheinlichkeit, mit der die Zufallsvariable X den Wert x_0 annimmt. $f(x_0)$ kann sogar größer als 1 sein. Dann wäre eine solche Interpretation sowieso unsinnig.

Die Dichte selbst kann im Gegensatz zur Verteilungsfunktion Sprungstellen besitzen. Wir nehmen an, die Funktion f sei im Punkt x_0 stetig und $\Delta x_0 > 0$ sei eine kleine Zahl. Dann unterscheidet sich die Wahrscheinlichkeit

$$P(x_0 \leq X \leq x_0 + \Delta x_0) = F(x_0 + \Delta x_0) - F(x_0) = \int\limits_{x_0}^{x_0 + \Delta x_0} f(u)\,du$$

(s. Bild 2.12) von der Rechtecksfläche $f(x_0)\,\Delta x_0$ umso weniger, je kleiner Δx_0 ist. Der Betrag der Differenz $d = |P(x_0 \leq X \leq x_0 + \Delta x_0) - f(x_0)\,\Delta x_0|$ kann beliebig klein gemacht werden, wenn nur Δx_0 klein genug gewählt wird. Damit erhalten wir in

$$\boxed{\begin{aligned} &P(x_0 \leq X \leq x_0 + \Delta x_0) \approx f(x_0)\,\Delta x_0, \\ &\text{wenn } x_0 \text{ Stetigkeitspunkt von f ist.} \end{aligned}} \qquad (2.73)$$

für kleine Werte $\Delta x_0 > 0$ eine gute Approximation. Besitzt dagegen f an der Stelle x_1 einen Sprung, so muß in der entsprechenden Näherungsformel der

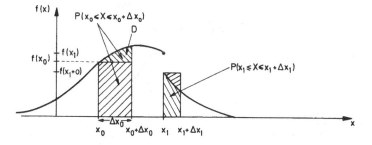

Bild 2.12. Dichte einer stetigen Zufallsvariablen

rechtsseitige Grenzwert $\lim\limits_{\substack{h \to 0 \\ h > 0}} f(x_1 + h) = f(x_1 + 0)$ genommen werden; dann gilt die Näherung

$$P(x_1 \leq X \leq x_1 + \Delta x_1) \approx f(x_1 + 0)\,\Delta x_1. \tag{2.74}$$

Ist x_0 Stetigkeitspunkt der Dichte f, so gilt mit $\lim\limits_{h \to 0} \dfrac{o(h)}{h} = 0$

$$F(x_0 + h) - F(x_0) = f(x_0)\,h + o(h),$$
$$\frac{F(x_0 + h) - F(x_0)}{h} = f(x_0) + \frac{o(h)}{h}.$$

Mit $h \to 0$ erhalten wir für die Ableitung der Funktion F an der Stelle x_0 gerade den Wert $f(x_0)$. Es gilt also

$$F'(x_0) = \lim\limits_{h \to 0} \frac{F(x_0 + h) - F(x_0)}{h} = f(x_0), \tag{2.75}$$

wenn x_0 Stetigkeitspunkt von f ist.

2.4.2. Erwartungswert und Varianz einer stetigen Zufallsvariablen

Um zu einer sinnvollen Definition des Erwartungswertes und der Varianz einer stetigen Zufallsvariablen X zu gelangen, betrachten wir zunächst eine Zufallsvariable X, deren Dichte f außerhalb eines endlichen Intervalls [a, b] verschwindet und im Intervall [a, b] stetig ist.

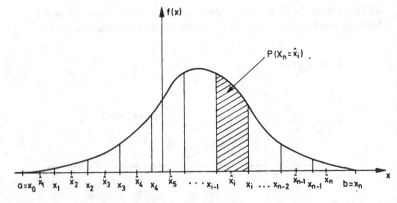

Bild 2.13. Diskretisierung einer stetigen Zufallsvariablen

Das Intervall $[a, b]$ teilen wir in n gleiche Teile mit der jeweiligen Länge $\Delta x = \frac{b-a}{n}$ ein. Die Zerlegungspunkte bezeichnen wir dabei mit $a = x_0$, $x_1 = a + \Delta x$, $x_2 = a + 2\Delta x$, ..., $x_{n-1} = a + (n-1)\Delta x$, $x_n = b$. Aus dem Intervall $(x_{i-1}, x_i]$ wählen wir einen beliebigen Punkt $\hat{x}_i$, z. B. die Intervallmitte, aus für $i = 1, 2, ..., n$ (vgl. Bild 2.13).

Durch $P(X_n = \hat{x}_i) = P(x_{i-1} < X \le x_i) = \int\limits_{x_{i-1}}^{x_i} f(u)\,du$ für $i = 1, 2, ..., n$

wird wegen

$$\sum_{i=1}^{n} P(X_n = \hat{x}_i) = \int\limits_{a}^{b} f(u)\,du = 1$$

eine diskrete Zufallsvariable X_n erklärt. Wegen

$$\int\limits_{x_{i-1}}^{x_i} f(u)\,du \approx f(\hat{x}_i)(x_i - x_{i-1}) = f(\hat{x}_i) \cdot \Delta x$$

gelten für den Erwartungswert und die Varianz der diskreten Zufallsvariablen X_n für große n (d. h. kleine Δx) folgende Näherungsformeln:

$$E(X_n) = \sum_{i=1}^{n} \hat{x}_i \, P(X_n = \hat{x}_i) \approx \sum_{i=1}^{n} \hat{x}_i \, f(\hat{x}_i)\,\Delta x;$$

$$\quad (2.76)$$

$$D^2(X_n) = \sum_{i=1}^{n} [\hat{x}_i - E(X_n)]^2 P(X_n = \hat{x}_i) \approx \sum_{i=1}^{n} [\hat{x}_i - E(X_n)]^2 f(\hat{x}_i)\,\Delta x.$$

Vergrößert man n, so wird $\Delta x = \frac{b-a}{n}$ kleiner. Daher werden diese Approximationen mit wachsendem n besser. Für jede Auswahl der Werte $\hat{x}_i \in (x_{i-1}, x_i]$ existiert der Grenzwert $\lim\limits_{n \to \infty} \sum\limits_{i=1}^{n} \hat{x}_i \, f(\hat{x}_i)\,\Delta x$, wobei dieser Grenzwert von der speziellen Wahl dieser Werte unabhängig ist. Den Grenzwert bezeichnen wir mit $\int\limits_{a}^{b} x\,f(x)\,dx$. Gegen diesen Grenzwert konvergiert aber auch die Folge $E(X_n)$, $n = 1, 2, ...$ Wegen „$X_n \to X$" ist es sinnvoll, diesen Grenzwert als den *Erwartungswert der stetigen Zufallsvariablen* X zu erklären; wir setzen also

$$\mu = E(X) = \int\limits_{a}^{b} x\,f(x)\,dx. \qquad (2.77)$$

Entsprechend heißt

$$\sigma^2 = D^2(X) = \int\limits_a^b (x - \mu)^2 f(x)\, dx \qquad (2.78)$$

die Varianz der stetigen Zufallsvariablen X.

Bei Dichten, die außerhalb eines endlichen Intervalls [a, b] verschwinden, im Intervall [a, b] jedoch Sprungstellen besitzen, kann man das obige Verfahren auf die einzelnen Teilbereiche zwischen je zwei Sprungstellen anwenden und die so erhaltenen Einzelintegrale aufaddieren. Schwierigkeiten können wie im diskreten Fall dann auftreten, wenn es kein endliches Intervall [a, b] gibt, außerhalb dessen die Dichte f verschwindet. Dann kann nämlich folgende Situation vorliegen: Bei einer speziellen Zerlegung der reellen Achse in abzählbar viele paarweise disjunkte Intervalle $I_k = (a_k, b_k]$, $a_k < b_k$, d. h. mit der Darstellung

$$IR = \bigcup_{k=1}^\infty I_k \text{ mit } I_k \cap I_j = \emptyset \text{ für } k \neq j, \text{ ist es möglich, daß der Grenzwert}$$

$$\lim_{n \to \infty} \sum_{i=1}^n \int\limits_{a_i}^{b_i} x\, f(x)\, dx \text{ existiert. Bei einer Umnumerierung oder bei einer}$$

anderen Zerlegung ergibt sich aber plötzlich ein anderer Grenzwert oder er existiert gar nicht. Solche Fälle sind ausgeschlossen, wenn die beiden Grenzwerte

$$\lim_{b \to \infty} \int\limits_0^b x\, f(x)\, dx \text{ und } \lim_{a \to -\infty} \int\limits_a^0 x\, f(x)\, dx \text{ existieren. Wegen}$$

$$\int\limits_{-\infty}^0 x\, f(x)\, dx = \lim_{a \to -\infty} \int\limits_a^0 x\, f(x)\, dx = -\lim_{a \to -\infty} \int\limits_a^0 |x|\, f(x)\, dx,$$

$$\int\limits_0^\infty x\, f(x)\, dx = \lim_{b \to \infty} \int\limits_0^b x\, f(x)\, dx = \lim_{b \to \infty} \int\limits_0^b |x|\, f(x)\, dx$$

existieren diese beiden Grenzwerte genau dann, wenn der Grenzwert

$$\lim_{\substack{a \to -\infty \\ b \to +\infty}} \int\limits_a^b |x|\, f(x)\, dx = \int\limits_{-\infty}^{+\infty} |x|\, f(x)\, dx \text{ existiert. Dann existiert aber auch}$$

$$\int\limits_{-\infty}^{+\infty} x\, f(x)\, dx = \lim_{\substack{a \to -\infty \\ b \to +\infty}} \int\limits_a^b x\, f(x)\, dx \text{ und ist unabhängig davon, wie man diesen}$$

Grenzwert bildet. Damit haben wir eine Motivation gefunden für die

Definition 2.10. Ist X eine stetige Zufallsvariable mit der Dichte f und existiert

das Integral $\int\limits_{-\infty}^{+\infty} |x|\, f(x)\, dx = \lim\limits_{\substack{a \to -\infty \\ b \to \infty}} \int\limits_{a}^{b} |x|\, f(x)\, dx$, so heißt das (dann auch

existierende) Integral

$$E(X) = \mu = \int\limits_{-\infty}^{+\infty} x\, f(x)\, dx$$

der *Erwartungswert* der stetigen Zufallsvariablen X. Im Falle der Existenz heißt

$$\sigma^2 = D^2(X) = \int\limits_{-\infty}^{+\infty} (x - \mu)^2 f(x)\, dx$$

die *Varianz* von X und $\sigma = +\sqrt{\sigma^2}$ die *Standardabweichung* der stetigen Zufallsvariablen X.

Für die praktische Rechnung erinnern wir an folgende Eigenschaften des Integrals

$$\int\limits_{a}^{b} (c_1 g(x) + c_2 h(x))\, dx = c_1 \int\limits_{a}^{b} g(x)\, dx + c_2 \int\limits_{a}^{b} h(x)\, dx, \ c_1, c_2 \in \mathbb{R},$$

$$\int\limits_{a}^{b} x^n dx = \frac{1}{n+1} x^{n+1} \Big|_{a}^{b} = \frac{1}{n+1}(b^{n+1} - a^{n+1}) \text{ für alle ganzzahlige } n \neq -1.$$

(2.79)

Beispiel 2.25. Die Funktion f sei gegeben durch $f(x) = \begin{cases} \frac{1}{2} + c \cdot x & \text{für } 0 \leq x \leq 1, \\ 0 & \text{sonst.} \end{cases}$

Zunächst bestimmen wir die Konstante c so, daß f Dichte ist. Aus der Bedingung

$\int\limits_{0}^{1} f(x)\, dx = 1$ erhalten wir die Gleichung $1 = \int\limits_{0}^{1} (\frac{1}{2} + cx)\, dx =$

$\left(\frac{1}{2}x + \frac{cx^2}{2}\right)\Big|_{x=0}^{x=1} = \frac{1}{2} + \frac{c}{2}$ mit der Lösung c = 1. Da für c = 1 die Funktion nicht-

negativ ist, ist f Dichte. Besitzt die Zufallsvariable X die Dichte f, so lautet die Verteilungsfunktion $F(x) = P(X \leq x)$

$$F(x) = \begin{cases} 0 & \text{für } x \leq 0, \\ \frac{1}{2}x + \frac{1}{2}x^2 & \text{für } 0 \leq x \leq 1, \\ 1 & \text{für } x \geq 1. \end{cases}$$

Die Funktionen f und F sind in Bild 2.14
graphisch dargestellt. Für die Wahrscheinlichkeit P(0,5 ⩽ X ⩽ 1) erhalten wir
nach Satz 2.17

$$P(0,5 \leqslant X \leqslant 1) = F(1) - F(0,5) =$$
$$= 1 - \frac{1}{4} - \frac{1}{8} = \frac{5}{8}.$$

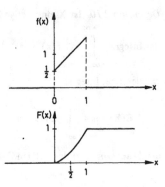

Bild 2.14
Dichte und Verteilungsfunktion einer stetigen
Zufallsvariablen

Ferner gilt

$$\mu = E(X) = \int\limits_0^1 x \left(\frac{1}{2} + x\right) dx = \int\limits_0^1 \left(\frac{x}{2} + x^2\right) dx =$$

$$= \left(\frac{x^2}{4} + \frac{x^3}{3}\right) \Bigg|_{x=0}^{x=1} = \frac{1}{4} + \frac{1}{3} = \frac{7}{12};$$

$$D^2(X) = \int\limits_0^1 \left(x - \frac{7}{12}\right)^2 \left(\frac{1}{2} + x\right) dx = \frac{11}{144}.$$

Die Varianz erhält man dabei durch elementare Rechnung.   ◆

Beispiel 2.26. Es gibt keine Konstante c, so daß die durch

$$f(x) = \begin{cases} 1 + cx & \text{für } 0 \leq x \leq 3, \\ 0 & \text{sonst} \end{cases}$$

definierte Funktion f Dichte ist. Wegen

$$1 = \int\limits_0^3 (1 + cx) \, dx = \left(x + \frac{cx^2}{2}\right) \Bigg|_0^3 = 3 + \frac{9}{2}c$$ müßte $c = -\frac{4}{9}$ sein. Dann wären aber

für alle x mit $\frac{9}{4} < x \leq 3$ die Funktionswerte f(x) negativ, weshalb f keine
Dichte sein kann.   ◆

Den Übergang von einer diskreten zu einer stetigen Zufallsvariablen können wir
uns formal so vorstellen, daß die Wahrscheinlichkeiten $P(X = x_i)$, $x_i \in W$, durch
die Dichte f, der Wertevorrat W durch eine überabzählbare Teilmenge der reellen
Zahlengeraden und die Summation durch die Integration ersetzt wird. Daher liegt
die Vermutung nahe, daß sämtliche bisher gezeigten Eigenschaften des Erwartungs-

wertes und der Varianz diskreter Zufallsvariabler auch für stetige Zufallsvariable
gültig bleiben, wenn man in den entsprechenden Formeln diese formale Übertragung vornimmt. Dabei wird diese Vermutung noch bestärkt durch die zu Beginn dieses Abschnitts vorgenommene Diskretisierung der stetigen Zufallsvariablen
X. Da die Eigenschaften für die diskreten Approximationsvariablen X_n gelten,
liegt es doch nahe, daß sie auch bei der Durchführung des Grenzübergangs $n \to \infty$
gültig bleiben. Tatsächlich lassen sich die gezeigten Eigenschaften alle auf stetige
Zufallsvariable übertragen.

Bevor wir uns allgemein mit der linearen Transformation $aX + b$, $a, b \in \mathrm{IR}$ beschäftigen, betrachten wir folgendes Beispiel:

Beispiel 2.27 (vgl. Beispiel 2.25). X sei eine stetige Zufallsvariable mit der in
Beispiel 2.25 angegebenen Dichte $f(x) = \frac{1}{2} + x$ für $0 \le x \le 1$, $f(x) = 0$ sonst.
Aus X leiten wir eine Zufallsvariable Y durch folgende Vorschrift ab: nimmt X
den Wert x an, so soll die Zufallsvariable Y den Wert $4x - 1$ annehmen. Dafür
schreiben wir auch $Y = 4X - 1$. Aus den Identitäten

$$(Y \le y) = (4X - 1 \le y) = (4X \le y + 1) = \left(X \le \frac{y+1}{4}\right)$$

erhalten wir die Verteilungsfunktion G der Zufallsvariablen Y als

$$G(y) = P(Y \le y) = P\left(X \le \frac{y+1}{4}\right) = F\left(\frac{y+1}{4}\right).$$

Dabei folgt aus Beispiel 2.25

$$F\left(\frac{y+1}{4}\right) = 0 \text{ für } \frac{y+1}{4} \le 0, \text{ also für } y \le -1,$$

$$F\left(\frac{y+1}{4}\right) = 1 \text{ für } \frac{y+1}{4} \ge 1, \text{ d.h. für } y \ge 3,$$

während wir für $-1 \le y \le 3$ folgende Funktionswerte erhalten

$$G(y) = F\left(\frac{y+1}{4}\right) = \frac{1}{2}\frac{y+1}{4} + \frac{1}{2}\left(\frac{y+1}{4}\right)^2 = \frac{4y + 4 + y^2 + 2y + 1}{32} =$$

$$= \frac{1}{32}y^2 + \frac{3}{16}y + \frac{5}{32}.$$

Die Funktionswerte $g(y)$ der Dichte von Y erhalten wir für $y \ne -1$ und $y \ne 3$
durch Ableitung der Funktion G nach y. An den Stellen $y = -1$ und $y = 3$ setzen
wir $g(-1) = \frac{2}{16}$ bzw. $g(3) = \frac{6}{16}$ und erhalten damit für die Dichte g der Zufallsvariablen Y die Darstellung

$$g(y) = \begin{cases} 0 & \text{für } y < -1, \\ \frac{y}{16} + \frac{3}{16} & \text{für } -1 \le y \le 3, \\ 0 & \text{für } y > 3. \end{cases}$$

Dabei gilt für jedes $y \in \mathbb{R}$ die Beziehung

$$g(y) = \frac{1}{4} f\left(\frac{y+1}{4}\right) .$$ ◆

Für eine beliebige lineare Transformation $aX + b$ zeigen wir den

Satz 2.18
Ist X eine stetige Zufallsvariable mit der Dichte f, so besitzt die Zufallsvariable $Y = aX + b$ für $a \neq 0$ die Dichte

$$g(y) = \frac{1}{|a|} f\left(\frac{y-b}{a}\right) .$$ (2.80)

Beweis:

1. Zunächst betrachten wir den Fall $a > 0$. Ist F die Verteilungsfunktion der
   Zufallsvariablen X, so folgt aus

   $$(Y = aX + b \leq y) = (aX \leq y - b) = \left(X \leq \frac{y-b}{a}\right)$$

   die Gleichung

   $$P(Y \leq y) = F\left(\frac{y-b}{a}\right) = \int_{-\infty}^{\frac{y-b}{a}} f(u)\,du.$$

   Durch die Substitution $u = \frac{v-b}{a}$ geht dieses Integral über in

   $$P(Y \leq y) = \int_{-\infty}^{y} \frac{1}{a} f\left(\frac{v-b}{a}\right) dv = \int_{-\infty}^{y} g(v)\,dv.$$

   Damit ist $g(y) = \frac{1}{a} f\left(\frac{y-b}{a}\right)$ Dichte der Zufallsvariablen Y.

2. Für $a < 0$ gilt wegen $|a| = -a$ entsprechend

   $$(Y = aX + b \leq y) = (aX \leq y - b) = \left(X \geq \frac{y-b}{a}\right);$$

   $$P(Y \leq y) = \int_{\frac{y-b}{a}}^{\infty} f(u)\,du = \int_{y}^{-\infty} \frac{1}{a} f\left(\frac{v-b}{a}\right) dv =$$

   $$= -\int_{-\infty}^{y} \frac{1}{a} f\left(\frac{v-b}{a}\right) dv = \int_{-\infty}^{y} \frac{1}{|a|} f\left(\frac{v-b}{a}\right) dv = \int_{-\infty}^{y} g(v)\,dv,$$

   womit auch für diesen Fall die Behauptung $g(y) = \frac{1}{|a|} f\left(\frac{y-b}{a}\right)$ gezeigt ist. ■

Satz 2.19

Ist X eine stetige Zufallsvariable mit dem Erwartungswert E(X), so gilt für beliebige reelle Zahlen a, b die Gleichung

$$E(aX + b) = aE(X) + b. \tag{2.81}$$

Beweis: Ist f die Dichte von X und $a \neq 0$, so erhalten wir aus (2.80) für den Erwartungswert der Zufallsvariablen Y = aX + b die Gleichungen

$$E(Y) = \int\limits_{-\infty}^{+\infty} y g(y) \, dy = \int\limits_{-\infty}^{+\infty} y \cdot \frac{1}{|a|} f\left(\frac{y-b}{a}\right) dy.$$

Mit der Substitution $\frac{y-b}{a} = x$ folgt hieraus

$$E(Y) = \int\limits_{-\infty}^{+\infty} (ax + b) f(x) \, dx = a \int\limits_{-\infty}^{+\infty} x f(x) \, dx + b \int\limits_{-\infty}^{+\infty} f(x) \, dx = aE(X) + b.$$

Im Falle a = 0 ist aX + b = b eine konstante diskrete Zufallsvariable, deren Erwartungswert gleich b ist. ∎

Satz 2.20

Für die Varianz einer stetigen Zufallsvariablen X mit der Dichte f und dem Erwartungswert μ gilt

$$D^2(X) = \int\limits_{-\infty}^{+\infty} x^2 f(x) \, dx - \mu^2 = E(X^2) - \mu^2. \tag{2.82}$$

Beweis: Aus der Definition 2.10 und der Linearität des Integrals folgt

$$D^2(X) = \int\limits_{-\infty}^{+\infty} (x - \mu)^2 f(x) \, dx = \int\limits_{-\infty}^{+\infty} (x^2 - 2\mu x + \mu^2) f(x) \, dx =$$

$$= \int\limits_{-\infty}^{+\infty} x^2 f(x) \, dx - 2\mu \int\limits_{-\infty}^{+\infty} x f(x) \, dx + \mu^2 \int\limits_{-\infty}^{+\infty} f(x) \, dx =$$

$$= \int\limits_{-\infty}^{+\infty} x^2 f(x) \, dx - 2\mu \cdot \mu + \mu^2 = \int\limits_{-\infty}^{+\infty} x^2 f(x) \, dx - \mu^2. \quad ∎$$

Für symmetrische Dichten gilt wie bei diskreten Zufallsvariablen (vgl. Satz 2.3) der

> **Satz 2.21**
> X sei eine stetige Zufallsvariable mit der Dichte f, deren Erwartungswert existiert. Ist die Dichte symmetrisch zur Achse x = s, d. h. ist $f(s+x) = f(s-x)$ für alle $x \in \mathbb{R}$, so gilt
>
> $E(X) = s$.

Beweis: Nach Satz 2.18 besitzt die Zufallsvariable $Y = X - s$ die Dichte $g(y) = f(s + y)$ und $Y = -X + s$ die Dichte $h(y) = f(\frac{y-s}{-1}) = f(s-y)$. Wegen $f(s+y) = f(s-y)$ besitzen daher die Zufallsvariablen $X - s$ und $-X + s$ dieselbe Dichte und somit denselben Erwartungswert. Damit gilt wegen Satz 2.19 mit $a = 1$ und $b = -s$

$$E(X - s) = E(X) - s = E(-X + s) = -E(X) + s,$$

woraus unmittelbar die Behauptung $E(X) = s$ folgt. ■

Die Varianz läßt sich bei symmetrischen Dichten einfacher nach der Formel des folgenden Satzes berechnen

> **Satz 2.22**
> Ist für die Dichte f einer stetigen Zufallsvariablen X die Bedingung $f(s + x) = f(s - x)$ für alle $x \in \mathbb{R}$ erfüllt, so gilt
>
> $$D^2(X) = 2 \cdot \int_{-\infty}^{s} (x-s)^2 f(x)\,dx = 2 \cdot \int_{s}^{\infty} (x-s)^2 f(x)\,dx. \qquad (2.83)$$

Beweis: Wegen $E(X) = s$ lautet die Varianz

$$D^2(X) = \int_{-\infty}^{+\infty} (x-s)^2 f(x)\,dx = \int_{-\infty}^{s} (x-s)^2 f(x)\,dx +$$

$$+ \int_{s}^{\infty} (x-s)^2 f(x)\,dx. \qquad (2.84)$$

Durch die Substitution $x - s = u$ erhält man für das erste Integral

$$\int_{-\infty}^{s} (x-s)^2 f(x)\,dx = \int_{-\infty}^{0} u^2 f(s+u)\,du,$$

während die Substitution $x - s = -u$ das zweite Integral überführt in

$$\int_s^\infty (x-s)^2 f(x)\,dx = -\int_0^{-\infty} u^2 f(s-u)\,du = \int_{-\infty}^0 u^2 f(s-u)\,du =$$

$$= \int_{-\infty}^0 u^2 f(s+u)\,du.$$

Beide Integrale auf der rechten Seite von (2.84) stimmen somit überein. Sie sind daher jeweils gleich der halben Varianz, womit die Behauptung gezeigt ist. ∎

Beispiel 2.28. Die Dichte f der Zufallsvariablen X sei gegeben durch (vgl. Bild 2.15)

$$f(x) = \begin{cases} 0 & \text{für } x \notin [0,4], \\ \frac{1}{4}x & \text{für } 0 \le x \le 2, \\ 1-\frac{1}{4}x & \text{für } 2 \le x \le 4. \end{cases}$$

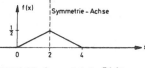

Bild 2.15. Symmetrische Dichte

Da f nichtnegativ ist, und das in Bild 2.15 gezeichnete Dreieck den Flächeninhalt 1 hat, ist f Dichte. Wegen $f(2+x) = f(2-x)$ für alle x ist f symmetrisch zur Achse $x = 2$. Nach Satz 2.21 besitzt X daher den Erwartungswert $E(X) = 2$. Nach Satz 2.22 gilt für die Varianz von X die Gleichung

$$D^2(X) = 2 \cdot \int_0^2 (x-2)^2 \cdot \frac{1}{4}x\,dx = \frac{1}{2}\int_0^2 (x^3 - 4x^2 + 4x)\,dx =$$

$$= \frac{1}{2}\left(\frac{x^4}{4} - \frac{4\cdot x^3}{3} + \frac{4\cdot x^2}{2}\right)\Big|_{x=0}^{x=2} = \frac{1}{2}\left(4 - \frac{32}{3} + 8\right) = \frac{1}{2}\cdot\frac{4}{3} = \frac{2}{3}. \qquad \blacklozenge$$

2.4.3. Stetige zweidimensionale Zufallsvariable

Wir betrachten zunächst zwei durch dasselbe Zufallsexperiment bestimmte Zufallsvariable X und Y mit den Verteilungsfunktionen $F_1(x) = P(X \le x)$ und $F_2(y) = P(Y \le y)$. Durch

$$F(x, y) = P(X \le x, Y \le y) = P(\{\omega/X(\omega) \le x\} \cap \{\omega/Y(\omega) \le y\}), x, y \in \mathbb{R} \tag{2.85}$$

wird der zweidimensionalen Zufallsvariablen (X, Y) eine Funktion F in zwei Veränderlichen zugeordnet. Das Zahlenpaar (x, y) stellt einen Punkt in der x-y-Ebene dar. Wir schreiben für $x \in \mathbb{R}, y \in \mathbb{R}$ kurz $(x,y) \in \mathbb{R}^2$. Durch (2.85) wird jedem Punkt $(x,y) \in \mathbb{R}^2$ ein Zahlenwert $F(x, y)$ zugeordnet.

Definition 2.11. Die durch $F(x, y) = P(X \leq x, Y \leq y), (x, y) \in IR^2$ definierte Funktion F heißt *Verteilungsfunktion* der zweidimensionalen Zufallsvariablen (X, Y).

Für eine diskrete zweidimensionale Zufallsvariable (X, Y) mit der Verteilung $(x_i, y_j, P(X = x_i, Y = y_j), i = 1, 2, \ldots, j = 1, 2, \ldots$ erhalten wir

$$F(x, y) = P(X \leq x, Y \leq y) = \sum_{x_i \leq x} \sum_{y_j \leq y} P(X = x_i, Y = y_j). \qquad (2.86)$$

Ersetzt man in dieser Gleichung die Wahrscheinlichkeiten $P(X = x_i, Y = y_j)$ durch eine Dichte $f(x, y)$ und die Doppelsumme durch das Doppelintegral, so führt dies unmittelbar zu der

Definition 2.12. Die zweidimensionale Zufallsvariable (X, Y) heißt *stetig*, wenn eine nichtnegative Funktion $f(x, y)$ existiert, so daß für jedes $(x, y) \in IR^2$ gilt

$$F(x, y) = P(X \leq x, Y \leq y) = \int_{-\infty}^{x} \int_{-\infty}^{y} f(u, v) \, du \, dv. \qquad (2.87)$$

Die Funktion $f(x, y)$ heißt *gemeinsame Dichte* der Zufallsvariablen X und Y.

Aus $(X < \infty, Y < \infty) = \{\omega/X(\omega) < \infty\} \cap \{\omega/X(\omega) < \infty\} = \Omega \cap \Omega = \Omega$ folgt

$$\boxed{\int_{-\infty}^{+\infty} \int_{-\infty}^{+\infty} f(u, v) \, du \, dv = 1.} \qquad (2.88)$$

Die Dichte $f(x, y)$ spannt über der x-y-Ebene eine Fläche auf. In Bild 2.17 ist eine solche Fläche über einem Quadrat der x-y-Ebene graphisch dargestellt. Der Körper, den diese Fläche mit der x-y-Ebene zusammen bildet, besitzt das Volumen 1. Wegen (2.87) ist die Wahrscheinlichkeit $P(X \leq x_0, Y \leq y_0) = F(x_0, y_0)$ gleich dem Volumen desjenigen Teilkörpers, den die Fläche über dem Bereich $M = \{(x, y)/x \leq x_0, y \leq y_0\}$ mit der x-y-Ebene bildet.

Für die Wahrscheinlichkeit dafür, daß (X, Y) Werte aus einem halboffenen Rechteck annimmt, zeigen wir den

Satz 2.23

Ist (X, Y) eine stetige zweidimensionale Zufallsvariable mit der Verteilungsfunktion $F(x, y)$ und der gemeinsamen Dichte $f(x, y)$, so gilt für $x_1 < x_2$, $y_1 < y_2$

$$P(x_1 < X \leq x_2, y_1 < Y \leq y_2) = F(x_2, y_2) - F(x_1, y_2) - F(x_2, y_1) + F(x_1, y_1) =$$

$$= \int_{x_1}^{x_2} \int_{y_1}^{y_2} f(x, y) \, dx \, dy. \qquad (2.89)$$

Wir setzen (vgl. Bild 2.16) $A = (X \leq x_1, y_1 < Y \leq y_2)$, $B = (X \leq x_1, Y \leq y_1)$, $C = (x_1 < X \leq x_2, Y \leq y_1)$, $G = (x_1 < X \leq x_2, y_1 < Y \leq y_2)$.

Aus Bild 2.16 erkennt man unmittelbar die Identität

$$A + B + C + G = (X \leq x_2, Y \leq y_2). \tag{2.90}$$

Für die Ereignisse A, B, C gilt dabei

$$A + B = (X \leq x_1, Y \leq y_2),$$
$$C + B = (X \leq x_2, Y \leq y_1).$$

Daraus folgt

$$P(A) + P(B) = F(x_1, y_2),$$
$$P(C) = F(x_2, y_1) - F(x_1, y_1).$$

Aus (2.90) erhalten wir $\qquad$ (2.91)

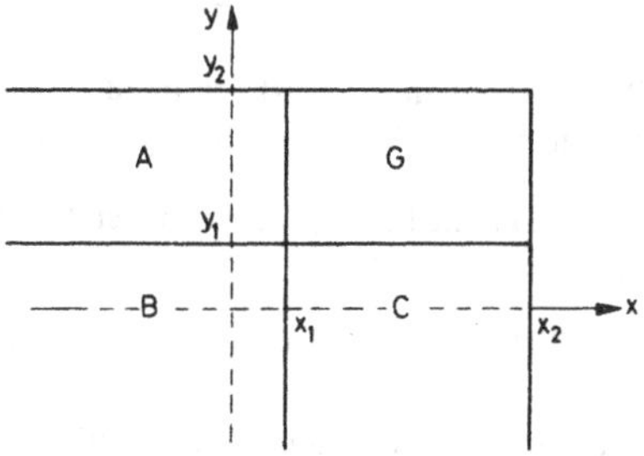

$$P(A) + P(B) + P(C) + P(G) = F(x_2, y_2)$$

Bild 2.16

und hieraus mit (2.91)

$$P(x_1 < X \leq x_2, y_1 < Y \leq y_2) = P(G) = F(x_2, y_2) - P(A) - P(B) - P(C) =$$

$$= F(x_2, y_2) - F(x_1, y_2) - F(x_2, y_1) + F(x_1, y_1) =$$

$$= \int_{-\infty}^{x_2} \int_{-\infty}^{y_2} f(x, y)\, dx\, dy - \int_{-\infty}^{x_1} \int_{-\infty}^{y_2} f(x, y)\, dx\, dy -$$

$$- \int_{-\infty}^{x_2} \int_{-\infty}^{y_1} f(x, y)\, dx\, dy + \int_{-\infty}^{x_1} \int_{-\infty}^{y_1} f(x, y)\, dx\, dy =$$

$$= \int_{x_1}^{x_2} \int_{-\infty}^{y_2} f(x, y)\, dx\, dy - \int_{x_1}^{x_2} \int_{-\infty}^{y_1} f(x, y)\, dx\, dx\, dy =$$

$$= \int_{x_1}^{x_2} \int_{y_1}^{y_2} f(x, y)\, dx\, dy. \qquad \blacksquare$$

Ist G ein Gebiet in der x-y-Ebene, so läßt sich allgemein folgende Formel zeigen

$$\boxed{P((X, Y) \in G) = \iint_G f(x, y)\, dx\, dy.} \tag{2.92}$$

Die Wahrscheinlichkeit dafür, daß die zweidimensionale Zufallsvariable (X, Y) Werte aus dem Gebiet G annimmt, ist also gleich dem Doppelintegral bezüglich der Dichte über dieses Gebiet. Besteht dieser Bereich nur aus einer Kurve L, so folgt insbesondere

$$P((X, Y) \in L) = 0, \quad L = \text{Kurve in } \mathbb{R}^2. \tag{2.93}$$

Daher kann man in (2.89) den Rand hinzunehmen oder teilweise weglassen, ohne die entsprechende Wahrscheinlichkeit zu ändern.

Falls im Punkt (x_0, y_0) die Dichte stetig ist, so gilt entsprechend dem eindimensionalen Fall

$$P(x_0 \leq X \leq x_0 + \Delta x_0, y_0 \leq Y \leq \Delta y_0) \approx f(x_0, y_0) \cdot \Delta x_0 \cdot \Delta y_0. \tag{2.94}$$

In einem Stetigkeitspunkt (x_0, y_0) erhält man die Dichte $f(x_0, y_0)$ durch Differentiation von F nach x und anschließend nach y oder umgekehrt. Es gilt also

$$\lim_{\substack{h \to 0 \\ k \to 0}} \frac{F(x_0 + h, y_0 + k) - F(x_0, y_0)}{h \cdot k} = \frac{\partial^2 F(x_0, y_0)}{\partial x \, \partial y} = f(x_0, y_0), \tag{2.95}$$

wenn (x_0, y_0) Stetigkeitspunkt von f ist.

Beispiel 2.29. Die zweidimensionale Zufallsvariable (X, Y) besitze die Dichte

$$f(x, y) = \begin{cases} x + y & \text{für} \quad 0 \leq x, y \leq 1, \\ 0 & \text{sonst.} \end{cases}$$

Für $0 \leq x, y \leq 1$ lautet die Verteilungsfunktion

$$F(x, y) = \int\limits_0^x \int\limits_0^y (u + v) \, dv \, du = \int\limits_0^x \left(uv + \frac{v^2}{2} \right) \Big|_{v=0}^{v=y} du =$$

$$= \int\limits_0^x \left(uy + \frac{y^2}{2} \right) du = \left(\frac{u^2}{2} y + u \frac{y^2}{2} \right) \Big|_{u=0}^{u=x} = \frac{x^2}{2} y + x \cdot \frac{y^2}{2}.$$

Wegen $F(1, 1) = \frac{1}{2} + \frac{1}{2} = 1$ und $f(x, y) \geq 0$ ist f Dichte.

Über dem Quadrat $0 \leq x, y \leq 1$ stellt f eine Ebene dar und verschwindet außerhalb davon (s. Bild 2.17). Der in Bild 2.17 dargestellte Körper besitzt das Volumen 1.

♦

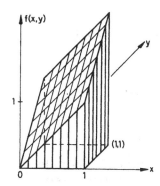

Bild 2.17
Gemeinsame Dichte zweier abhängiger
stetiger Zufallsvariabler

Aus der gemeinsamen Dichte $f(x, y)$ erhalten wir die Dichten $f_1(x)$, $f_2(y)$ der einzelnen Zufallsvariablen X und Y durch folgende Überlegungen

$$P(X \leq x) = P(X \leq x, Y < \infty) = \int\limits_{-\infty}^{x} \{ \int\limits_{-\infty}^{+\infty} f(u, v)\,dv \}\,du;$$

$$P(Y \leq y) = P(X < \infty, Y \leq y) = \int\limits_{-\infty}^{+\infty} \int\limits_{-\infty}^{y} f(u, v)\,dv\,du =$$

$$= \int\limits_{-\infty}^{y} \{ \int\limits_{-\infty}^{+\infty} f(u, v)\,du \}\,dv.$$

$$\boxed{f_1(x) = \int\limits_{-\infty}^{+\infty} f(x, y)\,dy, \quad f_2(y) = \int\limits_{-\infty}^{+\infty} f(x, y)\,dx}$$ (2.96)

sind die Dichten von X bzw. Y, die sog. *Randdichten.*

Beispiel 2.30 (vgl. Beispiel 2.29). Die stetige zweidimensionale Zufallsvariable (X, Y) besitze die Dichte (vgl. Bild 2.17)

$$f(x, y) = \begin{cases} x + y & \text{für} \quad 0 \leq x, y \leq 1, \\ 0 & \text{sonst.} \end{cases}$$

Die Dichte $f_1(x)$ der Zufallsvariablen X lautet für $0 \leq x \leq 1$

$$f_1(x) = \int\limits_{0}^{1} (x + y)\,dy = \left(xy + \frac{y^2}{2} \right)\bigg|_{y=0}^{y=1} = x + \tfrac{1}{2}.$$

Für $x \notin [0, 1]$ verschwindet $f_1(x)$.

Für die Dichte $f_2(y)$ der Zufallsvariablen Y erhalten wir entsprechend

$$f_2(y) = \begin{cases} \displaystyle\int_0^1 (x+y)\,dx = y + \frac{1}{2} & \text{für} \quad 0 \le y \le 1, \\[2mm] 0 & \text{sonst.} \end{cases}$$

Aus Beispiel 2.25 folgt $E(X) = E(Y) = \dfrac{7}{12}$; $D^2(X) = D^2(Y) = \dfrac{11}{144}$. ◆

Bei der Übertragung der (stoch.) Unabhängigkeit von diskreten Zufallsvariablen auf stetige benutzen wir folgende Eigenschaft, die aus der Definition 2.7, aus Satz 2.1 und aus (2.86) abgeleitet werden kann.

Zwei diskrete Zufallsvariable X und Y mit der gemeinsamen Verteilungsfunktion $F(x, y) = P(X \le x, Y \le y)$ und den einzelnen Verteilungsfunktionen $F_1(x) = P(X \le x)$ und $F_2(y) = P(Y \le y)$ sind genau dann (stoch.) unabhängig, wenn für alle $(x, y) \in \mathbb{R}^2$ gilt

$$F(x, y) = P(X \le x, Y \le y) = P(X \le x) \cdot P(Y \le y) = F_1(x) \cdot F_2(y). \quad (2.97)$$

Diese Gleichung hätte also auch zur Definition der (stoch.) Unabhängigkeit zweier diskreter Zufallsvariabler benutzt werden können. Wir geben daher allgemein die

Definition 2.13. Zwei beliebige Zufallsvariable X und Y mit der gemeinsamen Verteilungsfunktion $F(x, y)$ und den Randverteilungen F_1 und F_2 nennt man *(stoch.) unabhängig*, wenn für alle $(x, y) \in \mathbb{R}^2$ gilt

$$F(x, y) = P(X \le x, Y \le y) = P(X \le x) \cdot P(Y \le y) = F_1(x) \cdot F_2(y). \quad (2.98)$$

Für (stoch.) unabhängige Zufallsvariable gilt der

Satz 2.24
Sind X und Y zwei (stoch.) unabhängige Zufallsvariable, so gilt für beliebige Zahlen $x_1, x_2, y_1, y_2 \in \mathbb{R}$

$$P(x_1 < X \le x_2, y_1 < Y \le y_2) = P(x_1 < X \le x_2) \cdot P(y_1 < Y \le y_2). \quad (2.99)$$

Beweis: Ist F die Verteilungsfunktion von (X, Y), F_1 die von X und F_2 die von Y, so gilt nach (2.89) und (2.98)

$$\begin{aligned} P(x_1 < X \le x_2, y_1 < Y \le y_2) &= F(x_2, y_2) - F(x_1, y_2) - \\ &\quad - F(x_2, y_1) + F(x_1, y_1) = F_1(x_2) F_2(y_2) - F_1(x_1) F_2(y_2) - \\ &\quad - F_1(x_2) F_2(y_1) + F_1(x_1) F_2(y_1) = \\ &= [F_1(x_2) - F_1(x_1)] \cdot [F_2(y_2) - F_2(y_1)] = \\ &= P(x_1 < X \le x_2) \cdot P(y_1 < Y \le y_2). \end{aligned}$$ ∎

Für (stoch.) unabhängige stetige Zufallsvariable gilt damit

$$P(x_1 \leq X \leq x_2, y_1 \leq Y \leq y_2) = \int_{x_1}^{x_2} f_1(x)\,dx \cdot \int_{y_1}^{y_2} f_2(y)\,dy. \quad (2.100)$$

Ist die Dichte f im Punkt (x, y) stetig, so erhält man durch Differentiation der Identität $F(x, y) = F_1(x) \cdot F_2(y)$ nach x und y wegen (2.95) für unabhängige stetige Zufallsvariable die Beziehung

$$f(x, y) = f_1(x) \cdot f_2(y). \quad (2.101)$$

Gilt (2.101) für alle $(x, y) \in \mathbb{R}^2$, so sind die Zufallsvariablen X und Y unabhängig. Daher wird diese Beziehung häufig zur Definition der (stoch.) Unabhängigkeit zweier stetiger Zufallsvariabler benutzt. Sind f_1 und f_2 Dichten der stetigen Zufallsvariablen X und Y, so wird durch $f(x, y) = f_1(x) \cdot f_2(y)$ eine Dichte der zweidimensionalen Zufallsvariablen (X, Y) erklärt. Die Zufallsvariablen sind dann (stoch.) unabhängig.

Beispiel 2.31 (vgl. Beispiele 2.29 und 2.30). Die Zufallsvariablen X, Y mit der gemeinsamen Dichte

$$f(x, y) = \begin{cases} x + y & \text{für} \quad 0 \leq x, y \leq 1, \\ 0 & \text{sonst} \end{cases}$$

sind nicht (stoch.) unabhängig, da für $0 \leq x, y \leq 1$ das Produkt $f_1(x) \cdot f_2(x) = (x + \frac{1}{2})(y + \frac{1}{2})$ von $f(x, y)$ verschieden ist.

Wir wählen nun als Dichte der zweidimensionalen stetigen Zufallsvariablen $(\hat{X}, \hat{Y})$ die durch

$$\hat{f}(x, y) = \begin{cases} (x + \frac{1}{2})(y + \frac{1}{2}) & \text{für} \quad 0 \leq x, y \leq 1, \\ 0 & \text{sonst} \end{cases}$$

definierte Funktion $\hat{f}$. Die eindimensionalen Zufallsvariablen $\hat{X}$ und X bzw. $\hat{Y}$ und Y besitzen jeweils gleiche Dichten, nämlich die Funktionen f_1 bzw. f_2 aus Beispiel 2.30. Die Zufallsvariablen $\hat{X}$ und $\hat{Y}$ sind jedoch im Gegensatz zu den Zufallsvariablen X und Y (stoch.) unabhängig. Die gemeinsame Dichte ist in Bild 2.18 graphisch dargestellt. ♦

Über dem Quadrat $0 \leq x, y \leq 1$ stellt $\hat{f}(x, y)$ keine Ebene dar, sondern ein Hyperboloid. Die Zufallsvariablen $(\hat{X}, \hat{Y})$ und (X, Y) besitzen somit verschiedene gemeinsame Dichten, obwohl die Dichten von $\hat{X}$ und X und $\hat{Y}$ und Y jeweils übereinstimmen.

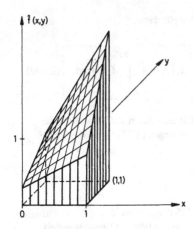

Bild 2.18
Gemeinsame Dichte zweier unabhängiger
Zufallsvariabler

2.4.4. Summen und Produkte stetiger Zufallsvariabler

Die zweidimensionale Zufallsvariable (X, Y) sei stetig mit der gemeinsamen Dichte $f(x, y)$. Für die Verteilungsfunktion $F(z)$ der Summe $Z = X + Y$ erhalten wir

$$F(z) = P(X + Y \leq z) = \int\limits_{x+y \leq z} \int f(x, y)\, dx\, dy =$$

$$= \int\limits_{-\infty}^{+\infty} \left\{ \int\limits_{-\infty}^{z-x} f(x, y)\, dy \right\} dx.$$

Durch die Substitution $y = u - x$ geht dieses Integral über in

$$\int\limits_{-\infty}^{+\infty} \left\{ \int\limits_{-\infty}^{z} f(x, u - x)\, du \right\} dx = \int\limits_{-\infty}^{z} \left\{ \int\limits_{-\infty}^{+\infty} f(x, u - x)\, dx \right\} du.$$

Entsprechend gilt

$$F(z) = \int\limits_{x+y \leq z} \int f(x, y)\, dx\, dy = \int\limits_{-\infty}^{+\infty} \left\{ \int\limits_{-\infty}^{z-y} f(x, y)\, dx \right\} dy =$$

$$= \int\limits_{-\infty}^{+\infty} \left\{ \int\limits_{-\infty}^{z} f(v - y, y)\, dv \right\} dy = \int\limits_{-\infty}^{z} \left\{ \int\limits_{-\infty}^{+\infty} f(v - y, y)\, dy \right\} dv.$$

Damit ist auch $Z = X + Y$ stetig und besitzt die Dichte

$$h(z) = \int\limits_{-\infty}^{+\infty} f(x, z - x)\, dx = \int\limits_{-\infty}^{+\infty} f(z - y, y)\, dy. \tag{2.102}$$

Für den Erwartungswert von $X + Y$ zeigen wir den

Satz 2.25
Sind X und Y zwei stetige Zufallsvariable, deren Erwartungswerte $E(X)$ und $E(Y)$ existieren, so gilt

$$E(X + Y) = E(X) + E(Y). \tag{2.103}$$

Beweis: Aus (2.102) folgt mit $Z = X + Y$ und der Substitution $z = x + y$

$$E(Z) = \int\limits_{-\infty}^{+\infty} z\, h(z)\, dz = \int\limits_{-\infty}^{+\infty} z \int\limits_{-\infty}^{+\infty} f(x, z - x)\, dx\, dz =$$

$$= \int\limits_{-\infty}^{+\infty} \int\limits_{-\infty}^{+\infty} z\, f(x, z - x)\, dx\, dz = \int\limits_{-\infty}^{+\infty} \int\limits_{-\infty}^{+\infty} (x + y)\, f(x, y)\, dx\, dy =$$

$$= \int\limits_{-\infty}^{+\infty} \int\limits_{-\infty}^{+\infty} x\, f(x, y)\, dx\, dy + \int\limits_{-\infty}^{+\infty} \int\limits_{-\infty}^{+\infty} y\, f(x, y)\, dx\, dy =$$

$$= \int\limits_{-\infty}^{+\infty} x \left\{ \int\limits_{-\infty}^{+\infty} f(x, y)\, dy \right\} dx + \int\limits_{-\infty}^{+\infty} y \left\{ \int\limits_{-\infty}^{+\infty} f(x, y)\, dx \right\} dy =$$

$$= \int\limits_{-\infty}^{+\infty} x\, f_1(x)\, dx + \int\limits_{-\infty}^{+\infty} y\, f_2(y)\, dy = E(X) + E(Y). \qquad \blacksquare$$

Durch vollständige Induktion läßt sich (2.103) auf eine endliche Summe stetiger Zufallsvariabler übertragen. Es gilt also für stetige Zufallsvariable $X_1, X_2, \ldots, X_n$, deren Erwartungswerte existieren, die Identität

$$E\left(\sum_{i=1}^{n} X_i \right) = \sum_{i=1}^{n} E(X_i). \tag{2.104}$$

Beispiel 2.32 (vgl. Beispiel 2.29). Für die Dichte $h(z)$ der Summe $Z = X + Y$ der Zufallsvariablen X, Y mit der gemeinsamen Dichte

$$f(x, y) = \begin{cases} x + y & \text{für} \quad 0 \leq x, y \leq 1, \\ 0 & \text{sonst} \end{cases}$$

erhalten wir nach (2.102) die Gleichung

$$h(z) = \int_{-\infty}^{+\infty} f(x, z - x)\, dx.$$

Der Integrand $f(x, z - x)$ verschwindet außerhalb des Bereiches $0 \leq x \leq 1$; $0 \leq z - x \leq 1$, insbesondere also für alle $z \notin [0, 2]$.

Für $0 \leq z \leq 1$ erhalten wir

$$h(z) = \int_0^z f(x, z - x)\, dx = \int_0^z (x + z - x)\, dx = z^2$$

und für $1 \leq z \leq 2$ die Funktionswerte

$$h(z) = \int_{z-1}^1 z\, dx = zx \Big|_{x = z-1}^{x = 1} = z(1 - (z - 1)) = z(2 - z) = 2z - z^2.$$

Die Zufallsvariable $Z = X + Y$ besitzt daher die Dichte (vgl. Bild 2.19)

$$h(z) = \begin{cases} 0 & \text{für } z \leq 0, \\ z^2 & \text{für } 0 \leq z \leq 1, \\ 2z - z^2 & \text{für } 1 \leq z \leq 2, \\ 0 & \text{für } z \geq 2. \end{cases}$$

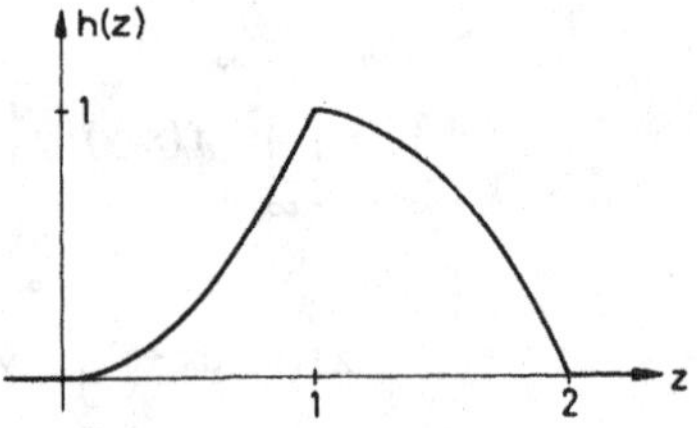

Bild 2.19

Für den Erwartungswert der Zufallsvariablen Z erhalten wir

$$E(Z) = \int_0^2 z\, h(z)\, dz = \int_0^1 z^3\, dz + \int_1^2 (2z^2 - z^3)\, dz = \frac{z^4}{4} \Big|_0^1 + \left(\frac{2z^3}{3} - \frac{z^4}{4} \right) \Big|_1^2 =$$

$$= \frac{1}{4} + \frac{16}{3} - \frac{16}{4} - \frac{2}{3} + \frac{1}{4} = \frac{14}{3} - \frac{14}{4} = \frac{56 - 42}{12} = \frac{14}{12} = \frac{7}{6} = E(X) + E(Y). \; \blacklozenge$$

Beispiel 2.33 (vgl. Beispiel 2.31). Die zweidimensionale Zufallsvariable $(\hat{X}, \hat{Y})$ besitze die Dichte

$$\hat{f}(x,y) = \begin{cases} (x + \tfrac{1}{2})(y + \tfrac{1}{2}) & \text{für} \quad 0 \le x, y \le 1, \\ 0 & \text{sonst.} \end{cases}$$

Für die Dichte $\hat{h}(z)$ der Summe $\hat{Z} = \hat{X} + \hat{Y}$ erhalten wir wie in Beispiel 2.32 die Werte $\hat{h}(z) = 0$ für $z \notin [0, 2]$.

Für $\quad 0 \le z \le 1$ gilt $\hat{h}(z) = \displaystyle\int\limits_0^z (x + \tfrac{1}{2})(z - x + \tfrac{1}{2})\, dx = \int\limits_0^z (xz - x^2 + \tfrac{z}{2} + \tfrac{1}{4})\, dx =$

$$= \frac{z^3}{2} - \frac{z^3}{3} + \frac{z^2}{2} + \frac{z}{4} = \frac{z^3}{6} + \frac{z^2}{2} + \frac{z}{4} \,;$$

Für $\quad 1 < z \le 2$ ergibt sich $\hat{h}(z) = \displaystyle\int\limits_{z-1}^1 (xz - x^2 + \tfrac{z}{2} + \tfrac{1}{4})\, dx =$

$$= \left(z \cdot \frac{x^2}{2} - \frac{x^3}{3} + \frac{z}{2}x + \frac{1}{4}x \right) \Bigg|_{x = z-1}^{x = 1} =$$

$$= \frac{z}{2}(1 - (z-1)^2) - \frac{1}{3}(1 - (z-1)^3) + \frac{z}{2}(1 - (z-1)) + \frac{1}{4}(1 - (z-1)) =$$

$$= \frac{z}{2}(1 - z^2 + 2z - 1) - \frac{1}{3}(1 - z^3 + 3z^2 - 3z + 1) + \frac{z}{2}(2 - z) + \frac{1}{4}(2 - z) =$$

$$= -\frac{z^3}{2} + z^2 - \frac{2}{3} + \frac{z^3}{3} - z^2 + z + z - \frac{z^2}{2} + \frac{1}{2} - \frac{z}{4} =$$

$$= -\frac{z^3}{6} - \frac{z^2}{2} + \frac{7}{4}z - \frac{1}{6}\,.$$

Damit besitzt die Zufallsvariable $\hat{Z}$ die Dichte (vgl. Bild 2.20)

$$\hat{h}(z) = \begin{cases} 0 & \text{für } z < 0, \\ \dfrac{z^3}{6} + \dfrac{z^2}{2} + \dfrac{z}{4} & \text{für } 0 \le z \le 1, \\ -\dfrac{z^3}{6} - \dfrac{z^2}{2} + \dfrac{7}{4}z - \dfrac{1}{6} & \text{für } 1 < z \le 2, \\ 0 & \text{für } z > 2. \end{cases}$$

♦

Die Graphen der Funktionen $\hat{h}$ und h in Bild 2.20 und 2.19 sehen sehr ähnlich aus. Sie sind jedoch verschieden, was man an der Stelle $z = 1$ unmittelbar sehen kann. Die Dichten der Summen $\hat{X} + \hat{Y}$ und $X + Y$ sind also verschieden, obwohl $\hat{X}$ und X bzw. $\hat{Y}$ und Y gleiche Dichten besitzen. Für die Dichte der Summe

X + Y ist nämlich nach der Gleichung
(2.102) die gemeinsame Dichte f(x, y)
maßgebend, die für die Paare (X, Y)
und (X̂, Ŷ) verschieden ist.

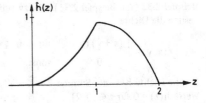

Bild 2.20

Beispiel 2.34. Die Zufallsvariablen X_1, Y_1 seien (stoch.) unabhängig und sollen dieselbe Dichte (s. Bild 2.21) besitzen:

$$f_1(x) = \begin{cases} 1 & \text{für} \quad 0 \leq x \leq 1, \\ 0 & \text{sonst.} \end{cases}$$

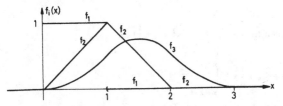

Bild 2.21. Dichten von Summen

Für die Dichte f_2 der Zufallsvariablen $X_2 = X_1 + Y_1$ erhalten wir nach (2.102) die Funktionswerte

$$f_2(x) = \int\limits_{-\infty}^{+\infty} f_1(u) \, f_1(x-u) \, du.$$

Da der Integrand außerhalb des Bereiches $0 \leq u \leq 1$; $0 \leq x - u \leq 1$ verschwindet, gilt $f_2(x) = 0$ für $x \notin [0, 2]$. Ferner erhalten wir $f_2(x) = \int\limits_{0}^{x} du = x$ für $0 \leq x \leq 1$ und $f_2(x) = \int\limits_{x-1}^{1} du = 2 - x$ für $1 \leq x \leq 2$. Somit besitzt die Summenvariable $X_2 = X_1 + Y_1$ die Dichte

$$f_2(x) = \begin{cases} 0 & \text{für} \quad x \leq 0, \\ x & \text{für} \quad 0 \leq x \leq 1, \\ 2 - x & \text{für} \quad 1 \leq x \leq 2, \\ 0 & \text{für} \quad x \geq 2. \end{cases}$$

Die Funktion f_2 ist im Gegensatz zu f_1 überall stetig, an den Stellen $x = 0$, $x = 1$, $x = 2$ jedoch nicht differenzierbar (s. Bild 2.21).

Wir nehmen nun an, die Zufallsvariable Y_2 besitze ebenfalls die Dichte f_1 und sei von X_2 (stoch.) unabhängig. Dann gilt für die Dichte $f_3(x)$ der Zufallsvariablen $X_2 + Y_2$

$$f_3(x) = \int\limits_{-\infty}^{+\infty} f_2(u)\, f_1(x-u)\, du.$$

Da der Integrand außerhalb des Bereichs $0 \le u \le 2$; $0 \le x - u \le 1$ verschwindet, gilt $f_3(x) = 0$ für $x \notin [0, 3]$. Für $x \in [0, 3]$ erhalten wir

$$f_3(x) = \int\limits_{\max(x-1,0)}^{\min(2,x)} f_2(u)\, du.$$

Für $0 \le x \le 1$ gilt $f_3(x) = \int\limits_0^x u\, du = \dfrac{x^2}{2}$.

Für $1 \le x \le 2$ erhalten wir

$$f_3(x) = \int\limits_{x-1}^x f(u)\, du = \int\limits_{x-1}^1 u\, du + \int\limits_1^x (2-u)\, du =$$

$$= \frac{u^2}{2}\Bigg|_{x-1}^1 + \left(2u - \frac{u^2}{2}\right)\Bigg|_1^x = \frac12 - \frac{(x-1)^2}{2} + 2(x-1) - \frac12(x^2-1) =$$

$$= \frac12 - \frac{x^2}{2} + x - \frac12 + 2x - 2 - \frac12 x^2 + \frac12 = -x^2 + 3x - \frac32.$$

Für $2 \le x \le 3$ gilt schließlich

$$f_3(x) = \int\limits_{x-1}^2 f(u)\, du = \int\limits_{x-1}^2 (2-u)\, du = \left(2u - \frac{u^2}{2}\right)\Bigg|_{x-1}^2 =$$

$$= 2(2-(x-1)) - \frac12(4-(x-1)^2) = 2(3-x) - \frac12(4 - x^2 + 2x - 1) =$$

$$= 6 - 2x - \frac32 + \frac{x^2}{2} - x = \frac{x^2}{2} - 3x + \frac92.$$

Die Zufallsvariable $X_3 = X_1 + Y_1 + Y_2$ besitzt somit die Dichte

$$f_3(x) = \begin{cases} 0 & \text{für } x \leq 0, \\ \dfrac{x^2}{2} & \text{für } 0 \leq x \leq 1, \\ -x^2 + 3x - \dfrac{3}{2} & \text{für } 1 \leq x \leq 2, \\ \dfrac{x^2}{2} - 3x + \dfrac{9}{2} & \text{für } 2 \leq x \leq 3, \\ 0 & \text{für } x \geq 3 \end{cases}$$

Die Funktion f_3 ist nicht nur stetig, sondern überall differenzierbar. Durch

die Integralbildung $\displaystyle\int_{-\infty}^{+\infty} f_i(x-u)\, f_1(u)\, du$ werden die Kurven der Funktionen f_i

immer mehr geglättet.   ◆

Für die Verteilungsfunktion des Produkts $Z = X \cdot Y$ zweier stetiger Zufallsvariabler gilt

$$F(z) = P(X \cdot Y \leq z) = \iint\limits_{x \cdot y \leq z} f(x, y)\, dx\, dy.$$

Durch die Substituion $x = \dfrac{v}{y}$ geht dieses Integral nach elementarer Rechnung über in

$$\int_{-\infty}^{+\infty} \left\{ \int_{-\infty}^{z} f\left(\frac{v}{y}, y\right) \cdot \frac{1}{|y|}\, dv \right\} dy = \int_{-\infty}^{z} \left\{ \int_{-\infty}^{+\infty} f\left(\frac{v}{y}, y\right) \cdot \frac{1}{|y|}\, dy \right\} dv.$$

Damit lautet die Dichte $h(z)$ des Produkts $X \cdot Y$ (wobei man die rechte Seite entsprechend erhält)

$$h(z) = \int_{-\infty}^{+\infty} f\left(\frac{z}{y}, y\right) \cdot \frac{1}{|y|}\, dy = \int_{-\infty}^{+\infty} f\left(x, \frac{z}{x}\right) \cdot \frac{1}{|x|}\, dx. \qquad (2.105)$$

Mit Hilfe dieser Gleichung zeigen wir den

Satz 2.26
Sind X und Y (stoch.) unabhängige stetige Zufallsvariable mit existierenden Erwartungswerten, so gilt

$$E(X \cdot Y) = E(X) \cdot E(Y). \qquad (2.106)$$

Beweis: Aus (2.105) folgt mit der Substitution $\frac{z}{y}$ = x und wegen der (stoch.) Unabhängigkeit der beiden Zufallsvariablen

$$E(X \cdot Y) = \int\limits_{-\infty}^{+\infty} z\, h(z)\, dz = \int\limits_{-\infty}^{+\infty} z \left\{ \int\limits_{-\infty}^{+\infty} f\left(\frac{z}{y}, y\right) \cdot \frac{1}{|y|}\, dy \right\} dz =$$

$$= \int\limits_{-\infty}^{+\infty} \int\limits_{-\infty}^{+\infty} x \cdot y \cdot f(x, y)\, dy\, dx =$$

$$= \int\limits_{-\infty}^{+\infty} \int\limits_{-\infty}^{+\infty} x \cdot y\, f_1(x) \cdot f_2(y)\, dx\, dy =$$

$$= \int\limits_{-\infty}^{+\infty} x \cdot f_1(x)\, dx \cdot \int\limits_{-\infty}^{+\infty} y \cdot f_2(y)\, dy = E(X) \cdot E(Y). \qquad \blacksquare$$

Aus (2.42) und (2.106) folgt auch für stetige Zufallsvariable der

Satz 2.27
Sind X und Y zwei (stoch.) unabhängige stetige Zufallsvariable, deren Varianzen existieren, so gilt

$$D^2(X + Y) = D^2(X) + D^2(Y). \qquad (2.107)$$

Durch vollständige Induktion läßt sich die Formel (2.107) unmittelbar auf die Summe von n paarweise (stoch.) unabhängigen Zufallsvariablen übertragen. Es gilt also der

Satz 2.28
Sind $X_1, X_2, \ldots, X_n$ paarweise (stoch.) unabhängige stetige Zufallsvariable mit existierenden Varianzen, so gilt

$$D^2 \left(\sum_{i=1}^{n} X_i \right) = \sum_{i=1}^{n} D^2(X_i). \qquad (2.108)$$

2.5. Spezielle stetige Verteilungen

2.5.1. Die gleichmäßige Verteilung

Die Zufallsvariable X besitze die in Bild 2.22 graphisch dargestellte Dichte

$$f(x) = \begin{cases} \dfrac{1}{b-a} & \text{für} \quad x \in [a, b],\, a < b, \\ 0 & \text{sonst.} \end{cases}$$

Die Funktion f ist wegen $f(x) \geq 0$ und

$$\int\limits_a^b f(x)\, dx = \frac{1}{b-a}(b-a) = 1$$

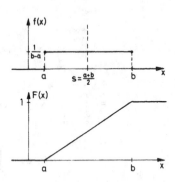

Bild 2.22
Dichte und Verteilungsfunktion der gleich-
mäßigen Verteilung

Dichte einer Zufallsvariablen X. Sie heißt *gleichmäßig verteilt in* [a, b]. Ihre Verteilungsfunktion F lautet

$$F(x) = \begin{cases} 0 & \text{für} \quad x \leq a, \\ \dfrac{x-a}{b-a} & \text{für} \quad a \leq x \leq b, \\ 1 & \text{für} \quad x \geq b. \end{cases}$$

Da die Dichte f zur Achse $x = \frac{a+b}{2}$ symmetrisch ist, folgt aus Satz 2.21

$$\boxed{\mu = E(X) = \frac{a+b}{2}.}$$ (2.109)

Ferner gilt

$$E(X^2) = \frac{1}{b-a} \int\limits_a^b x^2\, dx = \frac{1}{b-a} \frac{(b^3 - a^3)}{3} = \frac{(b-a)(b^2 + ab + a^2)}{(b-a) \cdot 3} =$$

$$= \frac{b^2 + ab + a^2}{3};$$

$$D^2(X) = E(X^2) - \mu^2 = \frac{b^2 + ab + a^2}{3} - \frac{a^2 + 2ab + b^2}{4} =$$

$$= \frac{4b^2 + 4ab + 4a^2 - 3a^2 - 6ab - 3b^2}{12} = \frac{b^2 - 2ab + a^2}{12} = \frac{(b-a)^2}{12}.$$

Damit lautet die Varianz

$$\sigma^2 = D^2(X) = \frac{(b-a)^2}{12} \qquad\qquad (2.110)$$

2.5.2. Die N(0, 1)-Normalverteilung als Grenzwert standardisierter Binomialverteilungen

In Abschnitt 2.3.5 haben wir gezeigt, daß die Binomialverteilung für sehr kleine p und große n durch die Poisson-Verteilung mit dem Parameter $\lambda = np$ approximiert werden kann. In dem Grenzwertsatz 2.15 muß dabei $n \to \infty$, $p \to 0$ mit $np = \lambda$ gelten. Wir betrachten nun den Fall, daß der Parameter p konstant bleibt und n gegen unendlich geht, daß also ein Bernoulli-Experiment mit einem großen Versuchsumfang n durchgeführt wird.

Die Zufallsvariable X_n sei $B(n, p)$-verteilt mit dem Wertevorrat $W(X_n) = \{0, 1, 2, \ldots, n\}$, den Wahrscheinlichkeiten

$$P(X = k) = b(k, n, p) = \binom{n}{k} p^k (1-p)^{n-k}, \quad k = 0, 1, \ldots, n; \quad 0 < p < 1,$$

dem Erwartungswert $E(X_n) = np$ und der Varianz $D^2(X_n) = npq$. Die Wahrscheinlichkeiten der diskreten Zufallsvariablen X_n stellen wir nicht wie bisher in einem Stabdiagramm, sondern in einem sog. *Histogramm* dar. Dazu konstruieren wir für jedes $k = 0, 1, \ldots, n$ ein Rechteck mit der Breite 1 und der Höhe $b(k, n, p)$, wobei die Grundseite auf der x-Achse liegt mit der Abszisse $x = k$ als Mittelpunkt. Damit ist die Wahrscheinlichkeit $P(X_n = k)$ gleich dem Flächeninhalt des über $x = k$ liegenden Rechtecks. In Bild 2.23 sind für $p = \frac{1}{2}$ und für die Werte $n = 10, 15$ bzw. 20 die entsprechenden Histogramme dargestellt.

Mit wachsendem n erhöht sich die Anzahl der Rechtecke, wobei jedoch ihre Höhen immer niedriger werden. Erwartungswert und Varianz der Zufallsvariablen X_n wachsen linear in n. Daher ist es praktisch unmöglich, für große Werte n die entsprechenden Histogramme in einem geeigneten Maßstab darzustellen. Aus diesem Grunde gehen wir zur Standardisierung der Zufallsvariablen X_n über, d.h. wir betrachten die Zufallsvariable

$$X_n^* = \frac{X_n - E(X_n)}{D(X_n)} = \frac{X_n - np}{\sqrt{npq}},$$

mit dem Erwartungswert 0 und der Varianz 1. Die Zufallsvariable X_n^* besitzt den Wertevorrat $W(X_n^*) = \left\{ \frac{k-np}{\sqrt{npq}}, k = 0, 1, \ldots, n. \right\}$. Aus $\left(X_n^* = \frac{k-np}{\sqrt{npq}} \right) = (X_n = k)$ folgt

$$P\left(X_n^* = \frac{k-np}{\sqrt{npq}} \right) = P(X_n = k) = b(k, n, p) \text{ für } k = 0, 1, 2, \ldots, n.$$

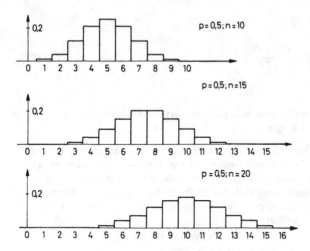

Bild 2.23. Histogramme von Binomialverteilungen

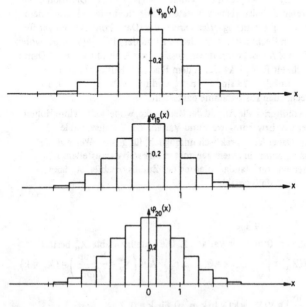

Bild 2.24. Histogramme standardisierter Binomialverteilungen

Zwei benachbarte Werte der Zufallsvariablen X_n^* besitzen auf der x-Achse den
Abstand $\dfrac{1}{\sqrt{npq}}$. Sollen die Wahrscheinlichkeiten $P\left(X_n^* = \dfrac{k-np}{\sqrt{npq}}\right)$ wie in
Bild 2.23 durch Flächeninhalte von Rechtecken dargestellt werden, deren Grund-
seiten jedoch die Längen $\dfrac{1}{\sqrt{npq}}$ haben, so müssen die Höhen gleich $\sqrt{npq}\cdot b(k,n,p)$
gewählt werden. In Bild 2.24 sind die so entstandenen Histogramme für die standardisierten Zufallsvariablen X_{10}^*, X_{15}^* und X_{20}^* graphisch dargestellt.

Da alle Rechtecke zusammen den Flächeninhalt 1 besitzen, bilden die Deckseiten
aller Rechtecke eine Dichte $\varphi_n(x)$. Dabei wählen wir an den Sprungstellen als
Funktionswert die Höhe des unmittelbar rechts anschließenden Rechtecks. Wir
setzen also

$$\varphi_n(x) = \begin{cases} \sqrt{npq}\, b(k,n,p) & \text{für } \dfrac{k-np-\frac{1}{2}}{\sqrt{npq}} \le x < \dfrac{k-np+\frac{1}{2}}{\sqrt{npq}}, \quad k = 0,1,\dots,n, \\ 0 & \text{sonst.} \end{cases} \quad (2.111)$$

Die stetige Zufallsvariable, welche die Dichte $\varphi_n(x)$ besitzt, bezeichnen wir mit
Z_n. Die Zufallsvariable Z_n besitzt wie die Zufallsvariable X_n^* den Erwartungswert
0 und die Varianz 1.

Mit wachsendem n nähern sich die Treppenfunktionen φ_n immer mehr einer
stetigen Funktion φ. Dabei besitzt die Funktion φ die Funktionswerte
$\varphi(x) = \dfrac{1}{\sqrt{2\pi}}\, e^{-\frac{x^2}{2}}$. Es gilt also

$$\boxed{\lim_{n\to\infty} \varphi_n(x) = \frac{1}{\sqrt{2\pi}}\, e^{-\frac{x^2}{2}} \quad \text{für alle } x \in \mathbb{R}.} \quad (2.112)$$

Die Gleichung (2.112) folgt aus dem sogenannten lokalen Grenzwertsatz von
de Moivre-Laplace. Wir wollen ihn hier kurz zitieren. Wegen des Beweises verweisen wir auf die weiterführende Literatur (z.B. Rényi S. 125–127).

Satz 2.29 (lokaler Grenzwertsatz von de Moivre-Laplace)
Für jedes $0 < p < 1$ gilt

$$\binom{n}{k} p^k q^{n-k} = \frac{1}{\sqrt{2\pi npq}}\, e^{-\frac{(k-np)^2}{2npq}} \cdot [1 + R_n(k)] \quad \text{für } k = 0,1,\dots,n. \quad (2.113)$$

Dabei gilt für das Restglied $R_n(k)$ die Grenzwertaussage $\lim\limits_{n\to\infty} R_n(k) = 0$
für alle k.

Wir lassen nun n und k so gegen unendlich gehen, daß gilt $\lim\limits_{n\to\infty} \dfrac{k-np}{\sqrt{npq}} = x$.

Dann folgt aus der Definition von $\varphi_n(x)$ und aus Satz 2.29

$$\lim_{n \to \infty} \varphi_n(x) = \frac{1}{\sqrt{2\pi}} e^{-\frac{x^2}{2}}, \text{ also die Gleichung (2.112)}.$$

Für die Wahrscheinlichkeiten der diskreten Zufallsvariablen X_n^* gilt folgender Satz, für dessen Beweis wir wieder auf Rényi S. 129 verweisen.

Satz 2.30

Für die Standardisierungen $X_n^* = \dfrac{X_n - np}{\sqrt{npq}}$ von $B(n, p)$-verteilten Zufalls-

variablen X_n gilt für $0 < p < 1$ und $a < b$

$$\lim_{n \to \infty} P(a \le X_n^* \le b) = \frac{1}{\sqrt{2\pi}} \int_a^b e^{-\frac{x^2}{2}} dx. \tag{2.114}$$

Die Kurve von $\varphi(x) = \dfrac{1}{\sqrt{2\pi}} e^{-\frac{x^2}{2}}$ ist symmetrisch zur Achse $x = 0$ und hat an den

Stellen $x = \pm 1$ Wendepunkte. Sie heißt *Gaußsche Glockenkurve* (s. Bild 2.25). Es läßt sich zeigen, daß sie mit der x-Achse eine Fläche mit dem Inhalt 1 einschließt.

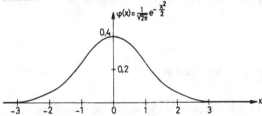

Bild 2.25. Dichte der $N(0; 1)$-Normalverteilung

Die Kurve der Funktion φ_{20} aus Bild 2.24 stimmt bereits sehr gut mit der von φ überein.

Da die Werte der Funktion φ nichtnegativ sind, ist φ Dichte einer stetigen Zufallsvariablen Z. Man kann zeigen, daß die Zufallsvariable Z einen Erwartungswert besitzt. Dieser muß dann wegen der Symmetrie der Dichte φ zur Achse $z = 0$ gleich Null sein. Ferner läßt sich folgende Identität nachweisen

$$\int_0^\infty z^2 e^{-\frac{z^2}{2}} dz = \sqrt{\frac{\pi}{2}}.$$

Daraus folgt für die Varianz von Z wegen der Symmetrie von φ

$$D^2(Z) = \frac{1}{\sqrt{2\pi}} \int\limits_{-\infty}^{+\infty} z^2 e^{-\frac{z^2}{2}} \, dz = \frac{1}{\sqrt{2\pi}} \, 2 \int\limits_{0}^{\infty} z^2 e^{-\frac{z^2}{2}} \, dz = \frac{1}{\sqrt{2\pi}} \, 2 \cdot \sqrt{\frac{\pi}{2}} = 1.$$

Für die Zufallsvariable Z mit der Dichte $\varphi(z) = \frac{1}{\sqrt{2\pi}} e^{-\frac{z^2}{2}}$ gilt also

$$\boxed{E(Z) = 0; \quad D^2(Z) = 1.}$$

(2.115)

Definition 2.14. Eine Zufallsvariable Z, welche die Dichte $\varphi(z) = \frac{1}{\sqrt{2\pi}} e^{-\frac{z^2}{2}}$

besitzt, heißt *normalverteilt mit dem Erwartungswert 0 und der Varianz 1*, oder kurz *N(0; 1)-verteilt.*

Da die Funktion φ nicht elementar integrierbar ist, müssen die Werte der Verteilungsfunktion

$$\Phi(z) = P(Z < z) = \frac{1}{\sqrt{2\pi}} \int\limits_{-\infty}^{z} e^{-\frac{u^2}{2}} \, du$$

mit Hilfe numerischer Verfahren bestimmt werden. Daher ist die Verteilungsfunktion Φ tabelliert (s. Anhang). Aus der Symmetrie der Dichte folgt für jedes z

$$P(Z \le -z) = \int\limits_{-\infty}^{-z} \varphi(u) \, du = \int\limits_{z}^{\infty} \varphi(u) \, du = P(Z \ge z).$$

(2.116)

Wegen $1 = P(Z \le z) + P(Z \ge z)$ ergibt sich aus (2.116) für alle $z \in \mathbb{R}$ die Identität

$$P(Z \le -z) = P(Z \ge z) = 1 - P(Z \le z).$$

Damit gilt für alle $z \in \mathbb{R}$

$$\boxed{\Phi(-z) = 1 - \Phi(z); \, P(-z \le Z \le z) = 2\,\Phi(z) - 1.}$$

(2.117)

Daher genügt es, die Funktion Φ nur für nichtnegative Werte z zu tabellieren. Für eine $N(0; 1)$-verteilte Zufallsvariable Z erhalten wir aus (2.117) und der Tabelle im Anhang die Wahrscheinlichkeiten

$$\begin{aligned}
P(-1 \le Z \le 1) &= \Phi(1) - \Phi(-1) = \Phi(1) - (1 - \Phi(1)) = \\
&= 2\,\Phi(1) - 1 = 0{,}683 \approx \tfrac{2}{3}, \\
P(-2 \le Z \le 2) &= 2\,\Phi(2) - 1 = 0{,}954, \\
P(-3 \le Z \le 3) &= 2\,\Phi(3) - 1 = 0{,}997.
\end{aligned}$$

(2.118)

Bemerkung: Ist X eine B(n, p)-verteilte Zufallsvariable, so sind bereits für $npq > 9$ folgende Näherungen brauchbar

$$P(X = k) \approx \Phi\left(\frac{k - np + 0,5}{\sqrt{npq}}\right) - \Phi\left(\frac{k - np - 0,5}{\sqrt{npq}}\right), \, 0 \leq k \leq n,$$

$$P(k_1 \leq X \leq k_2) \approx \Phi\left(\frac{k_2 - np + 0,5}{\sqrt{npq}}\right) - \Phi\left(\frac{k_1 - np - 0,5}{\sqrt{npq}}\right), \, 0 \leq k_1 \leq k_2 \leq n.$$

(2.119)

Die Tatsache, daß zu $k - np$ die Zahl 0,5 addiert bzw. davon subtrahiert werden muß, wird dabei aus Bild 2.24 plausibel. Dieses „Korrekturglied" ist jedoch nur für relativ kleine Werte n von Bedeutung, da es bei großen Werten für n kaum ins Gewicht fällt.

Beispiel 2.35. Ein Medikament heile einen Patienten mit einer Wahrscheinlichkeit von 0,8. Das Medikament werde 1000 Personen verabreicht. Unter der Annahme, daß es sich um ein Bernoulli-Experiment handelt, berechne man die Wahrscheinlichkeit dafür, daß mindestens 790 Personen dabei geheilt werden.

Die Zufallsvariable X_{1000}, welche die Anzahl der geheilten Personen beschreibt, ist B$(1000; 0,8)$-verteilt mit dem Erwartungswert $\mu = 800$ und der Standardabweichung $\sigma = \sqrt{1000 \cdot 0,8 \cdot 0,2} = \sqrt{160} = 12,65$. Damit folgt aus (2.119) und (2.117)

$$P(X_{1000} \geq 790) \approx 1 - \Phi\left(\frac{790 - 800 - 0,5}{12,65}\right) = 1 - \Phi(-0,83) =$$

$$= \Phi(0,83) = 0,797. \qquad \blacklozenge$$

Im zentralen Grenzwertsatz (s. Abschnitt 3.3) werden wir sehen, daß unter sehr allgemeinen Bedingungen die Verteilungsfunktionen standardisierter Summen von (stoch.) unabhängigen Zufallsvariablen gegen die Verteilungsfunktion Φ einer N$(0; 1)$-verteilten Zufallsvariablen konvergieren. Daher spielt die N$(0; 1)$-Verteilung in der Wahrscheinlichkeitsrechnung eine zentrale Rolle.

2.5.3. Die allgemeine Normalverteilung

Ist Z eine N$(0; 1)$-verteilte Zufallsvariable, so besitzt nach Satz 2.18 die Zufallsvariable $X = aZ + b$, $a \neq 0$, die Dichte

$$f(x) = \frac{1}{|a|} \varphi\left(\frac{x - b}{a}\right) = \frac{1}{|a|\sqrt{2\pi}} e^{-\frac{(x-b)^2}{2a^2}} = \frac{1}{\sqrt{2\pi a^2}} e^{-\frac{(x-b)^2}{2a^2}}. \qquad (2.120)$$

Dieselbe Dichte besitzt aber auch die Zufallsvariable $Y = -aZ + b$. Wegen $E(Z) = 0$, $D^2(Z) = 1$ folgt aus den Sätzen 2.19 und 2.20

$$\mu = E(X) = E(aZ + b) = E(-aZ + b) = b;$$

$$\sigma^2 = D^2(X) = D^2(aZ + b) = D^2(-aZ + b) = a^2.$$

b ist also der Erwartungswert von X bzw. Y und a^2 die Varianz. Damit geht die in (2.120) angegebene Dichte über in

$$f(x) = \frac{1}{\sqrt{2\pi\sigma^2}}\, e^{-\frac{(x-\mu)^2}{2\sigma^2}}. \qquad (2.121)$$

Definition 2.15. Eine Zufallsvariable X heißt *normalverteilt*, wenn sie eine Dichte der Gestalt $f(x) = \frac{1}{\sqrt{2\pi\sigma^2}}\, e^{-\frac{(x-\mu)^2}{2\sigma^2}}$ besitzt. Wir nennen sie kurz $N(\mu, \sigma^2)$-*verteilt*.

Die Parameter μ und σ^2 stellen nach den obigen Ausführungen den Erwartungswert bzw. die Varianz von X dar. f ist symmetrisch zur Achse $x = \mu$ und besitzt an der Stelle $x = \mu$ das Maximum. An den Stellen $\mu \pm \sigma$ hat f Wendepunkte. Für $\mu = 5$ sind in Bild 2.26 die Graphen von f für verschiedene Standardabweichungen σ gezeichnet.

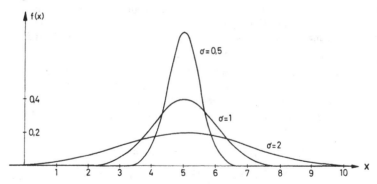

Bild 2.26. Dichten von Normalverteilungen mit konstantem μ

Ist X eine $N(\mu, \sigma^2)$-verteilte Zufallsvariable, so ist ihre Standardisierte $X^* = \frac{X-\mu}{\sigma}$ eine $N(0; 1)$-verteilte Zufallsvariable. Für die Verteilungsfunktion F einer $N(\mu, \sigma^2)$-verteilten Zufallsvariablen X gilt daher

$$F(x) = P(X \le x) = P\left(\frac{X-\mu}{\sigma} \le \frac{x-\mu}{\sigma}\right) = P\left(X^* \le \frac{x-\mu}{\sigma}\right) = \Phi\left(\frac{x-\mu}{\sigma}\right), \; (2.122)$$

wobei Φ die Verteilungsfunktion einer $N(0; 1)$-verteilten Zufallsvariablen ist. Daraus folgt für $k > 0$

$$P(|X-\mu| \le k\sigma) = P(\mu - k\sigma \le X \le \mu + k\sigma) = F(\mu + k\sigma) - F(\mu - k\sigma) =$$
$$= \Phi\left(\frac{\mu + k\sigma - \mu}{\sigma}\right) - \Phi\left(\frac{\mu - k\sigma - \mu}{\sigma}\right) = \Phi(k) - \Phi(-k) = 2\Phi(k) - 1.$$

Aus (2.118) folgt insbesondere für die Abweichungen der Zufallsvariablen X vom Erwartungswert

$$P(|X - \mu| \leq \sigma) = 0{,}683; \quad P(|X - \mu| \geq \sigma) = 0{,}317;$$
$$P(|X - \mu| \leq 2\sigma) = 0{,}954; \quad P(|X - \mu| \geq 2\sigma) = 0{,}046; \quad (2.123)$$
$$P(|X - \mu| \leq 3\sigma) = 0{,}997; \quad P(|X - \mu| \geq 3\sigma) = 0{,}003.$$

Hiermit bekommt die Standardabweichung σ einer normalverteilten Zufallsvariablen eine anschauliche Bedeutung. Die Wahrscheinlichkeit dafür, daß die Werte um mehr als σ vom Erwartungswert μ abweichen, ist gleich 0,317. Eine Abweichung um mehr als 2σ vom Erwartungswert wird nach (2.123) sehr selten, eine Abweichung um mehr als 3σ fast nie vorkommen.

In Abschnitt 2.5.2 haben wir gesehen, daß für große n die Standardisierten

$X_n^* = \dfrac{X_n - np}{\sqrt{npq}}$ binomialverteilter Zufallsvariabler X_n näherungsweise $N(0; 1)$-

verteilt sind. Wegen $X_n = \sqrt{npq}\, X_n^* + np$ sind daher für große n die Zufallsvariablen X_n selbst näherungsweise $N(np; npq)$-verteilt. Dasselbe gilt für Summen vieler (stoch.) unabhängiger Zufallsvariabler (s. zentralen Grenzwertsatz in Abschnitt 3.3).

Beispiel 2.36. Die Durchmesser (in mm) neu produzierter Autokolben seien $N(45; 0{,}01)$-verteilt. Ein Kolben ist unbrauchbar, wenn sein Durchmesser vom Sollwert 45 um mehr als 0,15 mm abweicht. Mit welcher Wahrscheinlichkeit ist ein zufällig der Produktion entnommener Kolben unbrauchbar?

Beschreibt die Zufallsvariable X den Durchmesser, so erhalten wir für die gesuchte Wahrscheinlichkeit wegen $\sigma = 0{,}1$

$$p = 1 - P(|X - 45| \leq 0{,}15) = 1 - P(45 - 0{,}15 \leq X \leq 45 + 0{,}15) =$$
$$= 1 - P\left(\frac{45 - 0{,}15 - 45}{0{,}1} \leq \frac{X - 45}{0{,}1} \leq \frac{45 + 0{,}15 - 45}{0{,}1} \right) = 1 - [\Phi(1{,}5) - \Phi(-1{,}5)] =$$
$$= 1 - (2\,\Phi(1{,}5) - 1) = 2 - 2\Phi(1{,}5) = 2 - 1{,}866 = 0{,}134. \qquad \blacklozenge$$

Beispiel 2.37. Der Intelligenzquotient (IQ) einer bestimmten Bevölkerungsschicht sei $N(100; 15^2)$-verteilt. Man bestimme die Konstante c so, daß eine aus dieser Bevölkerungsschicht zufällig ausgewählte Person mit Wahrscheinlichkeit 0,3 einen IQ von mindestens c besitzt.

Die $N(100; 15^2)$-verteilte Zufallsvariable X beschreibe den Intelligenzquotienten. Dann erhalten wir für c die Bestimmungsgleichung

$$0{,}7 = P(X \leq c) = P\left(\frac{X - 100}{15} \leq \frac{c - 100}{15} \right) = \Phi\left(\frac{c - 100}{15} \right).$$

Aus der Tabelle für die Verteilungsfunktion Φ erhalten wir

$$\frac{c - 100}{15} = 0{,}525$$

und hieraus

$$c = 15 \cdot 0{,}525 + 100 = 107{,}875.$$ ◆

Die Normalverteilung ist reproduktiv. Es gilt nämlich der

Satz 2.31
a) Ist X eine $N(\mu, \sigma^2)$-verteilte Zufallsvariable, so ist für $a \neq 0$ die Zufallsvariable $aX + b$ wieder $N(a\mu + b, a^2\sigma^2)$-verteilt.
b) Die Summe $X_1 + X_2$ zweier (stoch.) unabhängiger $N(\mu_1, \sigma_1^2)$- bzw. $N(\mu_2, \sigma_2^2)$-verteilter Zufallsvariabler ist $N(\mu_1 + \mu_2, \sigma_1^2 + \sigma_2^2)$-verteilt.

Beweis
a) X besitzt die Dichte $f(x) = \dfrac{1}{\sqrt{2\pi\sigma^2}} e^{-\frac{(x-\mu)^2}{2\sigma^2}}$. Dann lautet die Dichte der

Zufallsvariablen $aX + b$ nach Satz 2.18

$$\hat{f}(x) = \frac{1}{|a|} f\left(\frac{x-b}{a}\right) = \frac{1}{|a|} \cdot \frac{1}{\sqrt{2\pi\sigma^2}} e^{-\frac{\left(\frac{x-b}{a} - \mu\right)^2}{2\sigma^2}} = \frac{1}{\sqrt{2\pi a^2\sigma^2}} e^{-\frac{(x-\mu a - b)^2}{2a^2\sigma^2}}.$$

Die Zufallsvariable $aX + b$ ist somit $N(a\mu + b, a^2\sigma^2)$-verteilt.

b) Für die Dichte $h(z)$ der Zufallsvariablen $X_1 + X_2$ erhalten wir wegen der vorausgesetzten (stoch.) Unabhängigkeit aus (2.102) die Integraldarstellung

$$h(z) = \frac{1}{\sqrt{2\pi\sigma_1^2}} \cdot \frac{1}{\sqrt{2\pi\sigma_2^2}} \int_{-\infty}^{+\infty} e^{-\frac{(x-\mu_1)^2}{2\sigma_1^2}} e^{-\frac{(z-x-\mu_2)^2}{2\sigma_2^2}} \, dx.$$

Durch die Substitution $\dfrac{x - \mu_1}{\sigma_1\sigma_2} = u$ erhalten wir wegen $x = \mu_1 + \sigma_1\sigma_2 u$, $dx = \sigma_1\sigma_2 \, du$ mit der Abkürzung $z - \mu_1 - \mu_2 = v$ folgende Gleichungen

$$h(z) = \frac{1}{2\pi} \int_{-\infty}^{+\infty} e^{-\frac{\sigma_2^2 u^2}{2} - \frac{[(z-\mu_1-\mu_2) - \sigma_1\sigma_2 u]^2}{2\sigma_2^2}} \, du =$$

$$= \frac{1}{2\pi} \int_{-\infty}^{+\infty} e^{-\frac{\sigma_2^2 u^2}{2} - \frac{v^2}{2\sigma_2^2} + \frac{2v\sigma_1 u}{2\sigma_2} - \frac{\sigma_1^2 u^2}{2}} \, du =$$

$$= \frac{1}{2\pi} \int\limits_{-\infty}^{+\infty} e^{-\frac{\sigma_1^2 + \sigma_2^2}{2} \left[\{u^2 - 2u \frac{\sigma_1 v}{\sigma_2(\sigma_1^2 + \sigma_2^2)} + \underbrace{\frac{\sigma_1^2 v^2}{\sigma_2^2(\sigma_1^2 + \sigma_2^2)^2}}_{= 0}\} - \frac{\sigma_1^2 v^2}{\sigma_2^2(\sigma_1^2 + \sigma_2^2)^2}\right] - \frac{v^2}{2\sigma_2^2}} \, du =$$

$$= \frac{1}{2\pi} \int\limits_{-\infty}^{+\infty} e^{-\frac{\sigma_1^2 + \sigma_2^2}{2} \left[u - \frac{\sigma_1 v}{\sigma_2(\sigma_1^2 + \sigma_2^2)}\right]^2 + \frac{\sigma_1^2 v^2}{2\sigma_2^2(\sigma_1^2 + \sigma_2^2)} - \frac{v^2}{2\sigma_2^2}} \, du =$$

$$= \frac{1}{2\pi} \int\limits_{-\infty}^{+\infty} e^{-\frac{\sigma_1^2 + \sigma_2^2}{2} \left[u - \frac{\sigma_1 v}{\sigma_2(\sigma_1^2 + \sigma_2^2)}\right]^2 - \frac{v^2(\sigma_1^2 + \sigma_2^2) - \sigma_1^2 v^2}{2\sigma_2^2(\sigma_1^2 + \sigma_2^2)}} \, du.$$

Durch die Substitution $\sqrt{\sigma_1^2 + \sigma_2^2} \left[u - \frac{\sigma_1 v}{\sigma_2(\sigma_1^2 + \sigma_2^2)}\right] = w$, $du = \frac{1}{\sqrt{\sigma_1^2 + \sigma_2^2}} \, dw$

geht wegen $v = z - \mu_1 - \mu_2$ dieses Integral über in

$$\frac{1}{2\pi \sqrt{\sigma_1^2 + \sigma_2^2}} e^{-\frac{(z - \mu_1 - \mu_2)}{2(\sigma_1^2 + \sigma_2^2)}} \underbrace{\int\limits_{-\infty}^{+\infty} e^{-\frac{w^2}{2}} \, dw}_{= \sqrt{2\pi}} = \frac{1}{\sqrt{2\pi(\sigma_1^2 + \sigma_2^2)}} e^{-\frac{(z - \mu_1 - \mu_2)}{2(\sigma_1^2 + \sigma_2^2)}} .$$

$h(z)$ ist also Dichte einer $N(\mu_1 + \mu_2, \sigma_1^2 + \sigma_2^2)$-verteilten Zufallsvariablen, womit der Satz bewiesen ist.   ■

2.5.4. Die Exponentialverteilung

Wegen $\int\limits_0^\infty \alpha e^{-\alpha x} \, dx = -e^{-\alpha x} \Big|_{x = 0}^{x = \infty} = 1$ für $\alpha > 0$ ist

$$f(x) = \begin{cases} 0 & \text{für } x \leq 0, \\ \alpha e^{-\alpha x} & \text{für } x > 0, \ \alpha > 0 \end{cases} \tag{2.124}$$

Dichte einer stetigen Zufallsvariablen X. Die Zufallsvariable X heißt *exponentialverteilt mit dem Parameter* α. Die Verteilungsfunktion F der Zufallsvariablen X besitzt dabei die Funktionswerte

$$F(x) = \begin{cases} 0 & \text{für } x \leq 0, \\ 1 - e^{-\alpha x} & \text{für } x > 0. \end{cases} \tag{2.125}$$

In Bild 2.27 sind f und F für $\alpha = 0{,}5$ graphisch dargestellt.

Mit Hilfe der partiellen Integration erhält man für eine mit dem Parameter α exponentialverteilte Zufallsvariable X

$$\boxed{E(X) = \frac{1}{\alpha}; \quad D^2(X) = \frac{1}{\alpha^2}.} \tag{2.126}$$

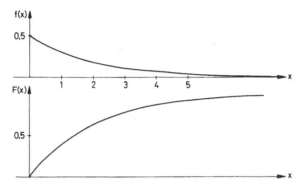

Bild 2.27. Dichte und Verteilungsfunktion der Exponentialverteilung für $\alpha = 0,5$

Für jedes $x > 0$, $h > 0$ folgt aus der Definition der bedingten Wahrscheinlichkeit sowie aus (2.124) und (2.125)

$$P(X \leq x + h/X \geq x) = \frac{P(x \leq X \leq x + h)}{P(X \geq x)} = \frac{\int_{x}^{x+h} \alpha e^{-\alpha u} du}{1 - F(x)} \; .$$

Durch die Substitution $v = u - x$, $du = dv$ geht die rechte Seite über in

$$\frac{\int_{0}^{h} \alpha e^{-\alpha(v+x)} dv}{e^{-\alpha x}} = \frac{\int_{0}^{h} \alpha e^{-\alpha x} \cdot e^{-\alpha v} dv}{e^{-\alpha x}} = \int_{0}^{h} \alpha e^{-\alpha v} dv = P(0 \leq X \leq h).$$

Für eine exponentialverteilte Zufallsvariable X gilt somit

$$\boxed{P(X \leq x + h/X \geq x) = P(0 \leq X \leq h) \quad \text{für alle } x, h > 0.} \tag{2.127}$$

Die Gleichung (2.127) besagt folgendes: Die Wahrscheinlichkeit dafür, daß die Zufallsvariable X Werte aus dem Intervall $[x, x + h]$ annimmt, unter der Bedingung, daß $(X \geq x)$ eingetreten ist, ist gleich der Wahrscheinlichkeit $P(0 \leq X \leq h)$ für alle $x \geq 0$.

Umgekehrt sei X eine stetige Zufallsvariable, welche die Bedingung (2.127) erfüllt. Die Dichte g der Zufallsvariablen X verschwinde für $x \leq 0$ und sei für $x > 0$ differenzierbar.

Dann folgt für alle x, h > 0 aus (2.127)

$$0 = \frac{1}{h}[P(X \leq x + h/X \geq x) - P(0 \leq X \leq h)] = \frac{1}{h}\left[\frac{P(x \leq X \leq x+h)}{P(X \geq x)} - P(0 \leq X \leq h)\right] =$$

$$= \frac{1}{h}\frac{\displaystyle\int_x^{x+h} g(u)\,du}{\displaystyle\int_x^{\infty} g(u)\,du} - \frac{1}{h}\int_0^h g(u)\,du = \frac{\dfrac{1}{h}g(x)\cdot h}{\displaystyle\int_x^{\infty} g(u)\,du} - \frac{1}{h}\cdot g(0+)\cdot h + R(h) =$$

$$= \frac{g(x)}{\displaystyle\int_x^{\infty} g(u)\,du} - g(0+) + R(h).$$

Wegen $\lim\limits_{h \to 0} R(h) = 0$, folgt hieraus für alle x > 0

$$g(x) = g(0+)\cdot\int_x^{\infty} g(u)\,du. \tag{2.128}$$

Da die Funktion g für u > 0 stetig und integrierbar ist, erfüllt sie die Bedingung $g(\infty) = \lim\limits_{u \to \infty} g(u) = 0$.

Differentiation der Gleichung (2.128) liefert die Differentialgleichung

$$g'(x) = -g(0+)\cdot g(x)$$

mit der allgemeinen Lösung $g(x) = c\cdot e^{-g(0+)\cdot x}$. Da g Dichte ist, folgt aus

$$\int_0^{\infty} g(x)\,dx = 1$$ für c die Identität c = g(0+). Mit g(0+) = α erhalten wir somit

für die Dichte die Darstellung

$$g(x) = \begin{cases} 0 & \text{für } x \leq 0, \\ \alpha e^{-\alpha x} & \text{für } x > 0. \end{cases}$$

Aufgrund der Eigenschaft (2.127) gibt es in der Praxis viele Zufallsvariable, die zumindest näherungsweise exponential verteilt sind. Als Beispiele seien hier die Dauer von Telephongesprächen, die Bedienungszeit von Kunden oder die Reparaturzeit für Maschinen erwähnt.

Beispiel 2.38. Die Zufallsvariable T, welche die Dauer (in Minuten) der in einem Betrieb registrierten Telephongespräche beschreibt, sei exponentialverteilt mit dem Parameter $\alpha = 0,8$.

Nach (1.126) besitzt T den Erwartungswert $E(T) = \frac{1}{0,8} = 1,25$, der gleich der Standardabweichung $\sigma = D(T)$ ist. Für die Wahrscheinlichkeit, daß ein Telephongespräch länger als 2 Minuten dauert, erhalten wir

$$P(T > 2) = 1 - P(T \leq 2) = 1 - (1 - e^{-0,8 \cdot 2}) = e^{-1,6} = 0,202.$$

Ferner gilt $P(T \leq 1) = 1 - e^{-0,8} = 0,551.$ ◆

2.5.5. Übungsaufgaben über stetige Zufallsvariable

1. X sei eine stetige Zufallsvariable mit der Dichte

$$f(x) = \begin{cases} cx(1-x) & \text{für } 0 \leq x \leq 1, \\ 0 & \text{sonst.} \end{cases}$$

a) Man bestimme die Konstante c.
b) Wie lautet die Verteilungsfunktion F der Zufallsvariablen X?
c) Man berechne $P(\frac{1}{2} \leq X \leq \frac{2}{3})$, $E(X)$ und $D^2(X)$.

2. X besitze die Dichte

$$f(x) = \begin{cases} 0 & \text{für } x < 0, \\ \frac{1}{2} - cx & \text{für } 0 \leq x \leq 4, \\ 0 & \text{für } x > 4. \end{cases}$$

Man bestimme

a) die Konstante c,
b) die Verteilungsfunktion F sowie die Wahrscheinlichkeit $P(1 \leq X \leq 2)$,
c) $E(X)$ und $D^2(X)$.

* 3. Die Zufallsvariable X besitze die Dichte $f(x) = ce^{-\rho |x|}$, $\rho > 0$.

a) Man bestimme den Koeffizienten c.
b) Man bestimme die Verteilungsfunktion F.
c) Man berechne $E(X)$ und $D^2(X)$.

4. Die Dichte $f(x, y)$ der zweidimensionalen Zufallsvariablen (X, Y) sei in dem Quadrat Q aus Bild 2.28 konstant und verschwinde außerhalb dieses Quadrates.

a) Man bestimme die Randdichten f_1 und f_2 der Zufallsvariablen X und Y.
b) Sind die Zufallsvariablen X und Y (stoch.) unabhängig?
c) Man berechne $E(X)$, $D^2(X)$, $E(Y)$ und $D^2(Y)$.

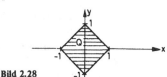

Bild 2.28

5. Einem Prüfling werden 40 Fragen vorgelegt, die alle nur mit ja oder nein zu beantworten sind. Wieviel richtige Antworten müssen zum Bestehen der Prüfung mindestens gefordert werden, damit ein Kandidat durch zufälliges Beantworten (Raten) höchstens mit Wahrscheinlichkeit von 0,05 die Prüfung besteht?

6. Ein Automat produziert Schrauben. Im Durchschnitt sind 10 % der Produktion unbrauchbar. Aus der Produktion dieser Maschine werden 400 Schrauben zufällig ausgewählt. Wie groß ist die Wahrscheinlichkeit, daß unter diesen 400 Schrauben

   a) mindestens 30 aber höchstens 50 unbrauchbare,
   b) mindestens 55 unbrauchbare sind?

7. Ein Vertreter weiß erfahrungsgemäß, daß er bei jedem seiner Erstbesuche mit Wahrscheinlichkeit $p = 0,05$ einen Verkauf tätigen kann. Wie groß ist die Wahrscheinlichkeit, daß er bei 300 Erstbesuchen wenigstens 10 Verkäufe tätigt?

8. Vom Ort A fahren gleichzeitig zwei Züge nach B, die von insgesamt 1000 Personen benutzt werden. Jede Person besteige unabhängig von den anderen Personen mit Wahrscheinlichkeit $p = \frac{1}{2}$ einen der beiden Züge. Wieviele Sitzplätze muß jeder der Züge mindestens haben, wenn die Wahrscheinlichkeit dafür, daß alle Personen einen Sitzplatz erhalten, mindestens gleich 0,99 sein soll?

9. Für eine technische Meßgröße X sei ein Sollwert von 152 mit Toleranzen ± 5 vorgegeben.

   a) Mit welcher Wahrscheinlichkeit liegt ein Meßwert $X(\omega)$ außerhalb der Toleranzen, falls X eine $N(152; 2^2)$-verteilte Zufallsvariable ist?
   b) Wie ändert sich das Resultat, falls nur Toleranzen ± 1 zugelassen sind?

10. Eine Apparatur füllt X_1 Gramm eines pulverförmigen Medikaments in X_2 Gramm schwere Röhrchen. Die Zufallsvariablen X_1 und X_2 seien dabei (stoch.) unabhängige näherungsweise $N(50; 1)$- bzw. $N(20; 0,5)$-verteilte Zufallsvariable.

    a) Mit welcher Wahrscheinlichkeit liegt das Gewicht eines gefüllten Röhrchens zwischen 69 g und 71 g?
    b) Mit welcher Wahrscheinlichkeit ist ein gefülltes Röhrchen leichter als 68 g?

11. Der Anhalteweg X eines mit 60 km/h fahrenden Autos setzt sich additiv zusammen aus dem Reaktionsweg X_1 und dem Bremsweg X_2, wobei X_1 und X_2 (stoch.) unabhängige näherungsweise $N(14; 9)$- bzw. $N(36; 25)$-verteilte Zufallsvariable sind.

    a) Wie ist die Zufallsvariable $X_1 + X_2$ näherungsweise verteilt?
    b) Mit welcher Wahrscheinlichkeit liegt der Anhalteweg eines mit 60 km/h fahrenden Autos über 55 m?

12. Die Studentenschaft einer Universität setzt sich zu 20 % aus weiblichen und zu 80 % aus männlichen Studenten zusammen. Unter der Annahme, daß die Körpergewichte (in Pfund) N(116; 100)- bzw. N(150; 225)-verteilt sind, berechne man

   a) die Wahrscheinlichkeit dafür, daß eine aus der Studentenschaft zufällig ausgewählte Person zwischen 130 und 150 Pfund wiegt,
   b) den Erwartungswert der Anzahl von Studierenden, die unter 100 zufällig ausgewählten über 130 Pfund wiegen.

*13. Die Zufallsvariable T, welche die Dauer eines Telephongespräches beschreibt, sei exponentialverteilt mit dem Parameter λ, sie besitze also die Dichte

$$f(t) = \begin{cases} 0 & \text{für } t \leq 0, \\ \lambda e^{-\lambda t} & \text{für } t > 0. \end{cases}$$

Man bestimme die Dichte $f_n(t)$ der Zufallsvariablen T_n, welche die Gesamtdauer von n Telephongesprächen beschreibt. Dabei seien die einzelnen Gesprächsdauern unabhängig und besitzen alle die Dichte $f(t)$.

2.6. Allgemeine Zufallsvariable

Wir haben bisher zwei Klassen von Zufallsvariablen betrachtet: diskrete und stetige. Daneben gibt es aber auch noch Zufallsvariable, die weder diskret noch stetig sind. Folgendes Beispiel möge dies erläutern.

Beispiel 2.39. Die Zufallsvariable X beschreibe die für ein Telephongespräch in einer Telephonzelle während einer bestimmten Tageszeit verwendete Zeit. Als Wertevorrat der Zufallsvariablen X kommt zwar wie bei den stetigen Zufallsvariablen ein ganzes Intervall I in Frage. Trotzdem ist X nicht stetig und zwar aus folgendem Grund: bei Ferngesprächen legen viele Teilnehmer den Hörer erst dann auf, wenn die Verbindung nach dem letzten Münzeinwurf und nach dem Hinweis „Sprechzeit zu Ende" abrupt abgebrochen wird. Sie ist aber auch nicht diskret, weil manche Teilnehmer nicht die volle Sprechzeit ausnutzen, und weil es für Ortsgespräche für eine Einheit keine zeitliche Begrenzung gibt. Die Zufallsvariable X nimmt somit die Werte ia, ib, ic, i = 1, 2, ... , mit positiven Wahrscheinlichkeiten an, wobei die Zahlen a, b, c, ... die für die verschiedenen Entfernungszonen festgelegten Sprechzeiten pro Einheit sind. Die restlichen Punkte des Intervalls I besitzen jeweils die Wahrscheinlichkeit 0, was aber wie im stetigen Fall nicht bedeutet, daß diese Punkte von der Zufallsvariablen X nicht angenommen werden können.

Die Verteilungsfunktion $F(x) = P(X \leq x)$ besitzt somit an den Stellen ia, ib, ic, ... i = 1, 2, ... Sprünge und ist dazwischen stetig.   ♦

2.6.1. Verteilungsfunktion, Erwartungswert und Varianz einer beliebigen Zufallsvariablen

Wir betrachten nun eine beliebige Zufallsvariable X, d. h. eine nach Definition 2.1 auf Ω definierte reellwertige Funktion, für welche den Ereignissen $\{\omega/X(\omega) = x\}$ $x \in IR$ und $\{\omega/a < X(\omega) \leq b\}$, $a < b$, auf Grund der Axiome von Kolmogoroff Wahrscheinlichkeiten zugeordnet sind. Setzt man $a = -\infty$, so folgt hieraus, daß jede Zufallsvariable X eine *Verteilungsfunktion* $F(x) = P(X \leq x)$ besitzt. Die Verteilungsfunktion hat an der Stelle x genau dann einen Sprung, wenn die Wahrscheinlichkeit $P(X = x)$ positiv ist. Die Sprunghöhe ist dabei gleich der Wahrscheinlichkeit $P(X = x)$. Zwischen zwei benachbarten Sprungstellen ist F stetig, wobei F an den Sprungstellen noch rechtsseitig stetig ist. Es gilt also für $h > 0$ $\lim_{h \to 0} F(x + h) = F(x)$. Für die Verteilungsfunktion F gilt

$$\lim_{x \to -\infty} F(x) = 0; \quad \lim_{x \to +\infty} F(x) = 1. \quad \lim_{\substack{h \to 0 \\ h > 0}} F(x + h) = F(x). \quad (2.129)$$

$F(x_1) \leq F(x_2)$ für $x_1 \leq x_2$ (F ist also monoton nichtfallend).

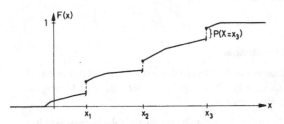

Bild 2.29. Verteilungsfunktion einer allgemeinen Zufallsvariablen

In Bild 2.29 ist eine solche Funktion graphisch dargestellt.

Aus $\{\omega/a < X(\omega) \leq b\} = \{\omega/X(\omega) \leq b\} \cap \overline{\{\omega/X(\omega) \leq a\}}$ folgt nach Satz 1.4

$$\begin{aligned} P(a < X \leq b) &= F(b) - F(a), \\ P(X > b) &= 1 - F(b). \end{aligned} \quad (2.130)$$

Zur Definition des Erwartungswertes einer beliebigen Zufallsvariablen X mit der Verteilungsfunktion F betrachten wir analog zum stetigen Fall in Abschnitt 2.4.2 folgenden Diskretisierungsprozeß. Für $h > 0$ besitze die diskrete Zufallsvariable X_h den Wertevorrat $W(X_h) = \{kh; k = 0, \pm 1, \pm 2, \dots \}$ mit den Wahrscheinlichkeiten

$$P(X_h = kh) = P((k-1)h < X \leq k \cdot h) = F(kh) - F((k-1)h), \; k = 0, \pm 1, \dots$$

$$(2.131)$$

Für kleine Werte h stellt die diskrete Zufallsvariable X_h eine Näherung für X dar, wobei die Approximation umso besser wird, je kleiner h ist. Die diskrete Zufalls-variable X_h besitzt definitionsgemäß genau dann einen Erwartungswert, wenn die Summe der Absolutglieder

$$\sum_{k=-\infty}^{+\infty} |kh| \, [F(kh) - F((k-1)h)] \tag{2.132}$$

endlich ist.

Falls der Grenzwert

$$\lim_{h \to 0} \sum_{k=-\infty}^{+\infty} |k \cdot h| \, [F(kh) - F((k-1)h)]$$

existiert, bezeichnen wir ihn mit $\displaystyle\int_{-\infty}^{+\infty} |x| \, dF(x)$. Dann existiert auch

$$\lim_{h \to 0} \sum_{k=-\infty}^{+\infty} kh \, [F(kh) - F((k-1)h)] = \int_{-\infty}^{+\infty} x \, dF(x).$$ Dieses sogenannte

Lebesgue-Stieltjes-Integral nennen wir den *Erwartungswert* der Zufallsvariablen X. Es gilt also

$$\mu = E(X) = \lim_{h \to 0} \sum_{k=-\infty}^{+\infty} kh \, [F(kh) - F((k-1)h)] = \int_{-\infty}^{+\infty} x \, dF(x) = \lim_{h \to 0} E(X_h).$$

$$\tag{2.133}$$

Entsprechend erklären wir im Falle der Existenz die *Varianz* einer beliebigen Zufallsvariablen X mit der Verteilungsfunktion F durch

$$\sigma^2 = D^2(X) = \lim_{h \to 0} \sum_{k=-\infty}^{+\infty} (kh - \mu)^2 \, [F(kh) - F((k-1)h)] = \tag{2.134}$$

$$= \int_{-\infty}^{+\infty} (x - \mu)^2 \, dF(x) = \lim_{h \to 0} D^2(X_h).$$

Bemerkung. Es läßt sich relativ einfach zeigen, daß aus den Definitionsgleichungen (2.133) und (2.134) für diskrete bzw. stetige Zufallsvariable unmittelbar die an den entsprechenden Stellen gegebenen Definitionen folgen.

Entsprechend lassen sich alle bisher für die Erwartungswerte und Varianzen diskreter bzw. stetiger Zufallsvariablen gezeigte Eigenschaften auch auf allgemeine Zufallsvariable übertragen. Dabei ist die (stoch.) Unabhängigkeit in Definition 2.13 bereits allgemein formuliert.

Beispiel 2.40. Die Zufallsvariable X besitze die in Bild 2.30 dargestellte Verteilungsfunktion F, wobei F nur aus Geradenstücken besteht.

Nur die Zahlen $x = 1$ und $x = 2$ werden von der Zufallsvariablen X mit positiver Wahrscheinlichkeit angenommen. Da die Sprunghöhen jeweils gleich $\frac{1}{4}$ sind, erhalten wir $P(X = 1) = P(X = 2) = \frac{1}{4}$. Für $0 < x < 1$ und $1 < x < 2$ ist $F(x)$ differenzierbar mit der Ableitung $F'(x) = \frac{1}{4}$. Für $0 < x, x + h < 1$ und $1 < x, x + h < 2$ gilt dabei die Identität $F(x + h) - F(x) = \int\limits_{x}^{x+h} \frac{1}{4}\, du = \frac{1}{4} h$. Damit erhalten wir

$$\mu = 1 \cdot \frac{1}{4} + 2 \cdot \frac{1}{4} + \int\limits_{0}^{2} \frac{1}{4} x\,dx = \frac{3}{4} + \frac{1}{8} x^2 \Big|_{0}^{2} = \frac{5}{4} \, ;$$

$$E(X^2) = 1 \cdot \frac{1}{4} + 4 \cdot \frac{1}{4} + \int\limits_{0}^{2} x^2 \frac{1}{4}\, dx = \frac{5}{4} + \frac{1}{12} x^3 \Big|_{0}^{2} = \frac{5}{4} + \frac{2}{3} = \frac{23}{12} \, ;$$

$$\sigma^2 = E(X^2) - \mu^2 = \frac{23}{12} - \frac{25}{16} = \frac{92 - 75}{48} = \frac{17}{48} \, . \qquad \blacklozenge$$

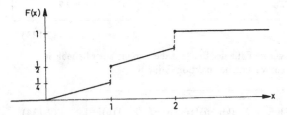

Bild 2.30. Verteilungsfunktion

2.6.2. Median und Quantile einer Zufallsvariablen

Ist die Verteilungsfunktion F einer Zufallsvariablen X stetig und streng monoton wachsend, so besitzt die Gleichung

$$F(x) = \frac{1}{2} \qquad\qquad\qquad\qquad\qquad\qquad\qquad\qquad (2.135)$$

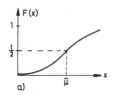 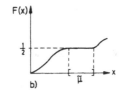 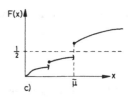

Bild 2.31. Median

genau eine Lösung $x = \tilde{\mu}$ (vgl. Bild 2.31a). $\tilde{\mu}$ heißt *Median* der Zufallsvariablen X. Bei einer $N(\mu, \sigma^2)$-verteilten Zufallsvariablen X stimmt der Median $\tilde{\mu}$ mit dem Erwartungswert μ überein. Ist $F(x)$ stetig, jedoch nicht streng monoton wachsend, so kann der Fall eintreten, daß die Gleichung (2.135) ein ganzes Intervall als Lösungsmenge besitzt (s. Bild 2.31b). Ist $F(x)$ nicht stetig, so braucht (2.135) überhaupt keine Lösung zu besitzen. Für den in Bild 2.31c gekennzeichneten Zahlenwert $\tilde{\mu}$ gilt jedoch

$$P(X > \tilde{\mu}) \le \tfrac{1}{2}, \quad P(X < \tilde{\mu}) \le \tfrac{1}{2}. \tag{2.136}$$

Wegen dieser Eigenschaft nennen wir auch $\tilde{\mu}$ Median der Zufallsvariablen X. Für einen Zahlenwert, der die Gleichung (2.135) erfüllt, gilt auch (2.136). Daher ist für den allgemeinen Fall folgende Definition sinnvoll.

Definition 2.16. Jeder Zahlenwert $\tilde{\mu}$, der die beiden Ungleichungen $P(X < \tilde{\mu}) \le \tfrac{1}{2}$ und $P(X > \tilde{\mu}) \le \tfrac{1}{2}$ erfüllt, heißt *Median* der Zufallsvariablen X.

In Verallgemeinerung des Begriffs Median geben wir die

Definition 2.17. Jeder Zahlenwert x_q, der die Ungleichungen $P(X < x_q) \le q$ und $P(X > x_q) \le 1 - q$ erfüllt, heißt *q-Quantil* der Zufallsvariablen X.

Beispiel 2.41 (vgl. Beispiel 2.40). Für die Zufallsvariable X, welche die in Bild 2.30 dargestellte Verteilungsfunktion $F(x)$ besitzt, gilt

$$\tilde{\mu} = 1; \quad x_{0,25} = 1; \quad x_{\frac{5}{8}} = 1,5. \qquad \blacklozenge$$

Beispiel 2.42. Die diskrete Zufallsvariable X besitze die Verteilung

x_i	1	2	5	10	1000
$P(X = x_i)$	0,1	0,3	0,4	0,15	0,05

Die Zufallsvariable X nimmt mit Wahrscheinlichkeit 0,95 Werte aus $\{1, 2, 5, 10\}$ an. Der sog. „Ausreißer" 1000 besitzt zwar eine geringe Wahrscheinlichkeit. Trotzdem hat er auf den Erwartungswert einen großen Einfluß. Der Erwartungswert lautet

$$\mu = E(X) = 54,2.$$

Für den Median dagegen erhalten wir den (hier eindeutig bestimmten) Wert

$\tilde{\mu} = 5$.

Der Median ist also gegen „Ausreißer" unempfindlich.   ◆

2.6.3. Übungsaufgaben zu allgemeinen Zufallsvariablen

1. An einer Straßenkreuzung befindet sich eine Ampel, die abwechselnd $\frac{1}{2}$ Minute grünes und eine Minute rotes Licht zeigt. Ein Fahrzeug fahre zu einem zufällig gewählten Zeitpunkt an die Kreuzung heran, wobei sich unmittelbar vor ihm keine weiteren Fahrzeuge befinden.

   a) Man bestimme die Wahrscheinlichkeit dafür, daß das Fahrzeug ohne anzu-halten die Kreuzung passieren kann.

   b) Man zeichne die Verteilungsfunktion F der Zufallsvariablen T und berechne E(T) und D(T).

   c) Man berechne den Median $\tilde{\mu}$ (ist er eindeutig bestimmt?)

*2. Die Zufallsvariable T, welche die Dauer der in einem Betrieb geführten privaten Telephongespräche beschreibt, war bisher exponentialverteilt mit dem Para-meter $\alpha = \frac{1}{2}$. Da dabei einige Gespräche sehr lange dauerten, wurde angeordnet, daß kein Privatgespräch mehr länger als 3 Minuten dauern darf.

   a) Mit welcher Wahrscheinlichkeit dauerte früher ein Privatgespräch länger als 3 Minuten?

   b) Unter der Annahme, daß alle Teilnehmer die Anordnung befolgen, berechne man die Verteilungsfunktion und den Erwartungswert der Zufallsvariablen $\hat{T}$, die jetzt die Gesprächsdauer beschreibt.

   c) Man berechne den Quotienten $\frac{E(\hat{T})}{E(T)}$.

3. Man bestimme Median und 0,2-Quantile der diskreten Zufallsvariablen X mit der Verteilung

x_i	1	3	4	5
$P(X = x_i)$	0,2	0,2	0,1	0,5

3. Gesetze der großen Zahlen

3.1. Die Tschebyscheffsche Ungleichung

Ist die Verteilung bzw. die Verteilungsfunktion einer Zufallsvariablen X bekannt, so läßt sich die Wahrscheinlichkeit

$$P(|X - \mu| \geq a), \tag{3.1}$$

exakt berechnen. Häufig kennt man jedoch die Verteilungsfunktion einer Zufallsvariablen X nicht, wohl aber aus Erfahrungswerten ihren Erwartungswert μ und ihre Varianz σ^2. Da wir die Varianz als Maß für die Abweichung der Werte einer Zufallsvariablen vom Erwartungswert μ eingeführt haben, ist die Vermutung naheliegend, daß zwischen den Abweichungswahrscheinlichkeiten (3.1) und der Varianz σ^2 eine Beziehung besteht. Aussagen über einen solchen Zusammenhang macht der folgende

Satz 3.1 *(Die Tschebyscheffsche Ungleichung)*
X sei eine beliebige Zufallsvariable, deren Erwartungswert μ und Varianz σ^2 existieren. Dann gilt für jede positive Zahl a die Ungleichung von Tschebyscheff

$$P(|X - \mu| \geq a) \leq \frac{\sigma^2}{a^2}. \tag{3.2}$$

Beweis: Wir zeigen die Ungleichung nur für diskrete Zufallsvariable. Im stetigen bzw. allgemeinen Fall verläuft der Beweis entsprechend. $(x_i, P(X = x_i))$, $i = 1, 2, \ldots$ sei die Verteilung von X. Summiert man in $\sigma^2 = \sum_i (x_i - \mu)^2 P(X = x_i)$ nur über die Werte x_i mit $|x_i - \mu| \geq a$, so folgt

$$\sigma^2 \geq \sum_{|x_k - \mu| \geq a} (x_k - \mu)^2 P(X = x_k). \tag{3.3}$$

Für die einzelnen Summanden auf der rechten Seite von (3.3) gilt

$$(x_k - \mu)^2 P(X = x_k) \geq a^2 P(X = x_k).$$

Somit folgt aus (3.3) die Ungleichung

$$\sigma^2 \geq a^2 \sum_{|x_k - \mu| \geq a} P(X = x_k) = a^2 P(|X - \mu| \geq a).$$

Division dieser Ungleichung durch a^2 liefert die Behauptung

$$P(|X - \mu| \geq a) \leq \frac{\sigma^2}{a^2}. \qquad \blacksquare$$

Für $a \leq \sigma$ liefert die Tschebyscheffsche Ungleichung keine Information über $P(|X - \mu| \geq a)$, da dann die rechte Seite von (3.2) nicht kleiner als 1 ist.

Mit $a = k\sigma$, $k > 1$, geht (3.2) über in

$$P(|X - \mu| \geq k\sigma) \leq \frac{1}{k^2}. \qquad (3.4)$$

Hieraus folgt z. B. $P(|X - \mu| \geq 2\sigma) \leq \frac{1}{4}$; $P(|X - \mu| \geq 3\sigma) \leq \frac{1}{9}$. Daß diese Abschätzungen wesentlich schlechter sind als die in (2.123) für normalverteilte Zufallsvariable angegebenen, liegt in der Tatsache, daß über die Verteilung von X keine Annahmen gemacht werden. Man muß evtl. mit dem ungünstigsten Fall rechnen.

Beispiel 3.1. Von einer Zufallsvariablen seien $E(X) = 1$ und $\sigma^2 = D^2(X) = 2$ bekannt. Man gebe eine obere Schranke für $P(|X - 1| \geq 3)$ an. Aus (3.4) folgt

$$P(|X - 1| \geq 3) \leq \frac{\sigma^2}{9} = \frac{2}{9}. \qquad \blacklozenge$$

3.2. Das schwache Gesetz der großen Zahlen

Wird ein Zufallsexperiment n-mal unter denselben Bedingungen durchgeführt, so nimmt bei jeder einzelnen Versuchsdurchführung die Zufallsvariable X einen Wert aus ihrem Wertevorrat $W(X)$ an. Die so erhaltenen Werte bezeichnen wir mit $\hat{x}_1, \hat{x}_2, \ldots, \hat{x}_n$, wobei manche dieser Werte gleich sein können. $\hat{x}_i$ ist also die Realisierung der Zufallsvariablen X bei der i-ten Versuchsdurchführung. Wir betrachten nun die n-malige Durchführung der Einzelexperimente als neues Zufallsexperiment. Dann können die Werte $\hat{x}_i$ als Realisierungen von Zufallsvariablen X_i aufgefaßt werden, wobei die Zufallsvariablen $X_1, \ldots, X_n$ (stoch.) unabhängig sind. Dabei stimmen die Verteilungsfunktionen, Erwartungswerte und Varianzen der Zufallsvariablen X_i und X überein.

Das arithmetische Mittel

$$\bar{\hat{x}} = \frac{\hat{x}_1 + \hat{x}_2 + \ldots + \hat{x}_n}{n} \qquad (3.5)$$

ist dann Realisierung der Zufallsvariablen $Z_n = \frac{1}{n} \sum_{i=1}^{n} X_i$, für die wegen der (stoch.) Unabhängigkeit der X_i, $i = 1, 2, \ldots, n$, gilt

$$E(Z_n) = \frac{1}{n} \sum_{i=1}^{n} E(X_i) = \mu;$$

$$D^2(Z_n) = \frac{1}{n^2} \sum_{i=1}^{n} D^2(X_i) = \frac{n\sigma^2}{n^2} = \frac{\sigma^2}{n}. \qquad (3.6)$$

Für die Zufallsvariable Z_n erhalten wir aus der Tschebyscheffschen Ungleichung
für jedes $\epsilon > 0$ die Abschätzung

$$P(|Z_n - \mu| \geq \epsilon) \leq \frac{D^2(Z_n)}{\epsilon^2} = \frac{\sigma^2}{n \cdot \epsilon^2}. \qquad (3.7)$$

Für jedes $\epsilon > 0$ wird die rechte Seite dieser Ungleichung beliebig klein, wenn nur
n groß genug gewählt ist. Die Wahrscheinlichkeit dafür, daß die Zufallsvariable
$\frac{1}{n} \sum_{i=1}^{n} X_i$ Werte annimmt, die von μ um mehr als ϵ abweichen, ist somit für große n
sehr klein.

Der Mittelwert $\bar{x}$ wird daher meistens in der Nähe des Erwartungswertes μ liegen.
Diese Eigenschaft ermöglicht es uns, Näherungswerte für μ mit Hilfe von Zufallsexperimenten zu gewinnen. Zur Herleitung von (3.7) genügt bereits die paarweise
(stoch.) Unabhängigkeit der Zufallsvariablen $X_1, X_2, \ldots, X_n$ und die Bedingung,
daß alle Zufallsvariablen $X_1, X_2, \ldots, X_n$ denselben Erwartungswert und die gleiche
Varianz besitzen. Diesen Sachverhalt fassen wir zusammen im folgenden

Satz 3.2 *(Das schwache Gesetz der großen Zahlen)*
Für jede natürliche Zahl n seien die Zufallsvariablen $X_1, X_2, \ldots, X_n$ paarweise (stoch.) unabhängig und besitzen alle denselben Erwartungswert μ
und dieselbe Varianz σ^2. Dann gilt für jedes $\epsilon > 0$

$$\lim_{n \to \infty} P\left(\left|\frac{1}{n} \sum_{i=1}^{n} X_i - \mu\right| \geq \epsilon\right) = 0. \qquad (3.8)$$

Beweis: Die Behauptung folgt unmittelbar aus (3.6) und (3.7).   ∎

Bemerkung. Mit $X_i(\omega) = \begin{cases} 1 & \text{für } \omega \in A, \\ 0 & \text{sonst,} \end{cases}$

folgt wegen $E(X_i) = p$ aus Satz 3.2 unmittelbar das Bernoullische Gesetz der großen
Zahlen (Satz 1.23).

3.3. Der zentrale Grenzwertsatz

Für jedes n seien die Zufallsvariablen $X_1, X_2, \ldots, X_n$ (stoch.) unabhängig, ihre
Erwartungswerte $\mu_i = E(X_i)$ und Varianzen $\sigma_i^2 = D^2(X_i)$, $i = 1, \ldots, n$, sollen
existieren. Die Summenvariable $S_n = X_1 + X_2 + \ldots + X_n$ besitzt den Erwartungswert

$$E(S_n) = \sum_{i=1}^{n} \mu_i$$

und wegen der (stoch.) Unabhängigkeit die Varianz

$$D^2(S_n) = \sum_{i=1}^{n} \sigma_i^2.$$

Daher lautet die Standardisierte S_n^* der Zufallsvariablen S_n

$$S_n^* = \frac{\sum_{i=1}^{n} (X_i - \mu_i)}{\sqrt{\sum_{i=1}^{n} \sigma_i^2}}.$$ (3.9)

Unter sehr allgemeinen Bedingungen, die im wesentlichen besagen, daß in (3.9) jeder einzelne Summand auf die Summenbildung nur einen kleinen Einfluß hat, ist für große n die standardisierte Summenvariable S_n^* ungefähr $N(0,1)$-verteilt. Diese Bedingungen sind z. B. erfüllt, wenn alle Zufallsvariablen X_i dieselbe Verteilungsfunktion besitzen und ihre Erwartungswerte und Varianzen, die dann für alle X_i identisch sind, existieren.

Der Vollständigkeit halber wollen wir die sehr allgemeine, sog. *Lindeberg-Bedingung* kurz formulieren:

Ist $F_i(x)$ die Verteilungsfunktion von X_i, $i = 1, 2, \ldots$, so gelte für jedes $\epsilon > 0$ mit $B_n^2 = \sum_{i=1}^{n} \sigma_i^2$

$$\lim_{n \to \infty} \frac{1}{B_n^2} \sum_{i=1}^{n} \int_{|x_i - \mu_i| > \epsilon B_n} (x_i - \mu_i)^2 \, dF_i(x) = 0.$$ (3.10)

Damit gilt der

> **Satz 3.3** *(Zentraler Grenzwertsatz)*
> Für jedes n seien die Zufallsvariablen $X_1, X_2, \ldots, X_n$ (stoch.) unabhängig und sie erfüllen die Lindeberg-Bedingung (3.10). Dann gilt für die standardisierten Summen S_n^* (s. (3.9))
>
> $$\lim_{n \to \infty} P(S_n^* \leq x) = \Phi(x) = \frac{1}{\sqrt{2\pi}} \int_{-\infty}^{x} e^{-\frac{u^2}{2}} \, du \text{ für jedes } x \in \mathbb{R}.$$

Wegen des Beweises verweisen wir auf die weiterführende Literatur, z.B. Rényi S. 365.

3.4. Übungsaufgaben

1. Von einer Zufallsvariablen X sei nur der Erwartungswert $\mu = 100$ und die Varianz $\sigma^2 = 90$ bekannt. Man gebe eine Abschätzung nach oben für die Wahrscheinlichkeit $P(|X - 100| \geq 20)$ an.

2. Eine Zufallsvariable X nehme nur Werte aus dem Intervall $[0; 12]$ an. X habe den Erwartungswert $\mu = 10$ und die Varianz $\sigma^2 = 0,45$. Man schätze $P(X \leq 7)$ nach oben ab.

3. Die Zufallsvariablen $X_1, X_2, \ldots, X_n$ seien (stoch.) unabhängig und besitzen alle denselben Erwartungswert μ und die gleiche Varianz $\sigma^2 = 9$.

   a) Man berechne Erwartungswert und Streuung der Zufallsvariablen $\overline{X} = \frac{1}{n} \sum_{i=1}^{n} X_i$.

   b) Wie groß muß n mindestens sein, daß gilt $P(|\overline{X} - \mu| \leq 0,1) \geq 0,95$.

4. Wie oft muß mit einer idealen Münze mindestens geworfen werden, damit mit Wahrscheinlichkeit von mindestens 0,95 die Zufallsvariable der relativen Häufigkeit für Wappen von $p = \frac{1}{2}$ um höchstens

   a) 0,01

   b) 0,001 abweicht?

5. $X_1, X_2, \ldots, X_{1000}$ seien unabhängige, identisch verteilte Zufallsvariable mit den Verteilungen

x_i	1	3	6	11
$P(X = x_i)$	$\frac{1}{5}$	$\frac{1}{4}$	$\frac{2}{5}$	$\frac{3}{20}$

   Man bestimme mit Hilfe des zentralen Grenzwertsatzes approximativ die Wahrscheinlichkeit dafür, daß die Zufallsvariable $S_{1000} = \sum_{i=1}^{1000} X_i$ Werte zwischen 4820 und 5180 annimmt.

6. Die mittlere Lebensdauer (in Stunden) eines sehr empfindlichen Maschinenteils betrage 50 mit der Varianz 900. Fällt dieses Maschinenteil aus, so wird es sofort ohne Zeitverlust durch ein Reserveteil ersetzt, welches dieselbe mittlere Lebensdauer und dieselbe Varianz besitzt. Wie viele Maschinenteile sind erforderlich, damit mit einer Wahrscheinlichkeit von 0,95 die Maschine mindestens 5000 Stunden mit diesen Maschinenteilen läuft?

4. Testverteilungen

In diesem Abschnitt behandeln wir drei Verteilungen, welche in der Statistik neben den bisher behandelten Verteilungen eine sehr große Rolle spielen.

4.1. Die Chi-Quadrat-Verteilung

Aus den (stoch.) unabhängigen, $N(0,1)$-verteilten Zufallsvariablen $X_1, X_2, \ldots, X_n$ bilden wir die Quadratsumme

$$\chi_n^2 = X_1^2 + X_2^2 + \ldots + X_n^2 \quad \text{für } n = 1, 2, \ldots . \tag{4.1}$$

Die Zufallsvariable χ_n^2 ist stetig und besitzt die Dichte

$$g_n(x) = \begin{cases} 0 & \text{für } x \leq 0, \\ \dfrac{1}{2^{\frac{n}{2}} \, \Gamma(\frac{n}{2})} \, e^{-\frac{x}{2}} x^{\frac{n}{2} - 1} & \text{für } x > 0. \end{cases} \tag{4.2}$$

Dabei ist $\Gamma(a) = \displaystyle\int_0^\infty e^{-t} t^{a-1} dt$ die sogenannte *Gammafunktion*. Partielle Integration liefert die Beziehung

$$\Gamma(a + 1) = a \, \Gamma(a). \tag{4.3}$$

Für $a = \frac{1}{2}$ und $a = 1$ gilt speziell

$$\Gamma(\tfrac{1}{2}) = \sqrt{\pi}; \quad \Gamma(1) = 1. \tag{4.4}$$

Aus (4.4) und (4.3) folgt für jede natürliche Zahl n

$$\Gamma(n) = (n - 1)! \tag{4.5}$$

Die Verteilung der Zufallsvariablen χ_n^2 heißt *Chi-Quadrat-Verteilung mit n Freiheitsgraden*. Sie stammt von *Helmert* [1876] und ist von *Pearson* [1900] wiederentdeckt worden. Gleichung (4.2) läßt sich mit Hilfe einiger Umrechnungen durch vollständige Induktion zeigen. Wir verweisen dazu auf die weiterführende Literatur, z. B. Rényi. Für $n = 1$ und 2 sind die Kurven monoton fallend. Für $n \geq 3$ besitzen die Kurven an der Stelle $x = n - 2$ ein Maximum.

Für die Freiheitsgrade $n = 1, 2, 3, 6$ lauten für $x > 0$ die in Bild 4.1 graphisch dargestellten Dichten

$$g_1(x) = \frac{1}{\sqrt{2\pi x}} \, e^{-\frac{x}{2}},$$

$$g_2(x) = \frac{1}{2} \, e^{-\frac{x}{2}},$$

$$g_3(x) = \frac{1}{\sqrt{2\pi}} \sqrt{x} \; e^{-\frac{x}{2}},$$

$$g_6(x) = \frac{1}{16} x^2 \, e^{-\frac{x}{2}}.$$

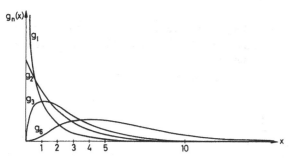

Bild 4.1. Dichten von Chi-Quadrat-Verteilungen

Erwartungswert und Varianz eine χ_n^2-Verteilung lauten

$$E(\chi_n^2) = n; \quad D^2(\chi_n^2) = 2n. \tag{4.6}$$

Nach dem zentralen Grenzwertsatz ist χ_n^2 für große n ungefähr $N(n, 2n)$-verteilt.

4.2. Die Studentsche t-Verteilung

Gosset (1876–1937) veröffentlichte unter dem Pseudonym „Student" die Verteilung folgender Zufallsvariablen

$$T_n = \frac{X}{\sqrt{\chi_n^2/n}} \; . \tag{4.7}$$

Die Zufallsvariable X ist dabei $N(0; 1)$-verteilt und χ_n^2 Chi-Quadrat-verteilt mit n Freiheitsgraden. Ferner seien X und χ_n^2 (stoch.) unabhängig. Die Verteilung der Zufallsvariablen T_n heißt *t-Verteilung oder Studentsche Verteilung mit n Freiheitsgraden.* Ihre Dichte lautet

$$h_n(x) = \frac{\Gamma(\frac{n+1}{2})}{\sqrt{n\pi}\; \Gamma(\frac{n}{2})} \cdot \frac{1}{(1+\frac{x^2}{n})^{\frac{n+1}{2}}} \quad \text{für } n = 1, 2, \dots \; . \tag{4.8}$$

Für n = 1 erhalten wir hieraus die sogenannte *Cauchy-Verteilung* mit der Dichte

$$h_1(x) = \frac{1}{\pi(1 + x^2)} \; . \tag{4.9}$$

Obwohl die Dichte $h_1(x)$ symmetrisch zur Achse $x = 0$ ist, besitzt eine Cauchy-verteilte Zufallsvariable keinen Erwartungswert.

Für $n \geq 2$ gilt $E(T_n) = 0$.

Die Zufallsvariable T_2 besitzt keine endliche Varianz. Für $n \geq 3$ gilt $D^2(T_n) = \frac{n}{n-2}$.

Mit wachsendem n strebt die Dichte der t-Verteilung mit n Freiheitsgraden gegen die Dichte der $N(0; 1)$-Verteilung.

Für die Werte $n = 2$ und $n = 10$ erhalten wir z. B.

$$h_2(x) = \frac{1}{2\sqrt{2}} \frac{1}{(1 + \frac{x^2}{2})^{\frac{3}{2}}} \; ,$$

$$h_{10}(x) = \frac{315}{256\sqrt{10}} \frac{1}{(1 + \frac{x^2}{10})^{\frac{11}{2}}} \; .$$

In Bild 4.2 sind die Funktionen h_2, h_{10} sowie die Dichte der $N(0; 1)$-Verteilung graphisch dargestellt.

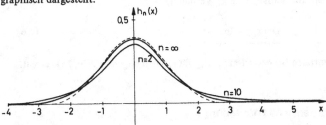

Bild 4.2. Dichten von t-Verteilungen

4.3. Die F-Verteilung von Fisher

χ_m^2 und χ_n^2 seien zwei (stoch.) unabhängige Zufallsvariable, welche Chi-Quadrat-verteilt mit m bzw. n Freiheitsgraden sind: Dann heißt die Zufallsvariable

$$F_{(m, n)} = \frac{\frac{\chi_m^2}{m}}{\frac{\chi_n^2}{n}} \tag{4.10}$$

F- oder *Fisher-verteilt mit (m, n) Freiheitsgraden.*

Sie besitzt die Dichte

$$
g_{m,n}(x) = \begin{cases} 0 & \text{für } x < 0 \\[2mm] \dfrac{\Gamma(\frac{m+n}{2})}{\Gamma(\frac{m}{2})\,\Gamma(\frac{n}{2})} \left(\dfrac{m}{n}\right)^{\frac{m}{2}} \dfrac{x^{\frac{m}{2}-1}}{\left(1+\frac{m}{n}x\right)^{\frac{m+n}{2}}} & \text{sonst.} \end{cases} \qquad (4.11)
$$

für $(m, n) = (6, 4)$ bzw. $= (6, 10)$ gilt z. B. für $x > 0$

$$
g_{6,4}(x) = 12 \cdot 1{,}5^3 \cdot \frac{x^2}{(1+1{,}5x)^5} \ .
$$

Die Kurve besitzt an der Stelle $x = \frac{2}{4{,}5} = 0{,}444$ (vgl. Bild 4.3) das Maximum.

$$
g_{6,10}(x) = 105 \cdot 0{,}6^3 \, \frac{x^2}{(1+0{,}6x)^8} \ .
$$

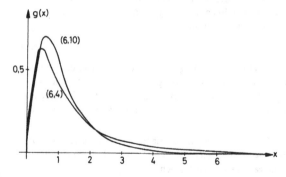

Bild 4.3. Dichten von F-Verteilungen

5. Ausblick

Durch die Axiome von Kolmogoroff sind zwar drei wesentliche Eigenschaften einer Wahrscheinlichkeit P gegeben, nicht aber der Zahlenwert P(A) eines Ereignisses A. Die einzelnen Wahrscheinlichkeiten sind in einem Laplace-Modell mit Hilfe der m gleichwahrscheinlichen Elementarereignisse $\{\omega_1\}, \{\omega_2\}, \ldots, \{\omega_m\}$ durch kombinatorische Überlegungen berechenbar. Allerdings muß dort die wesentliche Voraussetzung gemacht werden, daß jedes der m Elementarereignisse die (gleiche) Wahrscheinlichkeit $p = \frac{1}{m}$ besitzt. Wie kann man jedoch prüfen, ob bei endlichem Ω alle Elementarereignisse auch wirklich gleichwahrscheinlich sind? Bei der Behandlung zahlreicher Aufgaben sind wir zwar auf Grund bestimmter Gegebenheiten von dieser Gleichwahrscheinlichkeit ausgegangen, wir haben aber noch kein Verfahren kennengelernt, mit dem man „Prüfen" kann, ob diese Bedingung nicht verletzt ist.

Ist $p = P(A)$ z. B. die (unbekannte) Wahrscheinlichkeit dafür, daß ein von einer Maschine produziertes Werkstück fehlerhaft ist, so können wir p nicht durch kombinatorische Überlegungen berechnen. Allerdings werden wir wegen des Bernoullischen Gesetzes der großen Zahlen in

$$p \approx r_n(A) \tag{5.1}$$

für große n meistens eine brauchbare Näherung erhalten, wobei $r_n(A)$ die relative Häufigkeit des Ereignisses A in einem Bernoulli-Experiment vom Umfang n ist. Dabei haben wir für die Ableitung dieses Gesetzes nur die Axiome von Kolmogoroff benutzt. Aussagen über die Güte einer solchen Approximation zu machen, ist z. B. eine Aufgabe der Statistik.

Ein anderes Beispiel ist die Frage, ob eine Zufallsvariable X normalverteilt ist, und wenn ja, welchen Erwartungswert und welche Varianz sie besitzt. Auch auf diese Frage wird die Statistik eine gewisse Antwort geben.

Solche und ähnliche Probleme werden wir in dem Fortsetzungsband *Elementare Einführung in die angewandte Statistik* behandeln. Dazu werden die in diesem Band aus den Axiomen von Kolmogoroff abgeleiteten Ergebnisse benutzt, insbesondere die Gesetze der großen Zahlen und die Testverteilungen aus Abschnitt 4, deren Werte dort auch tabelliert sind. Ziel des Autors ist es, die Verfahren nicht kochrezeptartig zu beschreiben, sondern sie auch (so gut wie möglich) zu begründen.

6. Anhang

6.1. Lösungen der Übungsaufgaben

Lösungen der Übungsaufgaben aus Abschnitt 1.10

1. $\overline{A}$: „unter den beiden ersten Buchstaben ist höchstens ein Konsonant",
    AB: „alle Buchstaben sind Konsonanten",
    $\overline{A}B$: „der erste Buchstabe ist ein Vokal, die drei letzten sind Konsonanten",
    $\overline{A} \cup \overline{B} = \overline{AB}$: „mindestens einer der Buchstaben ist ein Vokal".

2. $\Omega = \{(i, j)\ 1 \leq i, j \leq 6, i =$ Augenzahl des weißen,
    $j =$ Augenzahl des roten Würfels$\}$.
    A $= \{(1,2), (1,3), (1,4), (1,5), (1,6), (2,3), (2,4), (2,5), (2,6), (3,4), (3,5),$
    $(3,6), (4,5), (4,6), (5,6)\}$,
    B $= \{(1,1), (1,3), (1,5), (2,2), (2,4), (2,6), (3,1), (3,3), (3,5), (4,2),$
    $(4,4), (4,6), (5,1), (5,3), (5,5), (6,2), (6,4), (6,6)\}$,
    C $= \{(1,1), (1,2), (1,3), (1,4), (2,1), (2,2), (3,1), (4,1)\}$,
    AB $= \{(1,3), (1,5), (2,4), (2,6), (3,5), (4,6)\}$,
    AC $= \{(1,2), (1,3), (1,4)\}$,
    BC $= \{(1,1), (1,3), (2,2), (3,1)\}$,
    ABC $= \{(1,3)\}$.

3. ABC = Fläche des von den
    Punkten 0; P(4; 2) und
    Q$(\frac{8}{3}, \frac{8}{3})$ aufgespannten
    Dreiecks, wobei die Seiten
    dazugehören.

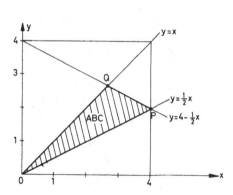

4. a) $A\overline{B}\overline{C}$;
    b) $A\overline{B}\overline{C} + \overline{A}B\overline{C} + \overline{A}\overline{B}C$ (genau A oder genau B oder genau C);
    c) $\overline{A}\overline{B}\overline{C} + A\overline{B}\overline{C} + \overline{A}B\overline{C} + \overline{A}\overline{B}C$ (keines oder genau eines);
    d) $A \cup B \cup C$;
    e) $\overline{A}BC + A\overline{B}C + AB\overline{C}$ (genau $\overline{A}$ oder genau $\overline{B}$ oder genau $\overline{C}$);
    f) $\overline{A}BC + A\overline{B}C + AB\overline{C} + ABC$ (genau zwei oder alle drei);
    g) $\overline{A} \cup \overline{B} \cup \overline{C} = \overline{ABC}$ (alle drei nicht);
    h) $\overline{A}B\overline{C} + \overline{A}\overline{B}C + A\overline{B}\overline{C} + \overline{A}\overline{B}\overline{C}$ (genau eines oder keines).

5. $x + 5 + 10 + 8 + 70 + 45 + 40 = 190,$
    $x + 178 \qquad\qquad\qquad = 190,$
    $x = 12.$

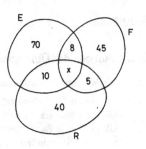

6. Genau 3 Fächer studieren 2, genau 2 Fächer $8 - 2 = 6$ und genau 1 Fach
    $25 - 2 - 6 = 17$ Personen.

    In der Summe $|B| + |G| + |C|$ werden diejenigen Personen, die ein einziges
    Fach studieren, einfach gezählt, diejenigen mit 2 Fächern doppelt und die
    mit allen Fächern dreifach gezählt.

    Damit gilt

    $|B| + |G| + |C| = 17 + 2 \cdot 6 + 3 \cdot 2 = 35.$

    Wegen $|B| = 14$ und $|G| = 10$ folgt hieraus für die gesuchte Anzahl
    $\quad |C| = 11.$

7. $\Omega = \{1, 2, 3, 4, 5, 6\}.$

    a) Aus $P(\{1\}) : P(\{2\}) : P(\{3\}) : P(\{4\}) : P(\{5\}) : P(\{6\}) = 1 : 2 : 3 : 4 : 5 : 6$
       folgt mit $P(\{1\}) = p$, $P(\{i\}) = i \cdot p$ für $i = 1, 2, \ldots, 6$.
       $1 = P(\Omega) = p + 2p + 3p + 4p + 5p + 6p = 21p \Rightarrow p = \frac{1}{21}$;
       $P(\{i\}) = \frac{i}{21}$ für $i = 1, 2, \ldots, 6$.

    b) $A = \{2, 4, 6\}$; $P(A) = P(\{2\}) + P(\{4\}) + P(\{6\}) = \frac{2+4+6}{21} = \frac{4}{7}$;
       $B = \{2, 3, 5\}$; $P(B) = P(\{2\}) + P(\{3\}) + P(\{5\}) = \frac{2+3+5}{21} = \frac{10}{21}$;
       $C = \overline{A}$; $P(C) = P(\overline{A}) = 1 - P(A) = \frac{3}{7}$.

    c) $A \cup B = \{2, 3, 4, 5, 6\} = \overline{\{1\}}$; $P(A \cup B) = 1 - P(\{1\}) = \frac{20}{21}$;
       $BC = \{3, 5\}$; $P(BC) = \frac{3+5}{21} = \frac{8}{21}$;
       $A\overline{B} = \{4, 6\}$; $P(A\overline{B}) = \frac{10}{21}$.

8. Die Münzen werden unterscheidbar gemacht. W = Wappen, Z = Zahl.
    $\omega = (\text{W}, \quad \text{Z}, \quad \text{W})$
    $\qquad \uparrow_1. \quad \uparrow_2. \quad \uparrow_3. \text{ Münze}$

    a) $\Omega = \{(\text{W, W, W}), (\text{W, W, Z}), (\text{W, Z, W}), (\text{Z, W, W}), (\text{W, Z, Z}), (\text{Z, W, Z}),$
       $(\text{Z, Z, W}), (\text{Z, Z, Z})\}.$

    b) $|\Omega| = 8$; $A = \{(\text{W, W, W})\}$; $P(A) = \frac{1}{8}$.

    c) $B = \{(\text{W, Z, Z}), (\text{Z, W, Z}), (\text{Z, Z, W})\}$; $P(B) = \frac{3}{8}$.

9. a) $3! = 6$.

   b) $\frac{4!}{2!\,2!} = \frac{2 \cdot 3 \cdot 4}{2 \cdot 2} = 6$.

   c) $\frac{5!}{3!} = \frac{3! \cdot 4 \cdot 5}{3!} = 20$.

   d) $\frac{9!}{4!} = 5 \cdot 6 \cdot 7 \cdot 8 \cdot 9 = 15\,120$.

10. $(n-2)!$ (Permutationen der übrigen $n-2$ Elemente

   1) $\left.\begin{array}{l} a_1\ a_2\ *\ *\ ...\ * \\ a_2\ a_1\ *\ *\ ...\ * \end{array}\right\}\ 2(n-2)!$

   2) $\left.\begin{array}{l} *\ a_1\ a_2\ *\ *\ ...\ * \\ *\ a_2\ a_1\ *\ *\ ...\ * \end{array}\right\}\ 2(n-2)!$

   $\vdots\vdots\vdots\vdots\vdots\vdots\vdots\vdots\vdots\vdots\vdots\vdots\vdots$

   $n-1)\ \left.\begin{array}{l} *\ *\ *\ ...\ *\ a_1\ a_2 \\ *\ *\ *\ ...\ *\ a_2\ a_1 \end{array}\right\}\ 2(n-2)!$

   Gesuchte Anzahl $= (n-1)\,2(n-2)! = 2(n-1)!$.

11. a) Alle Permutationen von 1113355,

   $$x = \frac{7!}{3!\,2!\,2!} = \frac{2 \cdot 3 \cdot 4 \cdot 5 \cdot 6 \cdot 7}{2 \cdot 3 \cdot 2 \cdot 2} = 210.$$

   b) $\underbrace{1\,3\,5}\quad \underbrace{1\,1\,3\,5} \Rightarrow x = \frac{4!}{2!} = 12$.

       fest;   dürfen permutiert werden;

12. Kennzeichen BS $-$ C W $\boxed{3\,5\,7}$ $\leftarrow$ 999 Möglichkeiten
                                        (Zahlen 1, 2, ..., 999)
                          $\uparrow$ 26 Möglichkeiten
                      $\uparrow$ 27 Möglichkeiten (26 Buchstaben + Leerstelle)
    gesuchte Anzahl $27 \cdot 26 \cdot 999 = 701\,298$.

13. 1-elementige Zeichen $= 2$,
    2-elementige Zeichen $= 2^2 = 4$,
    3-elementige Zeichen $= 2^3 = 8$,
    4-elementige Zeichen $= 2^4 = 16$,
    5-elementige Zeichen $= 2^5 = 32$,
    6-elementige Zeichen $= 1$ (Ausnahmefall).
    Summe $= 63$.

14. a) $\binom{5}{2} \cdot \binom{7}{3} = 350$.

    b) Auswahl: aus 5 Psychologen 2 und aus 6 Medizinern 2.
       $\binom{5}{2}\binom{6}{2} = 150$.

    c) Aus 3 Psychologen werden 2 und aus 7 Medizinern 3 ausgewählt.
       $\binom{3}{2}\binom{7}{3} = 105$.

15. Auswahl ohne Berücksichtigung der Reihenfolge. Mögliche Fälle $\binom{10}{4}$.
    Günstige Fälle unter Berücksichtigung der Reihenfolge:
    Für die Auswahl der 1. Person gibt es 10 Möglichkeiten.
    Für die Auswahl der 2. Person gibt es 8 Möglichkeiten, da die zuerst aus-
    gewählte Person und deren Ehepartner nicht ausgewählt werden dürfen.
    Für die 3. Person gibt es 6 und für die 4. Person 4 Auswahlmöglichkeiten.
    ⇒ günstige Fälle ohne Berücksichtigung der Reihenfolge:

    $$\frac{10 \cdot 8 \cdot 6 \cdot 4}{4!} \; ; \qquad P = \frac{10 \cdot 8 \cdot 6 \cdot 4 \cdot 4!}{4! \; 10 \cdot 9 \cdot 8 \cdot 7} = \frac{8}{21} \; .$$

16. Jeder der 8 Teilnehmer kann 12 Orte wählen. Damit gibt es 12^8 mögliche
    Fälle.

    a) Günstige Fälle $12 \cdot 11 \cdot 10 \cdot 9 \cdot 8 \cdot 7 \cdot 6 \cdot 5$; $\; P_a = 0{,}0464$.

    b) Günstige Fälle $12 \cdot 11 \cdot 10 \cdot 9 \cdot 8 \cdot 7 \cdot 6 \cdot \binom{8}{2}$; $\; P_b = 0{,}2599$.

17. $\Omega = \{$Aufteilungen der 32 Karten in 3 Zehnerblöcke und einen Zweierblock
    ohne Berücksichtigung der Anordnungen$\}$

Spieler I	Spieler II	Spieler III	Skat
10 Karten	10 Karten	10 Karten	2 Karten

$$x = \frac{32!}{10! \; 10! \; 10! \; 2!}$$

18. Die beiden Karten für den Skat werden aus 32 ausgewählt, wobei die Ver-
    teilung der restlichen 30 Karten unter die 3 Spieler für das Problem keine
    Rolle spielt.

    Mögliche Fälle $\binom{32}{2} = \frac{32 \cdot 31}{2} = 16 \cdot 31 = 496$.

    a) Günstige Fälle $1 \cdot \binom{31}{1}$ (Kreuz-Bube und eine beliebige Karte).

    $$P_a = \frac{31}{16 \cdot 31} = \frac{1}{16} = 0{,}0625.$$

    b) Günstige Fälle $\binom{4}{1}\binom{28}{1}$ (ein Bube und eine der 28 übrigen Karten).

    $$P_b = \frac{4 \cdot 28}{16 \cdot 31} = \frac{7}{31} = 0{,}2258.$$

    c) Günstige Fälle $\binom{4}{2}$.

    $$P_c = \frac{4 \cdot 3}{1 \cdot 2 \cdot 16 \cdot 31} = \frac{3}{248} = 0{,}0121.$$

19. *Modell a:* ein Spieler bekommt 10 Karten. Danach werden die restlichen 22 Karten in 3 Teile zu 10, 10, 2 Karten eingeteilt.

Ω = {Einteilungen der restlichen 22 Karten in 3 Blöcke zu 10, 10, 2 Karten, wobei unter den 22 Karten 2 Buben sind},

mögliche Fälle $\binom{22}{10} \binom{12}{10} \binom{2}{2} \leftarrow$ Skat

$\uparrow$ für den 2. Gegenspieler aus den restlichen 12 Karten

$\uparrow$ für den 1. Gegenspieler

günstige Fälle $\binom{2}{1} \binom{20}{9} \underbrace{\binom{1}{1} \binom{11}{9} \binom{2}{2}}_{\text{für den 2. Gegenspieler}}$ Skat

für den 1. Gegenspieler. 1 Bube und 9 andere Karten

$$P_a = \frac{2 \cdot 20! \ 11! \ 10! \ 12! \ 10! \ 2!}{9! \ 11! \ 9! \ 2! \ 22! \ 12!} = \frac{100}{231} = 0,4329.$$

Modell b: ein Spieler bekommt 10 Karten und den Skat.

Ω = { Aufteilungen der restlichen 20 Karten in 2 Zehnerblöcke, wobei unter den 20 Karten 2 Buben sind},

mögliche Fälle $\binom{20}{10} \binom{10}{10}$,

günstige Fälle $\underbrace{\binom{2}{1} \binom{18}{9}}_{\text{1. Gegenspieler}} \binom{10}{10}$,

$$P_b = \frac{2! \ 18! \ 10! \ 10!}{9! \ 9! \ 20!} = \frac{10}{19} = 0,5263.$$

20. Ω = {(i, j, k), i = Augenzahl des 1., j = Augenzahl des 2., k = Augenzahl des 3. Würfels}.

$|\Omega| = 6 \cdot 6 \cdot 6 = 216$.

a) A = {(1, 1, 1), (2, 2, 2), (3, 3, 3), (4, 4, 4), (5, 5, 5), (6, 6, 6)}.

$$P(A) = \frac{|A|}{|\Omega|} = \frac{6}{216} = \frac{1}{36} = 0,0278.$$

b) Von den 3 Zahlen müssen genau 2 gleich sein. Da die übereinstimmenden Zahlen 1 bis 6 sein können, gibt es hierfür $6 \cdot \binom{3}{2}$ Möglichkeiten. Für die davon verschiedene Zahl gibt es noch 5 Möglichkeiten. Somit gibt es $6 \cdot \binom{3}{2} \cdot 5$ günstige Fälle, woraus

$$P_b = \frac{6 \cdot 3 \cdot 5}{216} = \frac{5}{12} = 0,4167 \text{ folgt.}$$

c) Günstige Fälle $6 \cdot 5 \cdot 4 \Rightarrow P_c = \frac{6 \cdot 5 \cdot 4}{216} = \frac{5}{9} = 0,5556.$

d) P (mindestens eine 6) = 1 − P (keine 6) = $1 - \frac{5^3}{6^3} = 0,4213.$

21. $M = 30$; $N = 90$; $n = 6$; $k = 3$

a) $p_3 = \dfrac{\binom{30}{3}\binom{60}{3}}{\binom{90}{6}} = \dfrac{30 \cdot 29 \cdot 28 \cdot 60 \cdot 59 \cdot 58}{1 \cdot 2 \cdot 3 \cdot 1 \cdot 2 \cdot 3} \cdot \dfrac{1 \cdot 2 \cdot 3 \cdot 4 \cdot 5 \cdot 6}{90 \cdot 89 \cdot 88 \cdot 87 \cdot 86 \cdot 85} =$

   $= 0{,}22314.$

b) $\hat{p}_3 = \binom{6}{3}\left(\dfrac{30}{90}\right)^3 \left(1 - \dfrac{30}{90}\right)^3 = \dfrac{6 \cdot 5 \cdot 4}{1 \cdot 2 \cdot 3} \cdot \left(\dfrac{1}{3}\right)^3 \cdot \left(\dfrac{2}{3}\right)^3 = 0{,}21948.$

22. Urnenmodell I mit $N = 20$, $n = 3$.

A: „Packung wird angenommen".

a) Die Packung enthalte 3 nicht einwandfreie Tabletten $\Rightarrow M = 3$,

   $P(A) = \dfrac{\binom{17}{3}\binom{3}{0}}{\binom{20}{3}} = \dfrac{17 \cdot 16 \cdot 15 \cdot 1 \cdot 2 \cdot 3}{1 \cdot 2 \cdot 3 \cdot 20 \cdot 19 \cdot 18} = \dfrac{34}{57} = 0{,}5965.$

   P (Packung wird unberechtigt zurückgewiesen) $= P(\overline{A}) = 1 - P(A) = \dfrac{23}{57}$
   $= 0{,}4035.$

b) Die Packung enthalte 2 nicht einwandfreie Tabletten $\Rightarrow M = 2$;

   $P(A) = \dfrac{\binom{18}{3}\binom{2}{0}}{\binom{20}{3}} = \dfrac{18 \cdot 17 \cdot 16 \cdot 1 \cdot 2 \cdot 3}{1 \cdot 2 \cdot 3 \cdot 20 \cdot 19 \cdot 18} = \dfrac{68}{95} = 0{,}7158;$

   $P(\overline{A}) = \dfrac{27}{95} = 0{,}2842.$

Die Packung enthalte 1 nicht einwandfreie Tablette $\Rightarrow M = 1$;

   $P(A) = \dfrac{\binom{19}{3}\binom{1}{0}}{\binom{20}{3}} = \dfrac{19 \cdot 18 \cdot 17}{20 \cdot 19 \cdot 18} = \dfrac{17}{20} = 0{,}85;$

   $P(\overline{A}) = \dfrac{3}{20} = 0{,}15.$

Da im Falle a) und b) mit einer relativen großen Wahrscheinlichkeit die Packungen unberechtigt zurückgewiesen werden, ist das Prüfverfahren unzulänglich.

23. A sei das Ereignis, beim Öffnen des 1. Schubfaches eine Goldmünze zu finden.
     B sei das Ereignis, beim Öffnen des 2. Schubfaches eine Goldmünze zu finden.

G	G	S
G	S	S

1. Kästchen 2. Kästchen 3. Kästchen

$P(A) = \dfrac{3}{6} = \dfrac{1}{2}$.

$P(AB) = P(1.$ Kästchen wird ausgewählt$) = \dfrac{1}{3}$.

$P(B/A) = \dfrac{P(AB)}{P(A)} = \dfrac{\frac{1}{3}}{\frac{1}{2}} = \dfrac{2}{3}$.

24. Gegeben: $P(\overline{M}\overline{B}) = 0,2$; $P(\overline{M}B) = 0,25$;
                    $P(M\overline{B}) = 0,3$; $P(MB) = 0,25$.

Daraus folgt

$P(M) = P(M\overline{B}) + P(MB) = 0,55$,
$P(B) = P(\overline{M}B) + P(MB) = 0,5$,
$P(M)\,P(B) = 0,55 \cdot 0,5 = 0,275 \neq P(MB) \Rightarrow M$ und B sind nicht (stoch.) unabhängig.

25. Die Ereignisse A, B bzw. C treten ein, wenn die entsprechende einfarbige Fläche oder die mit allen Farben unten liegt. Daraus folgt

$P(A) = P(B) = P(C) = \frac{1}{2}$.

Jeweils zwei der Ereignisse treten ein, wenn die Fläche mit allen Farben unten liegt, dann treten aber auch alle 3 Ereignisse zugleich ein. Damit gilt

$P(AB) = P(AC) = P(BC) = P(ABC) = \frac{1}{4}$.

Aus

$P(AB) = P(A)\,P(B)$; $P(AC) = P(A)\,P(C)$; $P(BC) = P(B)\,P(C)$

folgt die paarweise (stoch.) Unabhängigkeit. Wegen $P(ABC) \neq P(A)\,P(B)\,P(C)$ sind die drei Ereignisse nicht vollständig (stoch.) unabhängig.

26. A_n sei das Ereignis „von n Schüssen trifft keiner",

$P(A_n) = 0,4^n$;
$P = P(\overline{A}_n) = 1 - 0,4^n \geq 0,99 \Rightarrow 0,4^n \leq 0,01$; $n \geq 6$.

27. (Binomialverteilung mit $p = \frac{1}{6}$; $n = 12$).

a) $p_2 = \binom{12}{2}\left(\frac{1}{6}\right)^2\left(\frac{5}{6}\right)^{10} = \frac{12 \cdot 11 \cdot 5^{10}}{1 \cdot 2 \cdot 6^{12}} = \frac{11 \cdot 5^{10}}{6^{11}} = 0,296$.

b) $P = 1 - p_0 = 1 - \left(\frac{5}{6}\right)^{12} = 0,888$.

28. (Binomialverteilung mit $p = 0,485$; $n = 6$).

a) $p_6 = 0,485^6 = 0,0130$.

b) $P_b = \binom{6}{5} 0,485^5 \cdot 0,515 + p_6 = 0,0959$.

c) $P_c = \binom{6}{3} 0,485^3 \cdot 0,515^3 + \binom{6}{4} 0,485^4 \cdot 0,515^2 + P_b = 0,6277$.

29. (Binomialverteilung mit $n = 10$ und $p = 0,2$).

a) $P_a = \binom{10}{2} \cdot 0,2^2 \cdot 0,8^8 = 45 \cdot 0,2^2 \cdot 0,8^8 = 0,3020$.

b) $P_b = 1 - P_a - \binom{10}{1} 0,2^1 \cdot 0,8^9 - 0,8^{10} = 0,3222$.

c) $P_c = \binom{10}{6} 0,2^6 0,8^4 + \binom{10}{7} 0,2^7 \cdot 0,8^3 + \binom{10}{8} 0,2^8 \cdot 0,8^2 + \binom{10}{9} 0,2^9 \cdot 0,8 + 0,2^{10} = 0,0064$.

30. | 4 Stürmer
    | 2 Mittelfeldspieler
    | 4 Verteidiger   (Urnenmodell II)
    | 1 Torwart

a) $P_a = \binom{6}{5} \left(\frac{4}{11}\right)^5 \cdot \frac{7}{11} = 0,0243.$

b) $P_b = \binom{6}{6} \left(\frac{6}{11}\right)^6 = 0,0263.$

c) $P_c = \binom{6}{0} \left(\frac{1}{11}\right)^0 \left(\frac{10}{11}\right)^6 + \binom{6}{1} \left(\frac{1}{11}\right)^1 \left(\frac{10}{11}\right)^5 + \binom{6}{2} \left(\frac{1}{11}\right)^2 \left(\frac{10}{11}\right)^4 = 0,9878.$

         kein Torwart   genau 1 Torwart   genau 2 Torwarte

d) (Polynomialverteilung)

$$P_d = \frac{6!}{2!\,2!} \left(\frac{4}{11}\right)^2 \left(\frac{4}{11}\right)^2 \frac{2}{11} \cdot \frac{1}{11} = 0,0520.$$

e) (Polynomialverteilung)

$$P_e = \frac{6!}{3!\,3!} \left(\frac{4}{11}\right)^3 \left(\frac{4}{11}\right)^3 = 0,0462.$$

31. a) (Multiplikationssatz)

A_i: „der beim i-ten Zug erhaltene Ball ist rot";

$P_a = P(A_1 A_2 A_3) = P(A_3/A_2 A_1)\, P(A_2/A_1)\, P(A_1) = \frac{6}{18} \cdot \frac{7}{19} \cdot \frac{8}{20} = 0,0491.$

b) (Multinomialverteilung)

$$P_b = \frac{8 \cdot 3 \cdot 9}{\binom{20}{3}} = \frac{8 \cdot 3 \cdot 9 \cdot 2 \cdot 3}{20 \cdot 19 \cdot 18} = 0,1895.$$

* 32. a) Wir bezeichnen mit P_1 die Wahrscheinlichkeit dafür, daß Schütze I den Wettbewerb gewinnt, P_2 sei die Gewinnwahrscheinlichkeit für den Schützen II.

1. Fall: $p_1 = 1 \Rightarrow P_1 = 1$; $P_2 = 0$.

2. Fall: $p_1 < 1, p_2 = 1 \Rightarrow P_1 = p_1$; $P_2 = 1 - p_1$.

3. Fall: $p_1 < 1$; $p_2 < 1$, jedoch $p_1 + p_2 > 0$.

A_k sei das Ereignis, daß insgesamt beim k-ten Schuß das Ziel getroffen wird;

A_1: „Schütze I trifft bei seinem 1. Versuch" $\Rightarrow P(A_1) = p_1$;

A_2: „Schütze I trifft bei seinem 1. Versuch nicht und Schütze II trifft bei seinem 1. Versuch" $\Rightarrow P(A_2) = (1 - p_1)\, p_2$;

$k > 2$

k ungerade $\Rightarrow k = 2r + 1$

A_{2r+1}: „beide Schützen treffen bei ihren r ersten Versuchen nicht und Schütze I trifft bei seinem (r + 1)-ten Versuch";

$P(A_{2r+1}) = (1-p_1)^r (1-p_2)^r \cdot p_1$ für $r = 0, 1, 2, \ldots$

k gerade $\Rightarrow$ k = 2r

A_{2r}: „Schütze I trifft bei seinen r ersten Versuchen nicht und Schütze II trifft bei seinen $(r-1)$ ersten Versuchen nicht und trifft bei seinem r-ten Versuch;

$P(A_{2r}) = (1-p_1)^r (1-p_2)^{r-1} p_2$ für $r = 1, 2, 3, \ldots$

Schütze I gewinnt, wenn das Ereignis $\sum\limits_{r=0}^{\infty} A_{2r+1}$ eintritt. Daraus folgt

$$P_1 = \sum_{r=0}^{\infty} P(A_{2r+1}) = \sum_{r=0}^{\infty} p_1(1-p_1)^r (1-p_2)^r = p_1 \sum_{r=0}^{\infty} [(1-p_1)(1-p_2)]^r =$$

$$= \frac{p_1}{1-(1-p_1)(1-p_2)} = \frac{p_1}{p_1 + p_2 - p_1 \cdot p_2} \, ;$$

$$P_2 = \sum_{r=1}^{\infty} P(A_{2r}) = \sum_{r=1}^{\infty} (1-p_1)^r (1-p_2)^{r-1} p_2 =$$

$$= p_2(1-p_1) \sum_{\nu=0}^{\infty} [(1-p_1)(1-p_2)]^\nu =$$

$$= \frac{p_2(1-p_1)}{1-(1-p_1)(1-p_2)} = \frac{p_2(1-p_1)}{p_1 + p_2 - p_1 \cdot p_2} \, .$$

Probe: $P_1 + P_2 = 1$.

b) Aus der Forderung $P_1 = P_2$ folgt

$p_1 = p_2(1-p_1)$, d. h. $p_2 = \dfrac{p_1}{1-p_1}$.

Zahlenbeispiele: $p_1 = \dfrac{1}{4} \Rightarrow p_2 = \dfrac{\frac{1}{4}}{\frac{3}{4}} = \dfrac{1}{3}$.

$$p_1 = \frac{1}{3} \Rightarrow p_2 = \frac{1}{2}\,.$$

33. A; „Arbeiter"; B „Angestellter"; C „Leitender Angestellter", V „eine Person verläßt die Firma".

Gegeben: $P(A) = \frac{1}{2}$; $P(B) = \frac{2}{5}$; $P(C) = \frac{1}{10}$;

$P(V/A) = 0,2$; $P(V/B) = 0,1$; $P(V/C) = \frac{1}{20}$.

a) $P(V) = P(V/A) P(A) + P(V/B) P(B) + P(V/C) P(C) =$
$= 0,2 \cdot 0,5 + 0,1 \cdot 0,4 + 0,05 \cdot 0,1 = 0,145$.

b) $P(A/V) = \dfrac{P(V/A) P(A)}{P(V)} = \dfrac{0,1}{0,145} = 0,6897$.

34. U_1 „1. Urne wird ausgewählt",
    U_2 „2. Urne wird ausgewählt",
    R „die gezogene Kugel ist rot".

    a) $P(R) = P(R/U_1)\,P(U_1) + P(R/U_2)\,P(U_2) =$

    $$= 0{,}6 \cdot \frac{1}{2} + \frac{x}{6+x} \cdot \frac{1}{2} = 0{,}3 + \frac{x}{12+2x}.$$

    b) $P(U_1/R) = \dfrac{P(R/U_1)\,P(U_1)}{P(R)} = \dfrac{0{,}3}{0{,}3 + \dfrac{x}{12+2x}}.$

    c) $\hat{P}(R) = \dfrac{6+x}{16+x}.$

    d) $P(R/U_1) = 0{,}6 = \dfrac{6+x}{16+x} \Rightarrow 9{,}6 + 0{,}6x = 6 + x$
    $$3{,}6 \qquad\quad = 0{,}4x$$
    $$x = 9.$$

35. M: „die ausgewählte Person ist männlich", F: „die ausgewählte Person ist
    weiblich", Z: „die ausgewählte Person ist zuckerkrank".

    Gegeben: $P(M) = 0{,}4$; $P(F) = 0{,}6$; $P(Z/M) = 0{,}05$; $P(Z/F) = 0{,}01$.

    a) $P(Z) = P(Z/M)\,P(M) + P(Z/F)\,P(F) = 0{,}05 \cdot 0{,}4 + 0{,}01 \cdot 0{,}6 = 0{,}026.$

    b) $P(Z/F) = 0{,}01$; $P(Z) \neq P(Z/F) \Rightarrow$ Z und F sind nicht (stoch.) unabhängig.

    c) $P(M/Z) = \dfrac{P(Z/M)\,P(M)}{P(Z)} = \dfrac{0{,}05 \cdot 0{,}4}{0{,}026} = 0{,}7692.$

    $P(F/Z) = P(\overline{M}/Z) = 1 - P(M/Z) = 0{,}2308.$

36. $\hat{A}, \hat{B}, \hat{C}$ sei das Ereignis A, B bzw. C leidet an der ansteckenden Krankheit
    $\Rightarrow P(\hat{A}) = P(\hat{B}) = P(\hat{C}) = \frac{1}{3}$, da nur einer krank ist. A*, B*, C* sei das Ereignis,
    der Arzt nennt A, B bzw. C.

    $P(B^*) = P(B^*/\hat{A})\,P(\hat{A}) + P(B^*/\hat{B})\,P(\hat{B}) + P(B^*/\hat{C})\,P(\hat{C});$

    $P(B^*/\hat{A}) = \frac{1}{2}$ (nach Angabe),

    $P(B^*/\hat{B}) = 0$, da der Arzt keine kranke Person nennen soll,

    $P(B^*/\hat{C}) = 1$, da der Arzt keine kranke Person nennen soll,

    $P(B^*) = \frac{1}{2} \cdot \frac{1}{3} + 1 \cdot \frac{1}{3} = \frac{1}{2}.$

    $P(C^*) = \frac{1}{2}$ (analog).

    $P(\hat{A}/B^*) = \dfrac{P(B^*/A)\,P(A)}{P(B^*)} = \dfrac{\frac{1}{2} \cdot \frac{1}{3}}{\frac{1}{2}} = \dfrac{1}{3};$

    $P(\hat{A}/C^*) = \dfrac{P(C^*/A)\,P(A)}{P(C^*)} = \dfrac{\frac{1}{2} \cdot \frac{1}{3}}{\frac{1}{2}} = \dfrac{1}{3}$ (analog).

    Der Arzt hat somit nicht recht. Die Wahrscheinlichkeit bleibt $\frac{1}{3}$.

37. F „Fernsehapparat ist fehlerhaft",
A „Prüfgerät zeigt Ausschlag".

Gegeben: $P(F) = 0.04$; $P(\overline{F}) = 0.96$;
$P(A/F) = 0.8$; $P(A/\overline{F}) = 0.1$.

$$P(F/\overline{A}) = \frac{P(\overline{A}/F)P(F)}{P(\overline{A})} = \frac{P(\overline{A}/F)P(F)}{P(\overline{A}/F)P(F) + P(\overline{A}/\overline{F})P(\overline{F})} =$$

$$= \frac{0.2 \cdot 0.04}{0.2 \cdot 0.04 + 0.9 \cdot 0.96} = 0.00917.$$

$P(\overline{F}/\overline{A}) = 1 - P(F/\overline{A}) = 0.99083.$

* 38. R „richtige Dosierung", H „Heilwirkung tritt ein", N „Nebenwirkung tritt ein".

Gegeben: $P(R) = 0.99$; $P(H/R) = 0.8$; $P(N/R) = 0.3$;
$P(H/\overline{R}) = 0.3$; $P(N/\overline{R}) = 0.8$.

a) $P(H/N) = \dfrac{P(HN)}{P(N)}$.

$P(N) = P(N/R)P(R) + P(N/\overline{R})P(\overline{R}) = 0.3 \cdot 0.99 + 0.8 \cdot 0.01 = 0.305.$

$P(HN) = P(HNR) + P(HN\overline{R}) = P(H/NR)P(NR) + P(H/N\overline{R})P(N\overline{R}) =$
(H ist unabhängig von N)
$= P(H/R)P(N/R)P(R) + P(H/\overline{R})P(N/\overline{R})P(\overline{R}) =$
$= 0.8 \cdot 0.3 \cdot 0.99 + 0.3 \cdot 0.8 \cdot 0.01 = 0.24.$

$\Rightarrow P(H/N) = \dfrac{0.240}{0.305} = 0.7869.$

b) $P(H/\overline{N}) = \dfrac{P(H\overline{N})}{P(\overline{N})}$;

Aus $P(HN) + P(H\overline{N}) = P(H)$ folgt
$$P(H\overline{N}) = P(H) - P(HN).$$

$P(H) = P(H/R)P(R) + P(H/\overline{R})P(\overline{R}) = 0.8 \cdot 0.99 + 0.3 \cdot 0.01 = 0.795;$
$P(H\overline{N}) = 0.795 - 0.24 = 0.555;$ $P(\overline{N}) = 1 - P(N) = 0.695;$

$$P(H/\overline{N}) = \frac{0.555}{0.695} = 0.7986.$$

* 39. A „Werkstück wird von der Kontrollstelle als Ausschuß deklariert",
F „Werkstück ist fehlerhaft".

Gegeben: $P(A) = \dfrac{1}{10}$; $P(A/F) = \dfrac{94}{100}$; $P(A/\overline{F}) = \dfrac{42}{1000}$.

Gesucht: $P(F/A) = \dfrac{P(A/F)P(F)}{P(A)}$.

Bestimmungsgleichung für $P(F)$:

$$P(A) = P(A/F)\,P(F) + P(A/\overline{F})\,P(\overline{F}) =$$
$$= P(A/F)\,P(F) + P(A/\overline{F})\,(1 - P(F)) =$$
$$= [P(A/F) - P(A/\overline{F})]\,P(F) + P(A/\overline{F});$$

$$\Rightarrow \quad P(F) = \frac{P(A) - P(A/\overline{F})}{P(A/F) - P(A/\overline{F})} = \frac{\frac{1}{10} - \frac{42}{1000}}{\frac{940 - 42}{1000}} = \frac{58}{898}.$$

$$\Rightarrow \quad P(F/A) = \frac{94 \cdot 58 \cdot 10}{100 \cdot 898} = 0{,}6071.$$

$$P(F/\overline{A}) = \frac{P(\overline{A}/F)\,P(F)}{P(\overline{A})} = \frac{6 \cdot 58 \cdot 10}{100 \cdot 898 \cdot 9} = 0{,}0043.$$

Die Kontrollstelle deklariert zu viele Werkstücke als Ausschuß, obwohl sie fehlerfrei sind.

40. A_1 „Werkstück wird bei der 1. Kontrolle als Ausschuß deklariert",
     A_2 „Werkstück wird bei der 2. Kontrolle als Ausschuß deklariert",
     F „Werkstück ist fehlerhaft".

Gegeben: $P(A_1) = P(A_2) = \frac{1}{10}$; $P(A_1/F) = P(A_2/F) = \frac{94}{100}$;

$\qquad\qquad P(A_1/\overline{F}) = P(A_2/\overline{F}) = \frac{42}{1000}$;

$\qquad\qquad P(F) = \frac{58}{898}$ (folgt aus Aufgabe 39).

Gesucht: $P(F/A_1 A_2)$ und $P(F/\overline{A_1 A_2})$

$$P(F/A_1 A_2) = \frac{P(A_1 A_2/F)\,P(F)}{P(A_1 A_2)}; \text{ Aus } P(A_2/A_1 F) = P(A_2/F) \text{ folgt}$$

$$P(A_1 A_2/F) = \frac{P(A_1 A_2 F)}{P(F)} = \frac{P(A_2/A_1 F)\,P(A_1 F)}{P(F)} =$$

$$= \frac{P(A_2/F)\,P(A_1/F)\,P(F)}{P(F)} = P(A_2/F)\,P(A_1/F).$$

$$P(A_1 A_2) = P(A_1 A_2/F)\,P(F) + P(A_1 A_2/\overline{F})\,P(\overline{F}) =$$
$$= P(A_1/F)\,P(A_2/F)\,P(F) + P(A_1/\overline{F})\,P(A_2/\overline{F})\,P(\overline{F}) =$$
$$= \frac{94}{100} \cdot \frac{94}{100} \cdot \frac{58}{898} + \frac{42}{1000} \cdot \frac{42}{1000} \cdot \frac{840}{898} = 0{,}05872.$$

$$\Rightarrow \underline{P(F/A_1 A_2) = \frac{94}{100} \cdot \frac{94}{100} \cdot \frac{58}{898} \cdot \frac{1}{0{,}05872} = 0{,}9719.}$$

$$P(F/\overline{A_1A_2}) = \frac{P(F/\overline{A_1} \cup \overline{A_2})}{P(\overline{A_1A_2})} = \frac{P(F(\overline{A_1}\,\overline{A_2} + \overline{A_1}A_2 + A_1\overline{A_2}))}{1 - P(A_1A_2)} =$$

$$= \frac{P(F\overline{A_1}\,\overline{A_2}) + P(F\overline{A_1}A_2) + P(FA_1\overline{A_2})}{1 - P(A_1A_2)} =$$

$$= \frac{P(F)[P(\overline{A_1}/F)P(\overline{A_2}/F) + P(A_2/F)P(\overline{A_1}/F) + P(\overline{A_2}/F)P(A_1/F)]}{1 - P(A_1A_2)} =$$

$$= 0,0080.$$

Die Doppelkontrolle arbeitet wesentlich besser als die Einfachkontrolle aus Aufgabe 39.

Übungsaufgaben aus Abschnitt 2.3.6

1. A sei das Ereignis, bei einem Wurf erscheint die „6".

$$\Omega = \{(A), \quad (\overline{A}, A), \quad (\overline{A}, \overline{A}, A), \quad \ldots\}$$
$$X: \quad 10^3 \quad 10^2 \quad 10 \quad 0$$

Verteilung von X	x_i	0	10	10^2	10^3
	$P(X = x_i)$	$\frac{125}{216}$	$\frac{25}{216}$	$\frac{30}{216}$	$\frac{36}{216}$

$$E(X) = 10 \cdot \frac{25}{216} + 100 \cdot \frac{30}{216} + 1000 \cdot \frac{36}{216} = \frac{250 + 3000 + 36000}{216}$$

$$= \frac{39\,250}{216} = 181,713;$$

$$D(X) = \sqrt{E(X^2) - E^2(X)} = 367,488.$$

2. D_i sei das Ereignis, der beim i-ten Zug gewählte Transistor ist in Ordnung. $W(X) = \{1, 2, 3, 4\}$, da nur 3 defekte Transistoren vorhanden sind und somit spätestens beim 4. Zug ein brauchbarer Transistor gefunden wird.

$$P(X = 1) = P(D_1) = \frac{7}{10};$$

$$P(X = 2) = P(\overline{D_1}D_2) = P(D_2/\overline{D_1})\,P(\overline{D_1}) = \frac{7}{9} \cdot \frac{3}{10} = \frac{7}{30};$$

$$P(X = 3) = P(\overline{D_1}\overline{D_2}D_3) = P(D_3/\overline{D_2}\,\overline{D_1})P(\overline{D_2}/\overline{D_1})P(\overline{D_1}) = \frac{7}{8} \cdot \frac{2}{9} \cdot \frac{3}{10} = \frac{7}{120};$$

$$P(X = 4) = P(\overline{D_1}\overline{D_2}\overline{D_3}D_4) = P(D_4/\overline{D_3}\overline{D_2}\,\overline{D_1})P(\overline{D_3}/\overline{D_2}\,\overline{D_1})P(\overline{D_2}/\overline{D_1})P(\overline{D_1}) =$$
$$= \frac{7}{7} \cdot \frac{1}{8} \cdot \frac{2}{9} \cdot \frac{3}{10} = \frac{1}{120}.$$

Verteilung von X

x_i	1	2	3	4
$P(X = x_i)$	$\frac{84}{120}$	$\frac{28}{120}$	$\frac{7}{120}$	$\frac{1}{120}$	Summe = 1

$$E(X) = \frac{84}{120} + \frac{56}{120} + \frac{21}{120} + \frac{4}{120} = \frac{165}{120} = \frac{11}{8} = 1{,}375.$$

$$E(X^2) = \frac{84}{120} + 4 \cdot \frac{28}{120} + 9 \cdot \frac{7}{120} + 16 \cdot \frac{1}{120} = \frac{84 + 112 + 63 + 16}{120} = \frac{275}{120}.$$

$$D^2(X) = \frac{275}{120} - \frac{121}{64} = 0{,}401 \Rightarrow \sigma = 0{,}633.$$

3. Unterscheidbare Kästchen: A, B, C;

   unterscheidbare Gegenstände: G_1, G_2, G_3, G_4, G_5.

   Modell: jeder Gegenstand gelangt zufällig in eines der 3 Kästchen.

   Anzahl der möglichen Fälle: $|\Omega| = 3^5 = 243$.

   $(X = 2)$: alle 5 Gegenstände in A bzw. in B bzw. in C;   3 günstige Fälle.

   $(X = 1)$: alle 3! = 6 Permutationen der beiden Belegungsmöglichkeiten
   für die Kästchen A, B, C: 4, 1, 0;   3, 2, 0;

   günstige Fälle für 4, 1, 0: $\frac{5!}{4! \cdot 1! \cdot 0!} = 5$;

   günstige Fälle für 3, 2, 0: $\frac{5!}{3! \cdot 2! \cdot 0!} = 10$;

   für $(X = 1)$ gibt es insgesamt $6 \cdot (5 + 10) = 90$ günstige Fälle;

   für $(X = 0)$ gibt es $243 - 3 - 90 = 150$ günstige Fälle;

   Verteilung von X:

x_i	0	1	2
p_i	$\frac{50}{81}$	$\frac{30}{81}$	$\frac{1}{81}$

   $E(X) = \frac{32}{81} = 0{,}395$; $E(X^2) = \frac{34}{81}$;

   $D^2(X) = E(X^2) - E^2(X) = \frac{1730}{6561} = 0{,}264.$

4. A_k sei das Ereignis, daß das Gesamtspiel nach dem k-ten Versuch beendet
   wird.

   a) $P(A_k) = \frac{1}{2^k}$ für $k = 1, 2, \dots$; Einsatz zu Beginn = 1.

   Gesamteinsatz, falls A_k eintritt: $1 + 2 + 4 + \dots + 2^{k-1} = 2^k - 1$.

   Auszahlung, falls A_k eintritt: $2 \cdot 2^{k-1} = 2^k$.

   Reingewinn: $2^k - 2^k + 1 = 1$.

   Für die Zufallsvariable X, die den Gewinn des Spielers beschreibt, gilt

   $$P(X = 1) = \sum_{k=1}^{\infty} P(A_k) = 1, \text{ woraus } E(X) = 1 \text{ und } D^2(X) = 0 \text{ folgt.}$$

b) Falls der Spieler höchstens 31 Einheiten pro Serie einsetzen kann, kann er höchstens 4 Mal verdoppeln, also 5 Spiele mitmachen.

Sofern $\sum\limits_{k=1}^{5} A_k$ eintritt, erzielt er einen Reingewinn von 1 E, sonst

verliert er seinen Gesamteinsatz $1 + 2 + 4 + 8 + 16 = 31$.

Wegen $\sum\limits_{k=1}^{5} P(A_k) = \sum\limits_{k=1}^{5} \dfrac{1}{2^k} = 1 - \dfrac{1}{2^5} = \dfrac{31}{32}$ besitzt X die Verteilung.

x_i	1	-31
$P(X = x_i)$	$\frac{31}{32}$	$\frac{1}{32}$

Daraus folgt

$E(X) = \dfrac{31}{32} - \dfrac{31}{32} = 0;$

$E(X^2) = 1 \cdot \dfrac{31}{32} + 31^2 \cdot \dfrac{1}{32} = \dfrac{31(1 + 31)}{32} = 31;$

$D^2(X) = E(X^2) - 0 = 31 \Rightarrow D(X) = \sqrt{31} = 5{,}568.$

5. a) Randverteilungen

x_i	1	2
$P(X = x_i)$	0,6	0,4

y_j	1	2	3
$P(Y = y_j)$	0,1	0,4	0,5

$E(X) = 0{,}6 + 0{,}8 = 1{,}4;$
$D^2(X) = 0{,}6 + 4 \cdot 0{,}4 - 1{,}4^2 = 2{,}2 - 1{,}96 = 0{,}24;$

$E(Y) = 0{,}1 + 0{,}8 + 1{,}5 = 2{,}4;$
$D^2(Y) = 0{,}1 + 4 \cdot 0{,}4 + 9 \cdot 0{,}5 - 2{,}4^2 = 6{,}2 - 5{,}76 = 0{,}44;$

X, Y sind wegen $P(X = 2, Y = 1) \neq P(X = 2) P(Y = 1)$
nicht (stoch.) unabhängig.

b)

z_k	2	3	4	5
$P(X + Y = z_k)$	0,1	0,2	0,5	0,2

Verteilung von X + Y

$E(X + Y) = 0{,}2 + 0{,}6 + 2{,}0 + 1{,}0 = 3{,}8;$
$D^2(X + Y) = 4 \cdot 0{,}1 + 9 \cdot 0{,}2 + 16 \cdot 0{,}5 + 25 \cdot 0{,}2 - 3{,}8^2 = 15{,}2 - 14{,}44 = 0{,}76.$

c)

u_k	1	2	3	4	6
$P(X \cdot Y = u_k)$	0,1	0,2	0,3	0,2	0,2

Verteilung von X · Y

$E(X \cdot Y) = 0{,}1 + 0{,}4 + 0{,}9 + 0{,}8 + 1{,}2 = 3{,}4;$

d) $D^2(X) + D^2(Y) + 2\,[E(X \cdot Y) - E(X) \cdot E(Y)]$
$= 0{,}24 + 0{,}44 + 2\,[3{,}4 - 1{,}4 \cdot 2{,}4] = 0{,}76 = D^2(X + Y).$

6. *Modell a):* die beiden Karten werden aus den 32, unter denen sich 4 Buben befinden, ohne Zurücklegen gezogen.

X ist *hypergeometrisch verteilt* mit $M = 4$; $N = 32$, $n = 2$.

Damit gilt

$$P(X = 0) = \frac{\binom{4}{0}\binom{28}{2}}{\binom{32}{2}} = \frac{28 \cdot 27}{1 \cdot 2} \cdot \frac{1 \cdot 2}{32 \cdot 31} = \frac{189}{248} = 0{,}7621;$$

$$P(X = 1) = \frac{\binom{4}{1}\binom{28}{1}}{\binom{32}{2}} = \frac{4 \cdot 28 \cdot 1 \cdot 2}{32 \cdot 31} = \frac{56}{248} = 0{,}2258;$$

$$P(X = 2) = \frac{\binom{4}{2}\binom{28}{0}}{\binom{32}{2}} = \frac{4 \cdot 3 \cdot 1 \cdot 2}{1 \cdot 2 \cdot 32 \cdot 31} = \frac{3}{248} = 0{,}0121.$$

$$E(X) = n \cdot \frac{M}{N} = 2 \cdot \frac{4}{32} = \frac{1}{4};$$

$$D^2(X) = n \cdot \frac{M}{N}\left(1 - \frac{M}{N}\right)\frac{N - n}{N - 1} = 2 \cdot \frac{1}{8} \cdot \frac{7}{8} \cdot \frac{30}{31} = \frac{105}{496} = 0{,}2117.$$

$$D(X) = 0{,}4601.$$

Modell b):

$b_1)$ Spieler I hat die Information, daß sich unter den restlichen 22 Karten alle 4 Buben befinden müssen. Da zwei von diesen 22 Karten im Skat liegen, kann das Modell benutzt werden, daß 2 Karten aus 22 ohne Zurücklegen gezogen werden, wobei sich unter den 22 Karten 4 Buben befinden. Damit ist X hypergeometrisch verteilt mit $M = 4$; $N = 22$, $n = 2$. Daraus folgt:

$$P(X = 0) = \frac{\binom{4}{0}\binom{18}{2}}{\binom{22}{2}} = \frac{18 \cdot 17}{22 \cdot 21} = \frac{51}{77} = 0{,}6623;$$

$$P(X = 1) = \frac{\binom{4}{1}\binom{18}{1}}{\binom{22}{2}} = \frac{4 \cdot 18 \cdot 2}{22 \cdot 21} = \frac{24}{77} = 0{,}3117;$$

$$P(X = 2) = \frac{\binom{4}{2}\binom{18}{0}}{\binom{22}{2}} = \frac{4 \cdot 3}{22 \cdot 21} = \frac{2}{77} = 0{,}0260.$$

$$E(X) = 2 \cdot \frac{4}{22} = \frac{4}{11} = 0{,}3636;$$

$$D^2(X) = 2 \cdot \frac{2}{11} \cdot \frac{9}{11} \cdot \frac{20}{21} = 0{,}2834; \quad D(X) = 0{,}5323.$$

$b_2)$ X ist hypergeometrisch verteilt mit $M = 2$; $N = 22$; $n = 2$

$$P(X = 0) = \frac{\binom{2}{0}\binom{20}{2}}{\binom{22}{2}} = \frac{20 \cdot 19}{22 \cdot 21} = \frac{190}{231} = 0{,}8225;$$

$$P(X = 1) = \frac{\binom{2}{1}\binom{20}{1}}{\binom{22}{2}} = \frac{2 \cdot 20 \cdot 2}{22 \cdot 21} = \frac{40}{231} = 0,1732;$$

$$P(X = 2) = \frac{\binom{2}{2}\binom{20}{0}}{\binom{22}{2}} = \frac{1 \cdot 2}{22 \cdot 21} = \frac{1}{231} = 0,0043.$$

$$E(X) = 2 \cdot \frac{2}{22} = \frac{2}{11} = 0,1818;$$
$$D^2(X) = 2 \cdot \frac{1}{11} \cdot \frac{10}{11} \cdot \frac{20}{21} = 0,1574; \quad D(X) = 0,3968.$$

b_3).X ist hypergeometrisch verteilt mit $M = 1$; $N = 22$; $n = 2$

$$P(X = 0) = \frac{\binom{1}{0}\binom{21}{2}}{\binom{22}{2}} = \frac{21 \cdot 20}{22 \cdot 21} = \frac{10}{11} = 0,9091;$$

$$P(X = 1) = \frac{\binom{1}{1}\binom{21}{1}}{\binom{22}{2}} = \frac{21 \cdot 2}{22 \cdot 21} = \frac{1}{11} = 0,0909;$$

$$E(X) = 2 \cdot \frac{1}{22} = \frac{1}{11} = 0,0909;$$
$$D^2(X) = 2 \cdot \frac{1}{22} \cdot \frac{21}{22} \cdot \frac{20}{21} = 0,0826; \quad D(X) = 0,2875.$$

7. $P(X = i) = \frac{1}{n}$ für $i = 1, 2, \ldots, n$

$$E(X) = \sum_{i=1}^{n} i \cdot \frac{1}{n} = \frac{1}{n} \sum_{i=1}^{n} i = \frac{1}{n} \frac{n(n+1)}{2} = \frac{n+1}{2};$$

$$E(X^2) = \sum_{i=1}^{n} i^2 \cdot \frac{1}{n} = \frac{1}{n} \cdot \frac{n(n+1)(2n+1)}{6} = \frac{(n+1)(2n+1)}{6};$$

$$D^2(X) = E(X^2) - \frac{(n+1)^2}{4} = (n+1)\left[\frac{2n+1}{6} - \frac{n+1}{4}\right] =$$

$$= \frac{(n+1)(n-1)}{12} = \frac{n^2 - 1}{12}.$$

8. a) A_k sei das Ereignis, daß der beim k-ten Versuch gezogene Schlüssel paßt.
    $W(X) = \{1, 2, \ldots, n\}$.

$$P(X = 1) = P(A_1) = \frac{1}{n};$$

$$P(X = 2) = P(\overline{A}_1 A_2) = P(A_2/\overline{A}_1)\, P(\overline{A}_1) = \frac{1}{n-1}\frac{n-1}{n} = \frac{1}{n};$$

$$P(X = 3) = P(\overline{A}_1 \overline{A}_2 A_3) = P(A_3/\overline{A}_2\overline{A}_1)P(\overline{A}_2/\overline{A}_1)P(\overline{A}_1) = \frac{1}{n-2}\frac{n-2}{n-1}\frac{n-1}{n} = \frac{1}{n}.$$

Allgemein gilt

$$P(X = i) = P(\overline{A}_1 \overline{A}_2 \dots \overline{A}_{i-1} A_i) = P(A_i/\overline{A}_1 \dots \overline{A}_{i-1}) P(\overline{A}_{i-1}/\overline{A}_{i-2} \dots \overline{A}_1) \dots P(\overline{A}_1) =$$

$$= \frac{1}{n-i+1} \frac{n-i+1}{n-i+2} \dots \frac{n-2}{n-1} \cdot \frac{n-1}{n} = \frac{1}{n}, i = 1, 2, \dots, n.$$

Damit folgt aus Aufgabe 7

$$E(X) = \frac{n+1}{2}; \quad \sigma = D(X) = \sqrt{\frac{n^2 - 1}{12}}.$$

b) X ist geometrisch verteilt mit $p = \frac{1}{n}$. Damit gilt

$$E(X) = n; \quad \sigma = D(X) = \sqrt{\frac{1 - 1/n}{1/n^2}} = \sqrt{n^2 - n}.$$

9. a) X ist B(100; 0,02)-verteilt.

$$P_a = 1 - P(X = 0) - P(X = 1) - P(X = 2) =$$
$$= 1 - \binom{100}{0} 0,02^0 \cdot 0,98^{100} - \binom{100}{1} 0,02 \cdot 0,98^{99} - \binom{100}{2} 0,02^2 \cdot 0,98^{98} =$$
$$= 0,323314.$$

b) X ist Poisson-verteilt mit $\lambda = np = 2$.

$$P_b = 1 - e^{-2} \left[1 + \frac{2^1}{1!} + \frac{2^2}{2!}\right] = 1 - e^{-2}[1 + 2 + 2] = 1 - 5e^{-2} = 0,323324.$$

10. Selbstmordwahrscheinlichkeit für einen Einwohner: $p = \frac{1}{25\,000}$. Die Zufalls-variable X, welche die Anzahl der Selbstmorde beschreibt, ist näherungsweise Poisson-verteilt mit dem Parameter $\lambda = np = 4$.

a) $P(X = k) = e^{-4} \cdot \dfrac{4^k}{k!}$.

k	0	1	2	3	4	5	6	7
P(X = k)	0,0183	0,0732	0,1465	0,1954	0,1954	0,1563	0,1042	0,0596

b) $P_b = 1 - e^{-4} \displaystyle\sum_{k=0}^{7} \frac{4^k}{k!} = 0,0511.$

11. 1. Fall: $p_1 = 1 \Rightarrow E(X) = 1$.

2. Fall: $p_1 < 1; p_2 = 1 \Rightarrow E(X) = p_1 + 2(1 - p_1) = 2 - p_1$.

3. Fall: $p_1 < 1, p_2 < 1$ und $p_1 + p_2 > 0 \Rightarrow W(X) = \{1, 2, 3, \dots\}$.

Nach Aufgabe 32 aus Abschnitt 1.10 gilt

$$P(X = 2r + 1) = (1 - p_1)^r (1 - p_2)^r p_1 \text{ für } r = 0, 1, 2, \dots;$$
$$P(X = 2r) = (1 - p_1)^r (1 - p_2)^{r-1} p_2 \text{ für } r = 1, 2, \dots.$$

Damit erhalten wir für die erzeugende Funktion den Zufallsvariablen X

$$G(x) = \sum_{k=1}^{\infty} x^k P(X=k) = \sum_{r=0}^{\infty} x^{2r+1} P(X=2r+1) + \sum_{r=1}^{\infty} x^{2r} P(X=2r) =$$

$$= \sum_{r=0}^{\infty} x^{2r+1} (1-p_1)^r (1-p_2)^r p_1 + \sum_{r=1}^{\infty} x^{2r} (1-p_1)^r (1-p_2)^{r-1} p_2 =$$

$$= p_1 x \sum_{r=0}^{\infty} [x^2(1-p_1)(1-p_2)]^r + p_2(1-p_1)x^2 \sum_{r=1}^{\infty} [x^2(1-p_1)(1-p_2)]^{r-1} =$$

$$= \frac{p_1 x + p_2(1-p_1)x^2}{1 - x^2(1-p_1)(1-p_2)} .$$

Differentiation nach x ergibt nach der Quotientenregel

$$G'(x) = \frac{[1-x^2(1-p_1)(1-p_2)][p_1+2xp_2(1-p_1)] + 2x(1-p_1)(1-p_2)[p_1 x + p_2(1-p_1)x^2]}{[1-x^2(1-p_1)(1-p_2)]^2} .$$

x = 1 liefert

$$G'(1) = \frac{[1-1+p_1+p_2-p_1p_2][p_1+2p_2-2p_1p_2] + 2[1-p_1-p_2+p_1p_2][p_1+p_2-p_1p_2]}{[1-1+p_1+p_2-p_1p_2]^2} =$$

$$= \frac{p_1 + 2p_2 - 2p_1p_2 + 2 - 2p_1 - 2p_2 + 2p_1p_2}{p_1 + p_2 - p_1p_2} = \frac{2-p_1}{p_1 + p_2 - p_1p_2} .$$

Damit gilt $E(X) = G'(1) = \dfrac{2-p_1}{p_1 + p_2 - p_1p_2}$.

Für $p_1 = p_2 = p$ folgt hieraus

$$E(X) = \frac{2-p}{2p-p^2} = \frac{2-p}{p(2-p)} = \frac{1}{p} .$$

X ist in diesem Fall geometrisch verteilt mit dem Parameter p, womit dieses Ergebnis plausibel ist.

Übungsaufgaben aus Abschnitt 2.5.5

1. a) $1 = \displaystyle\int_0^1 (cx - cx^2)\, dx = \left(\frac{cx^2}{2} - \frac{cx^3}{3} \right)_{x=0}^{x=1} = \frac{c}{2} - \frac{c}{3} = \frac{c}{6} \Rightarrow c = 6.$

   b) $F(x) = \begin{cases} 0 & \text{für } x \le 0, \\ 3x^2 - 2x^3 & \text{für } 0 \le x \le 1, \\ 1 & \text{für } x \ge 1. \end{cases}$

c) $P(\frac{1}{2} \leq X \leq \frac{2}{3}) = F(\frac{2}{3}) - F(\frac{1}{2}) = 3 \cdot \frac{4}{9} - 2 \cdot \frac{8}{27} - 3 \cdot \frac{1}{4} + 2 \cdot \frac{1}{8} = \frac{13}{54}$.

$$E(X) = \int_0^1 (6x^2 - 6x^3)\,dx = \left(\frac{6x^3}{3} - \frac{6x^4}{4}\right)_{x=0}^{x=1} = 0{,}5;$$

$$E(X^2) = \int_0^1 (6x^3 - 6x^4)\,dx = \left(\frac{6x^4}{4} - \frac{6x^5}{5}\right)_{x=0}^{x=1} = \frac{3}{10};$$

$$D^2(X) = E(X^2) - E^2(X) = \frac{3}{10} - \frac{1}{4} = \frac{1}{20}.$$

2. a) $1 = \int_0^4 (\frac{1}{2} - cx)\,dx = \left(\frac{1}{2}x - \frac{cx^2}{2}\right)_{x=0}^{x=4} = 2 - 8c \Rightarrow c = \frac{1}{8}.$

b) $F(x) = \begin{cases} 0 & \text{für } x \leq 0, \\ \frac{1}{2}x - \frac{1}{16}x^2 & \text{für } 0 \leq x \leq 4, \\ 1 & \text{für } x \geq 4. \end{cases}$

$P(1 \leq X \leq 2) = F(2) - F(1) = 1 - \frac{1}{4} - \frac{1}{2} + \frac{1}{16} = \frac{5}{16}.$

c) $E(X) = \int_0^4 (\frac{1}{2}x - \frac{1}{8}x^2)\,dx = \left(\frac{x^2}{4} - \frac{x^3}{24}\right)_{x=0}^{x=4} = 4 - \frac{64}{24} = \frac{4}{3};$

$$E(X^2) = \int_0^4 (\frac{1}{2}x^2 - \frac{1}{8}x^3)\,dx = \left(\frac{x^3}{6} - \frac{x^4}{32}\right)_{x=0}^{x=4} = \frac{64}{6} - \frac{256}{32} = \frac{8}{3};$$

$D^2(X) = E(X^2) - E^2(X) = \frac{8}{3} - \frac{16}{9} = \frac{8}{9}.$

3. a) Da die Dichte f symmetrisch zur Achse $x = 0$ ist, gilt

$$\frac{1}{2} = \int_0^\infty f(x)\,dx = c\int_0^\infty e^{-\rho x}\,dx = -\frac{c}{\rho}e^{-\rho x}\Big|_{x=0}^{x=\infty} = \frac{c}{\rho} \Rightarrow c = \frac{\rho}{2}.$$

b) $x \leq 0 \Rightarrow f(x) = \frac{\rho}{2}e^{\rho x} \Rightarrow F(x) = \frac{\rho}{2}\int_{-\infty}^x e^{\rho u}\,du = \frac{1}{2}e^{\rho x};$

$$x \geq 0 \Rightarrow F(x) = F(0) + \int_0^x \frac{\rho}{2}e^{\rho u}\,du = \frac{1}{2} - \frac{\rho}{2}\frac{1}{\rho}e^{-\rho u}\Big|_{u=0}^{u=x} =$$

$$= \frac{1}{2} - \frac{1}{2}(e^{-\rho x} - 1) = 1 - \frac{1}{2}e^{-\rho x}.$$

Damit gilt

$$F(x) = \begin{cases} \frac{1}{2}\,e^{\rho x} & \text{für } x \leq 0, \\ 1 - \frac{1}{2}\,e^{-\rho x} & \text{für } x \geq 0. \end{cases}$$

c) Aus der Symmetrie der Dichte zur Achse $x = 0$ folgt aus der Existenz

des Integrals $\int\limits_0^\infty x\,\dfrac{\rho}{2}\,e^{\rho x}$ für den Erwartungswert $E(X) = 0$.

$$D^2(X) = E(X^2) \overset{\text{(Symmetrie)}}{=} 2\int\limits_0^\infty x^2 f(x)\,dx = 2\cdot\frac{1}{2}\int\limits_0^\infty x^2 \underbrace{\rho\,e^{-\rho x}}_{v'}\,dx;$$

mit $u = x^2$, $v' = \rho e^{-\rho x}$.

Durch partielle Integration geht dieses Integral über in

$$\underbrace{-x^2 e^{-\rho x}\Big|_0^\infty}_{=\,0} + \int\limits_0^\infty 2x\,e^{-\rho x}\,dx = 2\int\limits_0^\infty \underbrace{x}_{u}\underbrace{e^{-\rho x}}_{v'}\,dx = -\frac{2}{\rho}\,x\,e^{-\rho x}\Big|_{x=0}^{x=\infty} +$$

$$+\frac{2}{\rho}\int\limits_0^\infty e^{-\rho x}\,dx = \frac{2}{\rho^2}.$$

Damit gilt $D^2(X) = \dfrac{2}{\rho^2}$.

4. a) Da die Seitenlänge des Quadrates gleich $\sqrt{2}$ ist, besitzt Q den Flächen-inhalt 2. Daraus folgt für die Dichte

$$f(x,y) = \begin{cases} \frac{1}{2} & \text{für } (x,y) \in Q, \\ 0 & \text{sonst.} \end{cases}$$

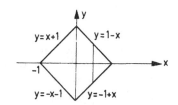

Wegen $f_1(x) = \displaystyle\int\limits_{-\infty}^{+\infty} f(x,y)\,dy$ folgt für $-1 \leq x \leq 0$ für die Dichte von X

$$f_1(x) = \int\limits_{-x-1}^{x+1} \frac{1}{2}\,du = \frac{1}{2}(x+1) - \frac{1}{2}(-x-1) = \frac{x}{2} + \frac{1}{2} + \frac{x}{2} + \frac{1}{2} = 1 + x$$

und für $0 \leq x \leq 1$

$$f_1(x) = \int\limits_{-1+x}^{1-x} \tfrac{1}{2}\,du = \tfrac{1}{2}(1-x) - \tfrac{1}{2}(-1+x) = \tfrac{1}{2} - \tfrac{1}{2}x + \tfrac{1}{2} - \tfrac{1}{2}x = 1 - x.$$

Damit gilt

$$f_1(x) = \begin{cases} 1+x & \text{für } -1 \leq x \leq 0, \\ 1-x & \text{für } 0 \leq x \leq 1 \end{cases}.$$

Entsprechend erhält man für die Dichte der Zufallsvariablen Y die Darstellung

$$f_2(y) = \begin{cases} 1+y & \text{für } -1 \leq y \leq 0, \\ 1-y & \text{für } 0 \leq y \leq 1. \end{cases}$$

b) Wegen $f_1(x) \cdot f_2(y) \not\equiv f(x,y)$ sind die beiden Zufallsvariablen nicht (stoch.) unabhängig.

c) Aus $f_1(-x) = f_1(x)$, $f_2(-y) = f_2(y)$ folgt $E(X) = E(Y) = 0$.

$$D^2(X) = E(X^2) = 2 \int\limits_0^1 x^2(1-x)\,dx = 2 \int\limits_0^1 (x^2 - x^3)\,dx =$$

$$= 2 \left(\frac{x^3}{3} - \frac{x^4}{4} \right)_{x=0}^{x=1} = 2\,(\tfrac{1}{3} - \tfrac{1}{4}) = 2 \cdot \tfrac{1}{12} = \tfrac{1}{6}.$$

Entsprechend erhält man

$$D^2(Y) = \tfrac{1}{6}.$$

5. Die Zufallsvariable X beschreibe die Anzahl der durch zufälliges Beantworten erzielten richtigen Antworten. X ist $B(40; \tfrac{1}{2})$-verteilt mit $E(X) = 40 \cdot \tfrac{1}{2} = 20$ und $D^2(X) = 40 \cdot \tfrac{1}{2} \cdot \tfrac{1}{2} = 10$. Wegen $npq = 10 > 9$ kann X durch eine Normalverteilung approximiert werden.

Für die gesuchte Zahl k gilt die Bestimmungsgleichung

$$P(X \geq k) = P(X \geq k - 0,5) = P\left(\frac{X-20}{\sqrt{10}} \geq \frac{k-0,5-20}{\sqrt{10}} \right) =$$

$$= P(X^* \geq \frac{k-20,5}{\sqrt{10}}) \approx 1 - \Phi\left(\frac{k-20,5}{\sqrt{10}} \right) \leq 0,05$$

$$\Rightarrow \Phi\left(\frac{k-20,5}{\sqrt{10}} \right) \geq 0,95.$$

Aus der Tabelle der $N(0; 1)$-Verteilung folgt $\dfrac{k - 20,5}{\sqrt{10}} \geq 1,645$ und hieraus

$k \geq 1,645 \sqrt{10} + 20,5 = 25,70 \Rightarrow \underline{k \geq 26.}$

6. X beschreibe die Anzahl der unbrauchbaren Schrauben unter den 400 aus-
    gewählten. X ist $B(400; 0,1)$-verteilt mit $E(X) = 400 \cdot 0,1 = 40$ und
    $D^2(X) = 400 \cdot \frac{1}{10} \cdot \frac{9}{10} = 36 > 9 \Rightarrow B(400; 0,1) \approx N(40; 36)$.

    a) $P(30 \leq X \leq 50) = P\left(\dfrac{29,5 - 40}{6} \leq X^* \leq \dfrac{50,5 - 40}{6}\right) \approx$

    $\approx \Phi\left(\dfrac{10,5}{6}\right) - \Phi\left(\dfrac{-10,5}{6}\right) = 2\,\Phi\left(\dfrac{10,5}{6}\right) - 1 = 2\,\Phi(1,75) - 1 = 0,920.$

    b) $P(X \geq 55) \approx 1 - \Phi\left(\dfrac{54,5 - 40}{6}\right) = 1 - \Phi\left(\dfrac{14,5}{6}\right) = 0,008.$

7. X ist $B(300; 0,05)$-verteilt mit $E(X) = 300 \cdot 0,05 = 15$,
    $D^2(X) = 300 \cdot 0,05 \cdot 0,95 = 14,25 > 9 \Rightarrow$ Approximation durch die
    $N(15; 14,25)$-Verteilung.

    $P(X \geq 10) = P(X \geq 10 - 0,5) \approx 1 - \Phi\left(\dfrac{9,5 - 15}{\sqrt{14,25}}\right) =$

    $= 1 - \Phi\left(\dfrac{-5,5}{\sqrt{14,25}}\right) = \Phi\left(\dfrac{5,5}{\sqrt{14,25}}\right) = 0,93.$

8. X_1 beschreibe die Anzahl der Personen, die den 1. Zug besteigen,
    X_2 beschreibe die Anzahl der Personen, die den 2. Zug besteigen.
    Dann gilt $X_1 + X_2 = 1000$, d.h. $X_2 = 1000 - X_1$.
    Beide Zufallsvariablen sind $B(1000; \frac{1}{2})$-verteilt mit $E(X_i) = 500$;
    $D^2(X_i) = 1000 \cdot \frac{1}{4} = 250$ für $i = 1, 2$.
    k sei die gesuchte Mindestzahl. Dann lautet die Bedingung
    $P(X_1 \leq k, X_2 \leq k) \geq 0,99$. Wegen
    $(X_2 \leq k) = (1000 - X_1 \leq k) = (X_1 \geq 1000 - k)$.

    Daraus folgt
    $P(1000 - k \leq X_1 \leq k) \geq 0,99;$

    $P\left(\dfrac{1000 - k - 0,5 - 500}{\sqrt{250}} \leq X_1^* \leq \dfrac{k + 0,5 - 500}{\sqrt{250}}\right) \approx$

    $\approx \Phi\left(\dfrac{k - 499,5}{\sqrt{250}}\right) - \Phi\left(-\dfrac{k - 499,5}{\sqrt{250}}\right) = 2\,\Phi\left(\dfrac{k - 499,5}{\sqrt{250}}\right) - 1 \geq 0,99$

    $\Rightarrow \Phi\left(\dfrac{k - 499,5}{\sqrt{250}}\right) \geq 0,995; \quad \dfrac{k - 499,5}{\sqrt{250}} \geq 2,58 \Rightarrow \underline{k \geq 541.}$

Bemerkung: Obwohl beide Zufallsvariablen X_1 und X_2 jeweils $B(1000; \frac{1}{2})$-verteilt sind, ist die Summe $X_1 + X_2$ nicht binomialverteilt. Dies liegt an der (stoch.) Abhängigkeit von X_1 und X_2. Die Summe $X_1 + X_2$ ist diskret mit $W(X_1 + X_2) = \{1000\}$.

9. a) $P(147 \leq X \leq 157) = P\left(\dfrac{147-152}{2} \leq X^* \leq \dfrac{157-152}{2}\right) = 2\Phi\left(\dfrac{5}{2}\right) - 1 = 0,9876$

Die gesuchte Wahrscheinlichkeit lautet $P_a = 1 - 0,9876 = 0,0124$.

b) $P(151 \leq X \leq 153) = 2\Phi(0,5) - 1 = 0,3830;$

$\Rightarrow P_b = 1 - 0,383 = 0,6170.$

10. $X = X_1 + X_2$ ist näherungsweise $N(70; 1,5)$-verteilt.

a) $P(69 \leq X \leq 71) = P\left(\dfrac{69-70}{\sqrt{1,5}} \leq X^* \leq \dfrac{71-70}{\sqrt{1,5}}\right) \approx$

$\approx 2\Phi\left(\dfrac{1}{\sqrt{1,5}}\right) - 1 = 0,58.$

b) $P(X \leq 68) = P\left(X^* \leq \dfrac{68-70}{\sqrt{1,5}}\right) \approx \Phi\left(\dfrac{-2}{\sqrt{1,5}}\right) = 1 - \Phi\left(\dfrac{2}{\sqrt{1,5}}\right) = 0,05.$

11. a) $X = X_1 + X_2$ ist näherungsweise $N(14 + 36; 9 + 25) = N(50; 34)$-verteilt.

b) $P(X \geq 55) = 1 - P(X \leq 55) = 1 - P\left(X^* \leq \dfrac{55-50}{\sqrt{34}}\right) \approx 1 - \Phi\left(\dfrac{5}{\sqrt{34}}\right) = 0,20.$

12. M: „ein männlicher Student wird ausgewählt".
F: „eine Studentin wird ausgewählt".
$P(M) = 0,8;$ $P(F) = 0,2.$

a) $P(130 \leq X \leq 150) = P(130 \leq X \leq 150/M)\,P(M) + P(130 \leq X \leq 150/F)\,P(F) =$

$= \left[\Phi\left(\dfrac{150-150}{15}\right) - \Phi\left(\dfrac{130-150}{15}\right)\right]0,8 +$

$+ \left[\Phi\left(\dfrac{150-116}{10}\right) - \Phi\left(\dfrac{130-116}{10}\right)\right]0,2 =$

$= 0,8\,[\Phi(0) - \Phi(-\tfrac{20}{15})] + 0,2\,[\Phi(\tfrac{34}{10}) - \Phi(\tfrac{14}{10})] = 0,34.$

b) $P(X > 130) = 1 - P(X \leq 130) =$

$= 1 - P(X \leq 130/M)\,P(M) - P(X \leq 130/F)\,P(F) =$

$= 1 - \Phi\left(\dfrac{130-150}{15}\right)0,8 - \Phi\left(\dfrac{130-116}{10}\right)0,2 = 0,74.$

Y beschreibe die Anzahl derjenigen unter den 100 ausgewählten Personen mit einem Gewicht über 130 Pfund.

Y ist $B(100; 0,74)$-verteilt. Daraus folgt $E(Y) = 100 \cdot 0,74 = 74$.

13. Aus $P(T_n \leq 0) = 0$ folgt $f_n(t) = 0$ für $t \leq 0$ und alle n.

1. Fall n = 2: Es gilt $T_2 = T + U$, wobei T und U unabhängig sind, und beide dieselbe Dichte f besitzen. Für $t > 0$ folgt aus der Faltungsgleichung

$$f_2(t) = \int\limits_{-\infty}^{+\infty} f(u) f(t-u) du \quad \text{wegen} \quad f(u) = 0 \quad \text{für} \quad u \leq 0 \quad \text{und}$$

$f(t-u) = 0$ für $u \geq t$, also für $t - u \leq 0$.

$$f_2(t) = \int\limits_{0}^{t} f(u) f(t-u) du = \int\limits_{0}^{t} \lambda e^{-\lambda u} \lambda e^{-\lambda(t-u)} du = \lambda^2 \int\limits_{0}^{t} e^{-\lambda u} e^{-\lambda t} e^{\lambda u} du =$$

$$= \lambda^2 \int\limits_{0}^{t} e^{-\lambda t} du = \lambda^2 e^{-\lambda t} \int\limits_{0}^{t} du = \underline{\lambda^2 t e^{-\lambda t}}.$$

2. Fall n = 3: Aus $T_3 = T_2 + T$ folgt für $t > 0$.

$$f_3(t) = \int\limits_{0}^{t} f_2(u) f(t-u) du = \int\limits_{0}^{t} \lambda^2 u e^{-\lambda u} \lambda e^{-\lambda(t-u)} du =$$

$$= \lambda^3 \int\limits_{0}^{t} u e^{-\lambda u} e^{-\lambda t} e^{\lambda u} du = \lambda^3 e^{-\lambda t} \int\limits_{0}^{t} u \, du = \underline{\lambda^3 \cdot \frac{t^2}{2} e^{-\lambda t}}.$$

3. Fall n = 4: $T_4 = T_3 + T$

$$f_4(t) = \int\limits_{0}^{t} f_3(u) f(t-u) du = \lambda^4 \cdot \frac{1}{2} \int\limits_{0}^{t} u^2 e^{-\lambda u} e^{-\lambda(t-u)} du =$$

$$= \lambda^4 \cdot \frac{1}{2} e^{-\lambda t} \int\limits_{0}^{t} u^2 \, du = \underline{\lambda^4 \cdot \frac{t^3}{3!} e^{-\lambda t}}.$$

Allgemein zeigt man leicht durch vollständige Induktion über n für $t > 0$ die Identität

$$\underline{f_{n+1}(t) = \lambda^{n+1} \cdot \frac{t^n}{n!} e^{-\lambda t}} \quad \text{für} \quad n = 0, 1, 2, \dots .$$

Übungsaufgaben aus Abschnitt 2.6.3

1. Da die Länge einer Grün-Rot-Phase $\frac{3}{2}$ Minuten beträgt, ist die Ankunftszeit des Fahrzeugs an der Kreuzung im Intervall $[0; \frac{3}{2}]$ gleichmäßig verteilt mit der Dichte $f(t) = \frac{2}{3}$ für $0 \leq t \leq \frac{3}{2}$, $f(t) = 0$ sonst.

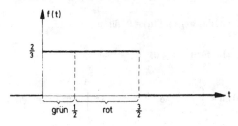

a) Die Wartezeit ist genau dann gleich 0, wenn das Fahrzeug während der Grün-Phase an die Kreuzung heranfährt. Daher gilt $P(T = 0) = \frac{1}{3}$.

b) Für die Zufallsvariable T der Wartezeit gilt $0 \leq T \leq 1$. Ihre Verteilungsfunktion F besitzt die Werte

$F(t) = 0$ für $t < 0$,

$$F(0) = \frac{1}{3}; \quad F(t) = P(T \leq t) = P(T = 0) + \int_0^t \frac{2}{3}\,du = \frac{1}{3} + \frac{2}{3}t \text{ für } 0 \leq t \leq 1$$

und $F(t) = 1$ für $t \geq 1$.

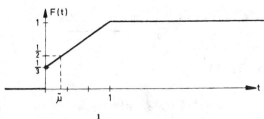

$$E(T) = \frac{1}{3} \cdot 0 + \int_0^1 t \cdot \frac{2}{3}\,dt = \frac{1}{3};$$

$$E(T^2) = \frac{1}{3} \cdot 0 + \int_0^1 t^2 \cdot \frac{2}{3}\,dt = \frac{2}{9} \Rightarrow D^2(T) = \frac{1}{9}; \quad \sigma = \frac{1}{3}.$$

c) $F(\widetilde{\mu}) = \frac{1}{3} + \frac{2}{3}\widetilde{\mu} = \frac{1}{2}; \quad \frac{2}{3}\widetilde{\mu} = \frac{1}{6}; \quad \widetilde{\mu} = \frac{1}{4}.$

$\widetilde{\mu}$ ist eindeutig, da F an der Stelle $x = \frac{1}{4}$ stetig und dort streng monoton wachsend ist.

2. a) $P(T > 3) = 1 - P(T \leq 3) = 1 - \int\limits_{0}^{3} \frac{1}{2} e^{-\frac{1}{2}t} dt = 1 + e^{-\frac{1}{2}t} \Big|_{t=0}^{t=3} =$

$$= 1 + e^{-1,5} - 1 = e^{-1,5} = 0,2231.$$

b) $P(\hat{T} = 3) = e^{-1,5} = 0,2231.$ Es gilt $\hat{T} = \min(T, 3).$

$F(t) = P(\hat{T} \leq t),$

$t \leq 0 \Rightarrow F(t) = 0,$

$0 \leq t < 3 \Rightarrow F(t) = P(T \leq t) = 1 - e^{-\frac{1}{2}t}; \; F(t) = 1$ für $t \geq 3.$

F besitzt an der Stelle 3 einen Sprung der Höhe $e^{-1,5}$. Partielle Integration liefert

$$E(\hat{T}) = \int\limits_{0}^{3} t \underbrace{\frac{1}{2} e^{-\frac{1}{2}t}}_{u \quad v'} dt + 3 \cdot P(\hat{T} = 3) =$$

$$= -t e^{-\frac{1}{2}t} \Big|_{t=0}^{t=3} + \int\limits_{0}^{3} e^{-\frac{1}{2}t} dt + 3 \cdot e^{-1,5} =$$

$$= -3 e^{-1,5} - 2 e^{-\frac{1}{2}t} \Big|_{t=0}^{t=3} + 3 \cdot e^{-1,5} =$$

$$= -3 e^{-1,5} - 2(e^{-1,5} - 1) + 3 e^{-1,5} = 2(1 - e^{-1,5}) = 1,5537.$$

c) $\dfrac{E(\hat{T})}{E(T)} = \dfrac{2(1 - e^{-1,5})}{2} = 1 - e^{-1,5} = 0,7769.$

3. a) $\tilde{\mu} = 4$ (eindeutig bestimmt).

b) Jede Zahl x mit $1 \leq x \leq 3$ ist $x_{0,2}$-Quantil.

Übungsaufgaben aus Abschnitt 3.4

1. Aus der Tschebyscheffschen Ungleichung folgt

$P(|X - 100| \geq 20) \leq \frac{90}{400} = 0,225.$

2.

Wegen $P(X \geq 13) = 0$ gilt nach der Tschebyscheffschen Ungleichung

$$P(X \leq 7) = P(X \leq 7) + P(X \geq 13) = P(|X - 10| \geq 3) \leq \frac{0,45}{9} = 0,05.$$

3. a) $E(\overline{X}) = \frac{1}{n} \sum\limits_{i=1}^{n} E(X_i) = \frac{1}{n} \sum\limits_{i=1}^{n} \mu = \frac{1}{n} \cdot n\mu = \mu.$

$D^2(\overline{X}) = \frac{1}{n^2} \sum\limits_{i=1}^{n} D^2(X_i) = \frac{1}{n^2} n\sigma^2 = \frac{\sigma^2}{n} = \frac{9}{n} \Rightarrow D(\overline{X}) = \frac{3}{\sqrt{n}}.$

b) Nach dem zentralen Grenzwertsatz gilt

$P(\mu - 0{,}1 \le \overline{X} \le \mu + 0{,}1) = P\left(\frac{\mu - 0{,}1 - \mu}{3/\sqrt{n}} \le \frac{\overline{X} - \mu}{3/\sqrt{n}} \le \frac{\mu + 0{,}1 - \mu}{3/\sqrt{n}} \right) =$

$= P\left(-\frac{0{,}1}{3} \sqrt{n} \le \overline{X}^* \le \frac{0{,}1}{3} \sqrt{n} \right) \approx 2\Phi\left(\frac{0{,}1}{3} \sqrt{n} \right) - 1;$

$\Rightarrow 2\Phi\left(\frac{0{,}1}{3} \sqrt{n} \right) \ge 1{,}95; \quad \Phi\left(\frac{0{,}1}{3} \sqrt{n} \right) \ge 0{,}975;$

$\frac{0{,}1}{3} \sqrt{n} \ge 1{,}96; \quad n \ge 3458.$

4. Die Zufallsvariable S_n der notwendigen Würfe ist $B(n; \frac{1}{2})$-verteilt mit $E(S_n) = \frac{n}{2}; \quad D^2(S_n) = \frac{n}{4}.$

$E\left(\frac{S_n}{n} \right) = \frac{1}{2}; \quad D^2\left(\frac{S_n}{n} \right) = \frac{n}{4} \cdot \frac{1}{n^2} = \frac{1}{4n}.$

Nach dem zentralen Grenzwertsatz gilt für jedes $\epsilon > 0$

$P\left(0{,}5 - \epsilon \le \frac{S_n}{n} \le 0{,}5 + \epsilon \right) = P\left(\frac{0{,}5 - \epsilon - 0{,}5}{1/\sqrt{4n}} \le \left(\frac{S_n}{n} \right)^* \le \frac{0{,}5 + \epsilon - 0{,}5}{1/\sqrt{4n}} \right) \approx$

$\approx 2\Phi(2\,\epsilon\,\sqrt{n}) - 1.$

a) $2\Phi(2 \cdot 0{,}01 \cdot \sqrt{n}) - 1 \ge 0{,}95 \Rightarrow 2 \cdot 0{,}01 \sqrt{n} \ge 1{,}96 \Rightarrow n \ge 9604.$

b) $2\Phi(2 \cdot 0{,}001 \sqrt{n}) - 1 \ge 0{,}95 \Rightarrow 2 \cdot 0{,}001 \sqrt{n} \ge 1{,}96 \Rightarrow n \ge 960400.$

5. $E(X_i) = 1 \cdot \frac{4}{20} + 3 \cdot \frac{5}{20} + 6 \cdot \frac{8}{20} + 11 \cdot \frac{3}{20} = \frac{100}{20} = 5;$

$E(X_i^2) = 1 \cdot \frac{4}{20} + 9 \cdot \frac{5}{20} + 36 \cdot \frac{8}{20} + 121 \cdot \frac{3}{20} = \frac{700}{20} = 35;$

$D^2(X_i) = 35 - 5^2 = 10.$

$E(S_{1000}) = 5000; \quad D^2(S_{1000}) = 10000; \quad D(S_{1000}) = 100.$

Nach dem zentralen Grenzwertsatz gilt

$P(4820 \le S_{1000} \le 5180) = P\left(\frac{4820 - 5000}{100} \le S_{1000}^* \le \frac{5180 - 5000}{100} \right) \approx$

$\approx 2\Phi(1{,}8) - 1 = 0{,}93.$

6. X_i: Lebensdauer des i-ten Maschinenteils.

$E(X_i) = 50$; $D^2(X_i) = 900$; $S_n = \sum\limits_{i=1}^{n} X_i$; $E(S_n) = 50\,n$;
$D^2(S_n) = 900\,n$.

n soll minimal sein mit

$P(S_n \geq 5000) \geq 0,95$. Nach dem zentralen Grenzwertsatz gilt

$$P(S_n \geq 5000) = P\left(\frac{S_n - 50\,n}{30\sqrt{n}} \geq \frac{5000 - 50\,n}{30\sqrt{n}}\right) \approx$$

$$\approx 1 - \Phi\left(\frac{5000 - 50\,n}{30\sqrt{n}}\right) = \Phi\left(\frac{50\,n - 5000}{30\sqrt{n}}\right) \geq 0,95;$$

$$\Rightarrow \frac{50\,n - 5000}{30\sqrt{n}} \geq 1,645.$$

$50\,n - 5000 \geq 49,35\sqrt{n}$;

$n - 100 \geq 0,987\sqrt{n}$;

$n^2 - 200\,n + 10000 \geq 0,974\,n$;

$x^2 - 200,974\,x = -10000$;

$x_{1,2} = 100,487 \pm 9,88$;

$\Rightarrow n \geq 111$.

6.2. Tafel der Verteilungsfunktion Φ der N(0;1)-Verteilung.

$\Phi(-z) = 1 - \Phi(z)$

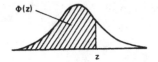

z	$\Phi(z)$	z	$\Phi(z)$	z	$\Phi(z)$	z	$\Phi(z)$
0,00	0,5000						
0,01	0,5040	0,41	0,6591	0,81	0,7910	1,21	0,8869
0,02	0,5080	0,42	0,6628	0,82	0,7939	1,22	0,8888
0,03	0,5120	0,43	0,6664	0,83	0,7967	1,23	0,8907
0,04	0,5160	0,44	0,6700	0,84	0,7995	1,24	0,8925
0,05	0,5199	0,45	0,6736	0,85	0,8023	1,25	0,8944
0,06	0,5239	0,46	0,6772	0,86	0,8051	1,26	0,8962
0,07	0,5279	0,47	0,6808	0,87	0,8078	1,27	0,8980
0,08	0,5319	0,48	0,6844	0,88	0,8106	1,28	0,8997
0,09	0,5359	0,49	0,6879	0,89	0,8133	1,29	0,9015
0,10	0,5398	0,50	0,6915	0,90	0,8159	1,30	0,9032
0,11	0,5438	0,51	0,6950	0,91	0,8186	1,31	0,9049
0,12	0,5478	0,52	0,6985	0,92	0,8212	1,32	0,9066
0,13	0,5517	0,53	0,7019	0,93	0,8238	1,33	0,9082
0,14	0,5557	0,54	0,7054	0,94	0,8264	1,34	0,9099
0,15	0,5596	0,55	0,7088	0,95	0,8289	1,35	0,9115
0,16	0,5636	0,56	0,7123	0,96	0,8315	1,36	0,9131
0,17	0,5675	0,57	0,7157	0,97	0,8340	1,37	0,9147
0,18	0,5714	0,58	0,7190	0,98	0,8365	1,38	0,9162
0,19	0,5753	0,59	0,7224	0,99	0,8389	1,39	0,9177
0,20	0,5793	0,60	0,7257	1,00	0,8413	1,40	0,9192
0,21	0,5832	0,61	0,7291	1,01	0,8438	1,41	0,9207
0,22	0,5871	0,62	0,7324	1,02	0,8461	1,42	0,9222
0,23	0,5910	0,63	0,7357	1,03	0,8485	1,43	0,9236
0,24	0,5948	0,64	0,7389	1,04	0,8508	1,44	0,9251
0,25	0,5987	0,65	0,7422	1,05	0,8531	1,45	0,9265
0,26	0,6026	0,66	0,7454	1,06	0,8554	1,46	0,9279
0,27	0,6064	0,67	0,7486	1,07	0,8577	1,47	0,9292
0,28	0,6103	0,68	0,7517	1,08	0,8599	1,48	0,9306
0,29	0,6141	0,69	0,7549	1,09	0,8621	1,49	0,9319
0,30	0,6179	0,70	0,7580	1,10	0,8643	1,50	0,9332
0,31	0,6217	0,71	0,7611	1,11	0,8665	1,51	0,9345
0,32	0,6255	0,72	0,7642	1,12	0,8686	1,52	0,9357
0,33	0,6293	0,73	0,7673	1,13	0,8708	1,53	0,9370
0,34	0,6331	0,74	0,7704	1,14	0,8729	1,54	0,9382
0,35	0,6368	0,75	0,7734	1,15	0,8749	1,55	0,9394
0,36	0,6406	0,76	0,7764	1,16	0,8770	1,56	0,9406
0,37	0,6443	0,77	0,7794	1,17	0,8790	1,57	0,9418
0,38	0,6480	0,78	0,7823	1,18	0,8810	1,58	0,9429
0,39	0,6517	0,79	0,7852	1,19	0,8830	1,59	0,9441
0,40	0,6554	0,80	0,7881	1,20	0,8849	1,60	0,9452

z	Φ(z)	z	Φ(z)	z	Φ(z)	z	Φ(z)
1,61	0,9463	2,15	0,9842	2,69	0,9964	3,23	0,9994
1,62	0,9474	2,16	0,9846	2,70	0,9965	3,24	0,9994
1,63	0,9484	2,17	0,9850	2,71	0,9966	3,25	0,9994
1,64	0,9495	2,18	0,9854	2,72	0,9967	3,26	0,9994
1,65	0,9505	2,19	0,9857	2,73	0,9968	3,27	0,9995
1,66	0,9515	2,20	0,9861	2,74	0,9969	3,28	0,9995
1,67	0,9525	2,21	0,9864	2,75·	0,9970	3,29	0,9995
1,68	0,9535	2,22	0,9868	2,76	0,9971	3,30	0,9995
1,69	0,9545	2,23	0,9871	2,77	0,9972	3,31	0,9995
1,70	0,9554	2,24	0,9875	2,78	0,9973	3,32	0,9995
1,71	0,9564	2,25	0,9878	2,79	0,9974	3,33	0,9996
1,72	0,9573	2,26	0,9881	2,80	0,9974	3,34	0,9996
1,73	0,9582	2,27	0,9884	2,81	0,9975	3,35	0,9996
1,74	0,9591	2,28	0,9887	2,82	0,9976	3,36	0,9996
1,75	0,9599	2,29	0,9890	2,83	0,9977	3,37	0,9996
1,76	0,9608	2,30	0,9893	2,84	0,9977	3,38	0,9996
1,77	0,9616	2,31	0,9896	2,85	0,9978	3,39	0,9997
1,78	0,9625	2,32	0,9898	2,86	0,9979	3,40	0,9997
1,79	0,9633	2,33	0,9901	2,87	0,9979	3,41	0,9997
1,80	0,9641	2,34	0,9904	2,88	0,9980	3,42	0,9997
1,81	0,9649	2,35	0,9906	2,89	0,9981	3,43	0,9997
1,82	0,9656	2,36	0,9909	2,90	0,9981	3,44	0,9997
1,83	0,9664	2,37	0,9911	2,91	0,9982	3,45	0,9997
1,84	0,9671	2,38	0,9913	2,92	0,9982	3,46	0,9997
1,85	0,9678	2,39	0,9916	2,93	0,9983	3,47	0,9997
1,86	0,9686	2,40	0,9918	2,94	0,9984	3,48	0,9997
1,87	0,9693	2,41	0,9920	2,95	0,9984	3,49	0,9998
1,88	0,9699	2,42	0,9922	2,96	0,9985	3,50	0,9998
1,89	0,9706	2,43	0,9925	2,97	0,9985	3,51	0,9998
1,90	0,9713	2,44	0,9927	2,98	0,9986	3,52	0,9998
1,91	0,9719	2,45	0,9929	2,99	0,9986	3,53	0,9998
1,92	0,9726	2,46	0,9931	3,00	0,9987	3,54	0,9998
1,93	0,9732	2,47	0,9932	3,01	0,9987	3,55	0,9998
1,94	0,9738	2,48	0,9934	3,02	0,9987	3,56	0,9998
1,95	0,9744	2,49	0,9936	3,03	0,9988	3,57	0,9998
1,96	0,9750	2,50	0,9938	3,04	0,9988	3,58	0,9998
1,97	0,9756	2,51	0,9940	3,05	0,9989	3,59	0,9998
1,98	0,9761	2,52	0,9941	3,06	0,9989	3,60	0,9998
1,99	0,9767	2,53	0,9943	3,07	0,9989	3,61	0,9998
2,00	0,9772	2,54	0,9945	3,08	0,9990	3,62	0,9999
2,01	0,9778	2,55	0,9946	3,09	0,9990		
2,02	0,9783	2,56	0,9948	3,10	0,9990		
2,03	0,9788	2,57	0,9949	3,11	0,9991		
2,04	0,9793	2,58	0,9951	3,12	0,9991		
2,05	0,9798	2,59	0,9952	3,13	0,9991		
2,06	0,9803	2,60	0,9953	3,14	0,9992		
2,07	0,9808	2,61	0,9955	3,15	0,9992		
2,08	0,9812	2,62	0,9956	3,16	0,9992		
2,09	0,9817	2,63	0,9957	3,17	0,9992		
2,10	0,9821	2,64	0,9959	3,18	0,9993		
2,11	0,9826	2,65	0,9960	3,19	0,9993		
2,12	0,9830	2,66	0,9961	3,20	0,9993		
2,13	0,9834	2,67	0,9962	3,21	0,9993		
2,14	0,9838	2,68	0,9963	3,22	0,9994		

6.2. Tafel der Verteilungsfunktion Φ der N(0;1)-Verteilung

Wichtige Bezeichnungen und Formeln

absolute Häufigkeit eines Ereignisses

$h_n(A)$; n Versuchsumfang; $0 \le h_n(A) \le n$

relative Häufigkeit eines Ereignisses

$$r_n(A) = \frac{h_n(A)}{n} \; ; \; 0 \le r_n(A) \le 1$$

Wahrscheinlichkeit eines Ereignisses

$P(A)$ mit $0 \le P(A) \le 1$; $P(\Omega) = 1$; $P(A \cup B) = P(A) + P(B)$ für $A \cap B = \emptyset$;

Laplace-Wahrscheinlichkeit

$$P(A) = \frac{\text{Anzahl der für A günstigen Fälle}}{\text{Anzahl der insgesamt möglichen Fälle}} \, ,$$

falls alle Versuchsergebnisse gleichwahrscheinlich

Formeln der Kombinatorik

Anzahl der Auswahlmöglichkeiten von k aus n verschiedenen Dingen

	mit Berücksichtigung der Reihenfolge	ohne Berücksichtigung der Reihenfolge
ohne Wiederholung (ohne Zurücklegen)	$n \cdot (n-1) \cdot \ldots \cdot (n-k+1)$	$\binom{n}{k}$
mit Wiederholung (mit Zurücklegen)	n^k	$\binom{n+k-1}{k}$

Urnenmodelle

Urne mit N Kugeln, M davon schwarz; zufällige Auswahl von n Kugeln;

A_k: k der n gezogenen Kugeln sind schwarz

$$p_k = P(A_k) = \frac{\binom{M}{k} \cdot \binom{N-M}{n-k}}{\binom{N}{n}} \quad \text{beim Ziehen ohne Wiederholung (Zurücklegen)}$$

$$p_k = P(A_k) = \binom{n}{k} \cdot \left(\frac{M}{N}\right)^k \cdot \left(1 - \frac{M}{N}\right)^{n-k} \quad \text{beim Ziehen mit Wiederholung}$$

bedingte Wahrscheinlichkeit

$$P(A \mid B) = \frac{P(A \cap B)}{P(B)} \quad \text{für } P(B) > 0$$

Multiplikationssatz

$$P(A \cap B) = P(A \mid B) \cdot P(B)$$

Satz von der totalen (vollständigen) Wahrscheinlichkeit

$$P(B) = \sum_{i=1}^{n} P(B \mid A_i) \cdot P(A_i) \, ; \quad A_1, A_2, \ldots, A_n \text{ vollständige Ereignisdisjunktion}$$

mit $P(A_i) > 0$ für alle i

Bayessche Formel

$$P(A_k | B) = \frac{P(B | A_k) \cdot P(A_k)}{\sum\limits_{i=1}^{n} P(B | A_i) \cdot P(A_i)} \text{ für } k=1,2,\dots,n; \ P(B) > 0$$

$A_1, A_2, \dots, A_n$ vollständige Ereignisdisjunktion mit $P(A_i) > 0$ für alle i

unabhängige Ereignisse

A, B sind (stochastisch) unabhängig, falls $P(A \cap B) = P(A) \cdot P(B)$

Verteilung einer diskreten Zufallsvariablen

(x_i, p_i), i=1,2,... mit $p_i = P(X = x_i)$, $\sum p_i = 1$

Verteilungsfunktion einer diskreten Zufallsvariablen

$$F(x) = P(X \leq x) = \sum_{i \,:\, x_i \leq x} P(X = x_i); \ x \in \mathbb{R}$$

Modalwert (Modus) einer diskreten Zufallsvariablen

x_M mit $P(X = x_M) = \max\limits_{i} P(X = x_i)$ (wahrscheinlichster Wert)

Erwartungswert einer diskreten Zufallsvariablen

$\mu = E(X) = \sum\limits_{i} x_i \cdot P(X = x_i)$, falls $\sum\limits_{i} |x_i| \cdot P(X = x_i) < \infty$

Varianz einer diskreten Zufallsvariablen

$$\sigma^2 = \text{Var}(X) = E\big((X - \mu)^2\big) = \sum_i (x_i - \mu)^2 \cdot P(X = x_i) = E(X^2) - [E(X)]^2$$

Standardabweichung einer diskreten Zufallsvariablen

$$\sigma = + \sqrt{\sigma^2} = \sqrt{\text{Var}(X)}$$

gemeinsame Verteilung zweier diskreter Zufallsvariabler X und Y

$$\Big((x_i, y_j), p_{ij} = P(X = x_i, Y = y_j)\Big), \ x_i \in W_X, \ y_j \in W_Y$$

unabhängige diskrete Zufallsvariablen

$P(X = x_i, Y = y_j) = P(X = x_i) \cdot P(Y = y_j)$ für alle x_i und y_j
$E(X \cdot Y) = E(X) \cdot E(Y); \ \text{Var}(X + Y) = \text{Var}(X) + \text{Var}(Y)$

Dichte einer stetigen Zufallsvariablen

$f(x)$ mit $f(x) \geq 0$ für alle $x \in \mathbb{R}$ und $\int\limits_{-\infty}^{+\infty} f(x)\, dx = 1$

$P(a \leq X \leq b) = \int\limits_{a}^{b} f(x)\, dx$, $a \leq b$

Verteilungsfunktion einer stetigen Zufallsvariablen

F mit $F(x) = P(X \leq x) = \int\limits_{-\infty}^{x} f(u)\, du$ für jedes $x \in \mathbb{R}$

$P(a \leq X \leq b) = F(b) - F(a)$, $a \leq b$

Erwartungswert einer stetigen Zufallsvariablen

$\mu = E(X) = \int\limits_{-\infty}^{+\infty} x \cdot f(x)\, dx$, falls $\int\limits_{-\infty}^{+\infty} |x| \cdot f(x)\, dx < \infty$; f = Dichte von X

Varianz einer stetigen Zufallsvariablen

$$\sigma^2 = \text{Var}(X) = E\big((X - \mu)^2\big) = \int\limits_{-\infty}^{+\infty} (x - \mu)^2 \cdot f(x)\, dx = E(X^2) - [E(X)]^2$$

Standardabweichung einer stetigen Zufallsvariablen

$$\sigma = +\sqrt{\sigma^2} = \sqrt{\mathrm{Var}(X)}$$

allgemeine Eigenschaften eines Erwartungswertes
$E(a + bX) = a + b \cdot E(X),\ a, b \in \mathbb{R};\ E(X + Y) = E(X) + E(Y)$

Kovarianz zweier Zufallsvariabler
$\mathrm{Cov}(X, Y) = \sigma_{XY} = E\left[(X - \mu_X)(Y - \mu_Y)\right] = E(X \cdot Y) - E(X) \cdot E(Y)$

Korrelationskoeffizient zweier Zufallsvariabler

$$\rho = \rho(X, Y) = \frac{\mathrm{Cov}(X, Y)}{\sqrt{\mathrm{Var}(X) \cdot \mathrm{Var}(Y)}} = \frac{\sigma_{XY}}{\sigma_X \cdot \sigma_Y}$$

$|\rho| \leq 1$, also $-1 \leq \rho \leq 1$; $\ |\rho| = 1 \Leftrightarrow$ alle Wertepaare liegen auf einer Geraden

algemeine Eigenschaften einer Varianz
$\mathrm{Var}(a + bX) = b^2 \cdot \mathrm{Var}(X)$ für $a, b \in \mathbb{R};$
$\mathrm{Var}(X + Y) = \mathrm{Var}(X) + \mathrm{Var}(Y)$, falls X und Y unabhängig bzw. unkorreliert sind

Standardisierte (Standardisierung) einer beliebigen Zufallsvariablen

$$X^* = \frac{X - \mu}{\sigma},\ \mu = E(X),\ \sigma^2 = \mathrm{Var}(X);$$

$E(X^*) = 0\ ;\ \mathrm{Var}(X^*) = E(X^{*2}) = 1$

Median (Zentralwert) einer beliebigen Zufallsvariablen
$\tilde{\mu}$ mit $P(X \leq \tilde{\mu}) \geq \frac{1}{2}$ und $P(X \geq \tilde{\mu}) \geq \frac{1}{2}$

gleichwertig: $P(X < \tilde{\mu}) \leq \frac{1}{2}$ und $P(X > \tilde{\mu}) \leq \frac{1}{2}$

Quantil einer beliebigen Zufallsvariablen
ξ_q ist **q-Quantil** oder **100 q %-Quantil** von X, wenn gilt

$P(X \leq \xi_q) \geq q$ und $P(X \geq \xi_q) \geq 1 - q$ für $0 < q < 1$

gleichwertig: $P(X < \xi_q) \leq q$ und $P(X > \xi_q) \leq 1 - q$ für $0 < q < 1$

Tschebyscheffsche Ungleichung
$P\left(|X - \mu| \geq a\right) \leq \dfrac{\mathrm{Var}(X)}{a^2}$ für jedes $a > 0$; $\ \mu = E(X)$

k-sigma Regel
$P(|X - \mu| \geq k\,\sigma) \leq \dfrac{1}{k^2}$ für jedes $k > 0$; $\ \mu = E(X)$

Literaturverzeichnis

Basler, H. [1994]: Grundbegriffe der Wahrscheinlichkeitsrechnung und Statistischen Methodenlehre, 11. Auflage. Physika-Verlag, Heidelberg

Behnen, K.; Neuhaus, G. [1995]: Grundkurs Stochastik, 3. Auflage. Teubner Verlag, Stuttgart

Bauer, H. [2002]: Wahrscheinlichkeitstheorie, 5. Auflage. Verlag de Gruyter, Berlin

Bosch, K. [2011]: Statistik für Nichtstatistiker, 6. Auflage. Oldenbourg Verlag, München

Bosch, K. [2003]: Formelsammlung Statistik. Oldenbourg Verlag, München

Bosch, K. [2002]: Übungs- und Arbeitsbuch Statistik. Oldenbourg Verlag. München

Bosch, K. [2002]: Statistik – Wahrheit und Lüge. Oldenbourg Verlag, München

Bosch, K. [2010]: Elementare Einführung in die Statistik, 9. Auflage. Vieweg+Teubner Verlag Wiesbaden

Bosch, K. [2000]: Glücksspiele – Chancen und Risiken. Oldenbourg Verlag, München

Bosch, K. [1999]: Lotto und andere Zufälle. Wie man die Gewinnquoten erhöht, 2. Auflage. Oldenbourg Verlag, München

Bosch, K. [2004]: Das Lottobuch. Oldenbourg Verlag, München

Bosch, K. [1998]: Statistik-Taschenbuch, 3. Auflage. Oldenbourg Verlag, München

Bosch, K. [1997]: Lexikon der Statistik. Oldenbourg Verlag, München

Bosch, K. [1996]: Großes Lehrbuch der Statistik. Oldenbourg Verlag, München

Bosch, K. [1994]: Klausurtraining Statistik. Oldenbourg Verlag München

Feller, W. [1970]: An Introduction to Probability Theorie and Ist Applications Vol. 1, 3rd edition. Wiley, New York

Fisz, M. [1989]: Wahrscheinlichkeitsrechnung und mathematische Statistik, 11. Auflage. VEB Deutscher Verlag der Wissenschaften, Berlin

Gänssler, P.; Stute, W. [1977]: Wahrscheinlichkeitstheorie. Springer Verlag, Berlin, Heidelberg, New York

Gnedenko, J. [1997]: Lehrbuch der Wahrscheinlichkeitsrechnung, 10. Auflage. Akademie-Verlag, Berlin

Hartung, J. H.; Elpelt, B. [1999]: Multivariate Statistik, 6. Auflage. Oldenbourg Verlag, München

Hartung, J. H.; Elpelt, B.; Klöser, H. H. [2005]: Statistik, Lehr- und Handbuch der angewandten Statistik, 14. Auflage. Oldenbourg Verlag, München

Henze, N. [2010]: Stochastik für Einsteiger, 8. Aufl. Vieweg+Teubner Verlag, Wiesb.

Hinderer, K. [1985]: Grundbegriffe der Wahrscheinlichkeitstheorie, 3. Auflage. Springer Verlag, Berlin, Heidelberg, New York

Hesse, Ch. [2009]: Angewandte Wahrscheinlichkeitstheorie, 2. Auflage. Vieweg+Teubner Verlag, Wiesbaden

194

Irle, A. [2005]: Wahrscheinlichkeitstheorie und Statistik, Grundlagen – Resultate, 2. Auflage. Teubner Verlag, Wiesbaden

Krämer, W. [1998]: So lügt man mit Statistik, 8. Auflage. Campus Verlag, Frankfurt, New York

Krengel, U. [2005]: Einführung in die Wahrscheinlichkeitstheorie und Statistik, 8. Auflage. Vieweg Verlag, Wiesbaden

Kreyszik, E. [1991]: Statistische Methoden und ihre Anwendungen, 7. Auflage. Vandenhoeck & Rupprecht-Verlag, Göttingen

Krickeberg, K.; Ziezold, H. [1995]: Stochastische Methoden, 4. Auflage. Springer Verlag, Berlin, Heidelberg, New York

Morgenstern, D. [1968]: Einführung in die Wahrscheinlichkeitstheorie und mathematische Statistik. Springer Verlag, Berlin, Heidelberg, New York

Pfanzagl, J. [1983]: Allgemeine Methodenlehre der Statistik I: Elementare Methoden, 6. Auflage, und [1978] II: Höhere Methoden, 5. Auflage. Verlag de Gruyter, Berlin, New York

Pfanzagl, J. [1991]: Elementare Wahrscheinlichkeitsrechnung, 2. Auflage. Verlag de Gruyter, Berlin

Rényi, A. [1971]: Wahrscheinlichkeitsrechnung, 3. Auflage. VEB Deutscher Verlag der Wissenschaften, Berlin

Sachs, L. [2002]: Statistische Auswertungsmethoden, 10. Auflage. Springer Verlag, Berlin, Heidelberg, New York

Schmetterer, L. [1966]: Einführung in die mathematische Statistik, 2. Auflage. Springer Verlage, Berlin, Heidelberg, New York

Storm, R. [2001]: Wahrscheinlichkeitsrechnung, mathematische Statistik und statistische Qualitätskontrolle, 11. Auflage. Teubner, Wiesbaden

Witting, H. [1985]: Mathematische Statistik I: Parametrische Verfahren bei festem Stichprobenumfang. Teubner Verlag, Stuttgart

Witting, H. [1978]: Mathematische Statistik, 3. Auflage. Teubner Verlag, Stuttgart

Witting, H.; Nölle, G. [1970]: Angewandte mathematische Statistik: Optimale finite u. asymptotische Verfahren. Teubner Verlag, Stuttgart

6.5. Namens- und Sachregister